NATUR UND GEIST

HUSSERLIANA

EDMUND HUSSERL

MATERIALIEN

BAND IV

NATUR UND GEIST

VORLESUNGEN
SOMMERSEMESTER 1919

AUFGRUND DES NACHLASSES VERÖFFENTLICHT VOM
HUSSERL-ARCHIV (LEUVEN) UNTER LEITUNG VON

RUDOLF BERNET, ULLRICH MELLE UND KARL SCHUHMANN

EDMUND HUSSERL

NATUR UND GEIST

VORLESUNGEN
SOMMERSEMESTER 1919

HERAUSGEGEBEN VON

MICHAEL WEILER

KLUWER ACADEMIC PUBLISHERS

DORDRECHT / BOSTON / LONDON

A C.I.P. Catalogue record for this book is available from the Library of Congress

ISBN 1-4020-0404-4

Published by Kluwer Academic Publishers,
P.O. Box 17, 3300 AA Dordrecht, The Netherlands.

Sold and distributed in North, Central and South America
by Kluwer Academic Publishers,
101 Philip Drive, Norwell, MA 02061, U.S.A.

In all other countries, sold and distributed
by Kluwer Academic Publishers,
P.O. Box 322, 3300 AH Dordrecht, The Netherlands.

Printed on acid-free paper

Printed in the Netherlands

INHALT

EINLEITUNG DES HERAUSGEBERS

Der vorliegende Band der *Husserliana Materialien* enthält den weitgehend vollständigen[1] Text der vierstündigen Vorlesungen über „Natur und Geist", die Husserl im Sommersemester 1919 – eventuell auch noch einmal im Wintersemester 1921/22[2] – an der Universität Freiburg gehalten hat,[3] sowie vier kürzere, ergänzende Beilagentexte, die ebenfalls aus dem Konvolut dieser Vorlesungen stammen. Damit sind nun neben dem zweiten Buch der *Ideen zu einer reinen Phänomenologie und phänomenologischen Philosophie (Ideen II)*[4] und den Vorlesungen über „Natur und Geist" vom Sommersemester 1927[5] die drei großen Auseinandersetzungen Husserls mit der „Natur und Geist"-Problematik in *Husserliana*-Ausgaben zugänglich gemacht.

Husserls Beschäftigung mit der Konstitution von Natur und Geist und der Klärung ihres Verhältnisses zueinander als Regionen des Seins und der Wissenschaften erstreckte sich zeitlich über fast drei Jahrzehnte seines Lebens: von ersten Anfängen in Manuskripten und

---

[1] Husserls Manuskript der Vorlesung enthält Hinweise auf mündliche Ausführungen (vgl. unten S. 8, Anm. 3, und S. 55, Anm. 1), und nach einer Randbemerkung (vgl. unten S. 220, Anm. 1) bildeten den Schluss der Vorlesung zwei Blätter aus dem Vortrag „Natur und Geist", den Husserl schon am 21.2.1919 in der Kulturwissenschaftlichen Gesellschaft Freiburg i. Br. gehalten hatte. Dieser Vortrag ist veröffentlicht in: Edmund Husserl: *Aufsätze und Vorträge (1911–1921)*, Husserliana XXV, hrsg. v. Thomas Nenon u. Hans Rainer Sepp, Dordrecht 1987, S. 316–324; vgl. ergänzend dazu die Beilagen XI–XIII, a.a.O., S. 324–330.

[2] Zu einer möglichen Wiederholung der Vorlesung von 1919 vgl. unten S. XIII f.

[3] Vgl. Karl Schuhmann: *Husserl-Chronik. Denk- und Lebensweg Edmund Husserls*, Husserliana Dokumente I, Den Haag 1977, S. 233.

[4] Edmund Husserl: *Ideen zu einer reinen Phänomenologie und phänomenologischen Philosophie. Zweites Buch: Phänomenologische Untersuchungen zur Konstitution*, Husserliana IV, hrsg. v. Marly Biemel, Den Haag 1952, Nachdruck Dordrecht/Boston/London 1991.

[5] Edmund Husserl: *Natur und Geist. Vorlesungen Sommersemester 1927*, Husserliana XXXII, hrsg. v. Michael Weiler, Dordrecht/Boston/London 2001.

Vorlesungen der Jahre um 1909[1] und 1910/11[2] bis hin zur *Krisis*-Schrift von 1936[3]. Das Nachkriegsjahr 1919 war für Husserls Forschungen zum „Natur und Geist"-Thema ein besonders produktives Jahr. Nachdem sich Husserl über einen längeren Zeitraum hinweg nur wenig mit diesem Thema befasst hatte, hielt er im Februar des Jahres in der Kulturwissenschaftlichen Gesellschaft Freiburg i. Br. einen Vortrag mit dem Titel „Natur und Geist".[4] Diesem ließ er dann im Sommersemester die hier veröffentlichten Vorlesungen folgen, die, wie dem Vorlesungstext zu entnehmen ist, sogar um zusätzliche „Samstagdiskussionen"[5] ergänzt wurden.

Darüber hinaus stellt das Jahr 1919 aus systematischer Perspektive einen wichtigen Markierungspunkt für das „Natur und Geist"-Thema insofern dar, als Husserl sich in seinen Texten zu „Natur und Geist" von nun an mehr und mehr von den zuvor im Zentrum seines Interesses stehenden Problemen der Konstitution abwendete und zunehmend wissenschaftstheoretische bzw. wissenschaftskritische Fragestellungen, zum Teil auch schon in Verbindung mit kulturkritischen Aspekten, in den Vordergrund der Untersuchungen rückte. So besteht die zentrale Bedeutung der Vorlesung von 1919 gerade in ihrer systematischen Übergangsstellung zwischen den vorherigen, mehr an Analysen zur Konstitution von Natur und Geist ausgerichteten Texten aus dem Umkreis der *Ideen* II und den späteren, die „Natur und Geist"-Thematik eher wissenschaftstheoretisch angehenden Arbeiten

---

[1] Vgl. die im Husserl-Archiv Leuven unter der Signatur A IV 17 und A IV 18 aufbewahrten Manuskripte aus Husserls Nachlass sowie Edmund Husserl: *Vorlesungen über Ethik und Wertlehre 1908–1914*, Husserliana XXVIII, hrsg. v. Ullrich Melle, Dordrecht/Boston/London 1988, besonders S. 281–284 und S. 302–309 von Haupttext C.

[2] Vgl. Edmund Husserl: *Logik und allgemeine Wissenschaftstheorie. Vorlesungen 1917/18 mit ergänzenden Texten aus der ersten Fassung von 1910/11*, Husserliana XXX, hrsg. v. Ursula Panzer, Dordrecht/Boston/London 1996, besonders die §§ 62–64, S. 279–286, und die zugehörige Beilage XVII, a.a.O., S. 366–374.

[3] Vgl. Edmund Husserl: *Die Krisis der europäischen Wissenschaften und die transzendentale Phänomenologie. Eine Einleitung in die phänomenologische Philosophie*, Husserliana VI, hrsg. v. Walter Biemel, Den Haag 1954, Nachdruck der 2. verb. Auflage 1976; zuerst erster und zweiter Teil in: *Philosophia* 1, Belgrad 1936, S. 77–176.

[4] Vgl. oben S. VII, Anm. 1.

[5] Vgl. unten S. 102 sowie den in der *Husserl-Chronik* (S. 234) zitierten Text der Postkarte von Gerda Walther an Alexander Pfänder vom 20.6.1919.

wie in extremster Form der Vorlesung von 1927.[1] In der hier veröffentlichten Vorlesung stellt Husserl nach einigen einleitenden wis-
senschaftskritischen Ausführungen auf der Grundlage einer allgemeinen Einleitung in die Phänomenologie umfassende Überlegungen
zu einer transzendentalen Theorie von Natur und Geist an, in denen
er vornehmlich die physische Natur und die ihr adäquaten Wissenschaften zum Gegenstand seiner phänomenologischen Untersuchungen macht.[2]

*

Das Manuskript der „Natur und Geist"-Vorlesung von 1919 befindet sich im Konvolut F I 35 von Husserls Nachlass, das 181 Blätter
umfasst. Der ursprüngliche Text der Vorlesung wurde wohl während
des laufenden Sommersemesters 1919 niedergeschrieben, und zwar
fast ausnahmslos in gabelsbergerscher Stenographie mit schwarzer
Tinte. Im Manuskript finden sich zahlreiche, zu unterschiedlicher
Zeit entstandene Streichungen, Unterstreichungen, Veränderungen,
Hinzufügungen und Randbemerkungen mit Tinte, Bleistift, Blaustift
oder Rotstift. Fast alle Blätter der Vorlesung wurden von Husserl mit
Bleistift paginiert. Außer der Überschrift „Einleitung" (S. 3) zu Be-
ginn des Vorlesungstextes, bei der es sich um eine spätere Randbe-
merkung handelt, enthält das Manuskript keine den Text gliedernden
Überschriften oder als Titel verwendbare Bemerkungen. Die im
Band vorgenommene Gliederung des Textes sowie alle Titel mit
Ausnahme des genannten stammen vom Herausgeber; für die grobe

---

[1] Vgl. hierzu auch Husserls Brief an Winthrop Pickard Bell vom 11.8.1920 (in: Edmund
Husserl: *Briefwechsel, Husserliana Dokumente* III, in Verbindung mit Elisabeth Schuhmann
hrsg. v. Karl Schuhmann, Dordrecht/Boston/London 1994, Bd. III: *Die Göttinger Schule*, S.
14), in dem Husserl nicht von Natur und Geist, sondern von „Naturwissenschaft – Geisteswissenschaft" spricht, wenn er sich an die „Natur und Geist"-Vorlesung von 1919 erinnert.

[2] Für eine ausführliche Darlegung zur umfangreichen und langjährigen Beschäftigung
Husserls mit dem „Natur und Geist"-Thema sowie auch speziell zur historischen und syste-
matischen Einordnung der hier veröffentlichten Vorlesungen in den Zusammenhang von Hus-
serls zahlreichen Arbeiten zu jenem Thema sei an dieser Stelle ausdrücklich verwiesen auf:
Michael Weiler: „Einleitung des Herausgebers", in: *Husserliana* XXXII, S. XI–XXXIX; zur
Vorlesung von 1919 vgl. besonders S. XXX–XXXV. Vgl. außerdem ergänzend hierzu auch die
Zusammenfassung zu „Natur und Geist" bei Husserl von Ullrich Melle: „Nature and Spirit",
in: *Issues in Husserl's Ideas II*. Contributions to Phenomenology Vol. 24, hrsg. v. Thomas
Nenon u. Lester Embree, Dordrecht/Boston/London 1996, S. 15–35.

Einteilung in eine Einleitung und zwei Hauptteile waren allerdings deutliche Angaben Husserls im Vorlesungstext selbst maßgebend.

Äußerlich besteht das Manuskript aus zwei Teilen, die sich beide, jeweils in einem Innenumschlag, gemeinsam in einem Gesamtumschlag befinden, dem braunen Briefumschlag einer Drucksache mit Poststempel vom 24.5.1921. Dieser Gesamtumschlag (Blatt 1+181) trägt auf seiner Vorderseite die Aufschrift mit Blaustift „Sommer 1919. Vorlesungen unter dem unpassenden Titel ‚Natur und Geist‘ 1919" sowie darunter die Notiz mit Rotstift „Transzendentale Ästhetik" und wieder mit Blaustift „126 ff. ⟨S. 169,12–171,3 ff.⟩" als Veränderung für „198 ff. ⟨?⟩" mit Rotstift.

Auf der Vorderseite des ersten Innenumschlags (Bl. 2+13) stehen die folgenden Aufschriften: mit Blaustift „Transzendentale Ästhetik" als Veränderung für die Notiz mit Bleistift „Ist das nicht ein herausgenommenes Stück der Vorlesungen selbst?"; darunter mit Blaustift „Beilagen", mit Bleistift „zu" und wieder mit Blaustift „den Vorlesungen über" in Anführungszeichen mit Rotstift „‚Natur und Geist‘ von 1919"; darunter mit Bleistift „Das natürlich reflektierende Ich und seine Umwelt. Übergang in die phänomenologische Einstellung und zum reinen Ich. Das phänomenologisch forschende Ich und das natürliche Ich" und darunter mit Blaustift noch einmal „Transzendentale Ästhetik". Dieser Umschlag enthält die, von Husserl zum Teil paginierten, Bl. 3–12, auf denen sich drei Beilagentexte zur Vorlesung befinden.

Jene drei dem eigentlichen Vorlesungstext voranliegenden Texte sind in diesem Band im Anschluss an den Haupttext als Beilagen I (S. 221), II (S. 227) und III (S. 228) wiedergegeben. Wie aus der später überschriebenen Aufschrift „Ist das nicht ein herausgenommenes Stück der Vorlesungen selbst?" des betreffenden Umschlags, aus verschiedenen Randbemerkungen und unterschiedlichen Paginierungsversuchen beim Text von Beilage I hervorgeht (vgl. z.B. S. 221, Anm. 1, und S. 228, Anm. 1), hatte Husserl selbst Probleme mit der richtigen Reihenfolge dieser Blätter und mit einer möglichen adäquaten Einordnung in den Vorlesungstext. Schon allein aus diesen Gründen wurde seitens des Herausgebers auf eine Zuordnung zum Haupttext verzichtet. Beilage I besteht aus dem Text der Bl. 3–6 und 8, der hier in der Reihenfolge gemäß Husserls wohl letzter, mit Bleistift durchgeführter Paginierung von „1" bis „6" abgedruckt ist. Dabei ergibt sich die scheinbar höhere Anzahl der Blätter bei Husserls Paginierung aus dem Umstand, dass von Bl. 4 auch die Rückseite mit durchpaginiert worden ist. Nach einem früheren, mit Blaustift durchgeführten husserlschen Paginierungsversuch dieser Blätter von „1" bis „5", wobei „1" und „2" später gestrichen wurden, hatten sie die Reihenfolge 6 (S. 225,1–32), 8 (S. 226,1–227,6) und 3–5 (S. 221,1–224,34). Der Text des zwischen diesen Blättern liegenden Bl. 7 ist unten als Beilage II wiedergegeben. Das Blatt ist senkrecht zur normalen Schreibrichtung beschriftet und trägt am unteren Rand in umgekehrter Schreibrichtung die Bleistiftpaginierung „85a". Beilage III enthält den Text der von Husserl nicht paginierten Bl. 9–12. Alle drei Beilagentexte dürften im zeitlichen Rahmen der Vorlesungsniederschrift entstanden sein.

Die Vorderseite des zweiten Innenumschlags (Bl. 14+180) trägt die folgenden Aufschriften: mit Blaustift „Natur und Geist. Vorlesungen Sommersemester 1919"; darunter mit Bleistift „bis 85 ⟨S. 117,1–25⟩ Einleitung in die Phänomenologie" und mit Bleistift am Rand „78 ⟨S. 106,17–107,12⟩ bis 85 ⟨S. 117,1–25⟩ Lehre von den transzendentalen Leitfäden". Dieser Umschlag umfasst die Bl. 15–179 des Manuskripts, die, abgesehen von einigen Ausnahmen, von Husserl durchgehend mit Bleistift von „1" bis „163" paginiert sind und den unten abgedruckten Haupttext der Vorlesung enthalten.

Bei den Ausnahmen handelt es sich – neben leeren oder gestrichenen Seiten – um die im Folgenden erläuterten Blätter. Bl. 26 trägt keine husserlsche Paginierung, sein Text ist aber auch nicht gestrichen oder auf andere Weise für ungültig erklärt. Das Blatt enthält wohl eine frühere, erheblich kürzere Fassung eines Textstückes der von Husserl als „11", „12" und „13" paginierten Bl. 25, 27 und der Vorderseite von Bl. 28 (S. 17,29–22,8), und sein später gestrichener Anfangstext ist fast gleich lautend mit dem an das Vorblatt anschließenden Text der Vorderseite von Bl. 25. Aus diesen Gründen und weil sowohl inhaltlich als eben auch nach Husserls Paginierung der Haupttext der Vorlesung kontinuierlich und ohne Lücken verläuft, wurde Bl. 26 hier zwar aus dem Vorlesungstext herausgenommen, sein gültiger Text aber in einer Anmerkung (S. 17, Anm. 1) wiedergegeben. Bl. 34 ist als Beiblatt „Ad 17" gekennzeichnet; sein Text wurde dem betreffenden Bl. 32 im Haupttext an der Stelle, wo Husserl darauf verweist, in einer Anmerkung (S. 27, Anm. 1) beigefügt.

Bl. 43 (S. 41,24–43,11), nach Husserls Paginierung „27", trägt die Aufschrift „Beilage"; der Text des Blattes wurde an der von Husserl entsprechend markierten Stelle des Haupttextes von Bl. 42 (vgl. S. 41, Anm. 1) eingefügt. Die beiden Bl. 71 und 72 sind zwar von Husserl als „56" und „57" paginiert, sie scheinen jedoch erst etwas später in das Manuskript eingelegt worden zu sein und wurden wiederum später mit der Randbemerkung „Diese beiden Blätter nochmals nachlesen" (S. 233, Anm. 1) versehen. Jedenfalls hat Husserl ihren Text durch die Ergänzung der Paginierung des folgenden Bl. 73 (S. 81,30–83,21) von „55" zu „55–58" aus dem gültigen Vorlesungstext ausgeschieden. Da außerdem ihre jetzige Stelle im Konvolut aufgrund ihrer Paginierung ohnehin zweifelhaft ist – sie müssten eigentlich nicht vor Bl. 73 (vgl. S. 81, Anm. 3), sondern dahinter (vgl. S. 83, Anm. 1) im Manuskript liegen – und sie auch inhaltlich nicht so richtig dorthin passen, wurde der Text der beiden Blätter aus dem Haupttext herausgenommen und unten als Beilage IV (S. 233) wiedergegeben. Die Bl. 83–89 (S. 95,1–102,14) mit der husserlschen Paginierung von „68" bis „74" wurden von Husserl zusätzlich von „a" bis „g" paginiert (vgl. S. 95, Anm. 1). Das wohl später eingelegte, kleinformatige Bl. 172 (S. 211,12–29) trägt keine Paginierung Husserls; auf seiner Rückseite steht senkrecht zur normalen Schreibrichtung die Aufschrift mit Bleistift „Lehraufträge". Bl. 179 wurde von Husserl zwar noch als „163" paginiert, enthält jedoch keinen Vorlesungstext, sondern lediglich die Aufschrift „Objektive Geltung von Bedeutungsprädikaten". Außerdem befinden sich im zweiten Innenumschlag zwei Blätter, die weder eine Archiv- noch eine husserlsche Paginierung tragen: Zwischen den Bl. 129 und 130 (S. 156,2/3) liegt ein gedruckter Bücherprospekt vom Frühjahr 1925 und zwischen den Bl. 134 und 135 (S. 161,19/20) eine Postkarte, eine Drucksache mit Poststempel vom 20.10.1921.

Außer dem Konvolut mit Husserls stenographischem Manuskript besteht als weiteres Textzeugnis der Vorlesung noch ein von Alexander Pfänder angefertigtes Exzerpt (Pfänderiana A VI 5), das am 16. und am 21. September 1919 auf vier Blättern in Kurrentschrift niedergeschrieben wurde; von diesem Exzerpt wird die Kopie einer maschinenschriftlichen Abschrift im Husserl-Archiv Leuven unter der Signatur N III 4 aufbewahrt.[1]

*

Zur vorliegenden Druckfassung der Vorlesung von 1919 und der Beilagen sei Folgendes angemerkt: Im Wintersemester 1921/22 hielt Husserl eine weitere, zweistündige Vorlesung über „Natur und Geist".[2] Von dieser Vorlesung befindet sich kein Manuskript im Nachlass, und es konnten auch keine direkten Hinweise oder Angaben zum Inhalt dieser Vorlesung aufgefunden werden. Eine Reihe von Indizien legt jedoch die Vermutung nahe, dass Husserl 1921/22 eine Wiederholung der Vorlesung von 1919 vorgetragen hat. So befindet sich etwa das Vorlesungsmanuskript im Briefumschlag einer Drucksache mit Poststempel vom 24.5.1921,[3] und im Manuskript liegt eine Drucksache mit Poststempel vom 20.10.1921.[4] Neben diesen äußerlichen Anzeichen lassen nun viele Randbemerkungen und andere Texteingriffe – im Manuskript sind u.a. mehrere zumeist längere Passagen gestrichen oder ersetzt sowie zahlreiche Textstellen in runde bzw. eckige Klammern gesetzt oder am Rand mit „0" versehen worden – darauf schließen, dass umfangreiche Teile des Vorlesungsmanuskripts wohl aus größerer zeitlicher Distanz heraus von Husserl noch wenigstens ein Mal mit Blaustift bzw. Bleistift durchgearbeitet worden sind.[5] Diese Überarbeitung könnte entsprechend

---

[1] Vgl. den ebenfalls an dieser Stelle liegenden Kommentar von Karl Schuhmann zur etwas rätselhaften Entstehung dieses Exzerpts.

[2] Vgl. *Husserl-Chronik*, S. 255.

[3] Vgl. oben S. X.

[4] Vgl. oben S. XII. Zu diesen und weiteren Indizien, die für eine Wiederholung sprechen, vgl. die Ausführungen von Michael Weiler: „Einleitung des Herausgebers", in: *Husserliana* XXXII, S. XXXVI f.

[5] Außer den Randbemerkungen, die Husserl zwar nach der Entstehung bzw. dem Vortrag des jeweiligen Textstückes, aber doch wohl mit nicht allzu großem zeitlichem Abstand niedergeschrieben hat, wie etwa solche zu mündlichen Ausführungen (vgl. oben S.VII, Anm. 1) oder Textauslassungen (vgl. z.B. S. 81, Anm. 2, oder S. 95, Anm. 1), gibt es zahlreiche Randbemerkungen, oftmals in Verbindung mit Veränderungen des Textes, von vergleichendem oder verweisendem Charakter, für deren Entstehung das Manuskript schon als ganzes vorgelegen haben dürfte (vgl. z.B. S. 76, Anm. 1, oder S. 86, Anm. 1), oder solche, in denen sich – wohl aufgrund größerer zeitlicher Distanz – Unsicherheiten Husserls zeigen (vgl. z.B. S. 66, Anm. 1,

der geäußerten Vermutung im Zusammenhang mit der Wiederholung der Vorlesung 1921/22 erfolgt sein. Da sich nun jedoch nicht eindeutig feststellen lässt, wann die verschiedenartigen Texteingriffe und Textveränderungen entstanden sind, ob es sich um eine oder mehrere Bearbeitungsstufen handelt und ob alle oder nur ein Teil dieser Veränderungen im Zusammenhang mit einer selbst nur vermutlichen Wiederholung der Vorlesung 1921/22 durchgeführt worden sind,[1] wurde folgendermaßen verfahren: Das der Vorlesung von 1919 und den Beilagen zugrundeliegende Manuskript wird in der von Husserl hergestellten letzten Fassung abgedruckt. Wichtige inhaltliche Texteingriffe in Form von Streichungen, Hinzufügungen und Randbemerkungen werden in Anmerkungen gekennzeichnet bzw. angeführt. Im Einzelnen heißt das: Gestrichene Stellen werden in einer Auswahl nach ihrer qualitativen bzw. quantitativen Bedeutsamkeit in Anmerkungen wiedergegeben. Wurde eine Textpassage von Husserl mit „0" gekennzeichnet, so wird in einer Anmerkung darauf hingewiesen. Bei Randbemerkungen oder Änderungen, die im Zuge einer nachträglichen Bearbeitung erfolgt sind, enthalten die – kursiv gedruckten – Angaben des Herausgebers in den Anmerkungen einen Hinweis auf die „spätere" Entstehung; fehlt ein solcher Hinweis, was fast nur bei einigen Randbemerkungen der Fall ist, dann sind sie allem Anschein nach während der ursprünglichen Niederschrift des Manuskripts entstanden. Die runden bzw. eckigen Klammern, mit denen Husserl zahlreiche Textpassagen eingeklammert hat, sind als runde Klammern in den Text aufgenommen. Fast alle diese Klammern dürften zu einer späteren Bearbeitung gehören.

   Bloß grammatische oder stilistische Veränderungen, die von Husserl offensichtlich während der ersten Niederschrift vorgenommen wurden, werden nicht eigens erwähnt. Kleinere Verschreibungen oder syntaktische Fehler Husserls wurden vom Herausgeber stillschweigend korrigiert. Ausdrücke, die als solche thematisiert werden, setzte Husserl in vielen Fällen in Anführungszeichen; so weit es die Lesbarkeit des Textes erforderte, wurde dieses Verfahren vom

---

oder S. 186, Anm. 1, aber auch S. 221, Anm. 1, sowie andere Anmerkungen zu den Beilagentexten).

   [1] Auf eine noch spätere Bearbeitungsstufe könnte ein im Manuskript liegender gedruckter Bücherprospekt vom Frühjahr 1925 hindeuten; vgl. oben S. XII.

Herausgeber vereinheitlicht. In Husserls Text fehlende, vom Herausgeber eingefügte Wörter sind im Text durch spitze Klammern ⟨...⟩ kenntlich gemacht; in solche Klammern sind auch alle vom Herausgeber formulierten und eingefügten Titel gesetzt. Die in Husserls Manuskripten sehr zahlreichen Unterstreichungen wurden in den Fällen, in denen sie zur Hervorhebung dienen, durch Sperrdruck der entsprechenden Textstellen berücksichtigt. Rechtschreibung und Zeichensetzung wurden in der Regel den gegenwärtigen Bestimmungen des Dudens angepasst, wobei weitestgehend der am 1.8.1998 eingeführten Neuregelung der deutschen Rechtschreibung entsprochen wurde.

$$* * *$$

Abschließend einige Worte des Dankes. Prof. Dr. Rudolf Bernet, Prof. Dr. Ullrich Melle und Prof. Dr. Karl Schuhmann als den Leitern dieser Ausgabe sowie Prof. Dr. Rudolf Bernet auch als jetzigem und Prof. Dr. Samuel IJsseling (em.) als vorherigem Direktor des Husserl-Archivs Leuven sei gedankt für ihr Vertrauen in meine Editionsarbeit. Auch sei Prof. Dr. Guy van Kerckhoven für die Überlassung seiner Vorarbeiten zur Transkription des Manuskripts gedankt.

Mein besonderer Dank geht an Ullrich Melle für manchen fachkundigen Rat und an Marianne Ryckeboer für ihre vielfältige zuverlässige Hilfe u.a. bei der Erstellung der Druckvorlage. Berndt Goossens, Sebastian Luft und Rochus Sowa danke ich für ihre hilfreichen Korrekturarbeiten.

Köln/Leuven, Juni 2001

Michael Weiler

NATUR UND GEIST
VORLESUNGEN SOMMERSEMESTER 1919

Einleitung

In den typischen Gestalten, welche die menschliche Kultur in verschiedenen Völkergruppen und Entwicklungsepochen angenommen hat, spielt die wissenschaftliche Kultur eine sehr verschiedene Rolle. Eine selbstständig entwickelte Wissenschaft, und zwar eine Wissenschaft in unserem strengen und eigentlichen Sinne, ist kein notwendiger Bestandteil einer hoch entwickelten Kultur, wie das z.B. die mongolische Kultur deutlich erweist.

Es ist der auszeichnende Grundcharakter der griechisch-europäischen Kultur, dass sie, paradox gesprochen, wissenschaftliche Kultur hat, selbst durch und durch wissenschaftliche Kultur ist und sein will. Sie hat wissenschaftliche Kultur, insofern sie zuerst die Idee der Wissenschaft in sich zur Entwicklung gebracht und in einer endlos wachsenden Folge von Disziplinen konkret realisiert hat. Aber Wissenschaft ist in ihr nicht nur der Titel eines eigenen Reiches höchster Kulturwerte; vielmehr beobachten wir, dass von der Wissenschaft eine Tendenz ausgeht, das gesamte Leben der Menschheit umzugestalten, damit alle Kulturgebiete zu durchtränken, sie zu verwissenschaftlichen und damit der gesamten Menschheit und ihrer Kultur eine neue Entwicklungsgestalt einzuprägen. Wissenschaft im prägnanten Sinne ist aus $\varphi\iota\lambda o\sigma o\varphi\iota\alpha$ entsprossen, das heißt sie ist Gebilde eines rein theoretischen, sich von allen praktischen Abzweigungen loslösenden und verselbstständigenden Interesses. Dabei hat es aber nicht sein Bewenden. Das Gebilde des theoretischen *eros* nimmt alsbald praktische, ja das gesamte menschliche Leben umspannende praktische Funktionen an.[1] Wo Wissenschaft auf den Plan getreten ist, da handelt, wo sie ihr theoretisches Urteil gesprochen

---

[1] *Später eingeklammert und gestrichen* In Form der Wissenschaft steigern sich die naive, praktisch uninteressierte Wissbegier und Erfahrungsweisheit zur Idee der theoretischen Vernunft. Es gibt aber auch eine praktische Vernunft, und sie fordert alsbald die parallele Steigerung. *Dazu spätere Randbemerkung* Die gemeine Praxis nimmt die Form der wissenschaftlichen Praxis an. *Auch der folgende Satz gehörte zunächst zum eingeklammerten Text, wurde dann jedoch wieder gültig gemacht.*

hat, nur derjenige im höchsten Sinne vernünftig, der sich praktisch von ihr leiten lässt. Jede Erweiterung der Wissenschaft erweitert auch das Reich dieser im höheren Sinne praktischen Vernunft. Das steigert sich zu einem Ideal als dem höchsten praktischen Ideal der Menschheit, nämlich[1] in allen Sphären möglicher Erkenntnis strenge Wissenschaft zu begründen, also eine wirkliche *universitas* der Wissenschaften zu schaffen und damit eine universelle praktische Vernunft und ein Menschheitsleben rein nach wissenschaftlichen Einsichten in die Wege zu leiten. Der Mensch muss sich zur überschwänglichen Höhe eines reinen Vernunftwesens, die gemeinschaftliche Menschheit zur überschwänglichen Höhe einer Vernunftmenschheit erheben, einer Menschheit, die in allem Leben und Streben ausschließlich von Motiven geleitet wäre, die ihre Rechtmäßigkeit aus rationalen Prinzipien, nach wissenschaftlichen Begriffen und Gesetzen ausweisen könnten.

So bedeutet der Durchbruch der Idee der Wissenschaft als begreifliche Folge den Durchbruch eines universalen praktischen Vernunftideals, einer neuen Idee der Menschheit als Vernunftmenschheit. Schon an den Namen Platons knüpft sich die Konzeption dieses das weitere Schicksal der europäischen Menschheit ganz wesentlich bestimmenden Ideals oder Prinzips, das gesamte Menschheitsleben auf rationale Einsicht, also letztlich auf strenge Wissenschaft zu gründen. Erweist es sich schon streckenweise als wirksam im Altertum, so wird es erst recht zu einem bewusst leitenden und schließlich zu einem nahezu allherrschenden Motiv in der europäischen Kultur seit der Renaissance.

Man kann darin geradezu den allgemeinsten Sinn der Aufklärungsepoche sehen, ja der gesamten Neuzeit, deren Lebenspulse uns selbst noch durchströmen. Die Rückwirkung dieses praktischen Ideals der Menschheit auf die Entwicklung der Wissenschaften selbst (aus denen es, wie wir sahen, in den Anfängen entsprungen ist) ist eine gewaltige: Sie zeigt sich darin, dass gleich am Eingang der Neuzeit Baco, der begeisterte Verkünder dieses Ideals, in seiner *Instauratio magna* den großen Gedanken einer universellen Klassifikation aller überhaupt möglichen Wissenschaften entwirft und daran die

---

[1] nämlich in allen Sphären möglicher Erkenntnis strenge Wissenschaft zu begründen, also *wurde später eingefügt.*

Forderung knüpft, dass nun auch alle noch unbearbeiteten zu wirklicher Ausführung gebracht werden. Aber Wissen ist Macht. Es bedarf einer allumfassenden *univ⟨ersitas⟩ scient⟨iarum⟩*, damit sich die Idee der neuen Menschheit und einer universellen rationalen Weltkultur realisieren kann.

So versteht sich die beispiellose Energie und Leidenschaft, mit der die Neuzeit zur Begründung immer neuer Wissenschaften und innerhalb der schon begründeten von theoretischen Entdeckungen zu Entdeckungen fortschritt. Nicht nur die schon im Altertum fest begründeten mathematischen Disziplinen kamen in eine überreiche Blüte, Naturwissenschaften – Wissenschaften[1] von der Natur in einem völlig neuen Sinn und Stil wurden begründet – erfüllten die Kulturwelt mit dem Ruhm ihrer Entdeckungen und ihrer praktischen Erfolge. Und dieselbe gewaltige Entwicklung nahmen, wenn auch etwas später, die Geisteswissenschaften. Beiderseits ist schon die Zahl der Disziplinen so groß geworden, dass wir kaum noch ihre Namen aufzählen könnten.

Man sollte nun meinen, und gerade angesichts der ungeheuren geistigen Energien, die unsere moderne wissenschaftliche Kultur durchherrschen, ferner in Anbetracht der hohen Stufe moderner Wissenschaften und der hoch gesteigerten Ansprüche, die an die Methode, an strengste Wissenschaftlichkeit gestellt werden, und in Anbetracht des stolzen Selbstbewusstseins, das deren Vertreter erfüllt, man sollte, sage ich, erwarten, dass über die radikalen Scheidungen, welche die Hauptregionen wissenschaftlicher Disziplinen unter prinzipiellen Gesichtspunkten trennen, über die wesentliche Eigenart der Gebiete und über die von ihr abhängige Eigenart der Methodik, prinzipiell Klarheit herrsche. Das ist aber merkwürdigerweise durchaus nicht der Fall. Naivität und Reflexion bezeichnen die Entwicklung zu aller höheren Vernunftleistung. (Auf der Stufe passiver Sinnlichkeit erwachsene Apperzeptionen und passiv erwachsene Triebe leiten über in ein Handeln naiver Stufe. Erfolg und Misserfolg und ihre Abwandlung reizen zur Reflexion über Warum und Weil des Erfolgs oder Misserfolgs. Und das vollzieht sich in verschiedenen Abstufungen auf immer höherem Niveau der Klarheit und Einsicht.)

---

[1] *Der Text in Gedankenstrichen wurde später ergänzt.*

So ist auch die Wissenschaft in unvollkommenen tastenden Anfängen naiv entstanden. Aber die Stufe eigentlicher Wissenschaft
erwächst erst durch eine radikale philosophische Reflexion
über den Sinn, Erkenntniswert, erreichte Ziele solcher Denkarbeit.
Auch jeder entscheidende Fortschritt in der hohen Stufe der Wissenschaften, jede neue Zielgebung, mit der Wissenschaften eines
prinzipiell neuen Typus zu endgültiger Begründung kommen, erwächst in derselben Weise. Naiv oder relativ naiv gewonnene Erkenntnisse fesseln das Interesse eines großen Genius, der in ihnen ein
prinzipiell Neues, die Idee eines neuen Zieles vorschwimmen sieht
und nun seine Denkenergie auf die Klärung dieser Idee, auf die
Norm der durch sie geforderten Methodik richtet. Damit erst eröffnet
sich ein Horizont bestimmt zu leistender Arbeiten und in ihrer Ausführung die Entwicklung von speziellen Methoden von typischer,
erlernbarer und gewohnheitsmäßig zu übender Gestalt. Das ist ein
Fortschritt, aber auch eine Gefahr: Immer größere Denkarbeit wird
erspart, aber immer größere Denkstrecken werden uneinsichtig durch
die Mechanisierung der Methode; der äußeren Rationalität,
der Bewährung an den sich wechselseitig bewährenden Ergebnissen,
entspricht nicht die innere Rationalität, das Verständnis des innersten Sinnes und Denkzieles und der methodischen Grundele-
mente. Die Fortarbeit in dieser Richtung (und eine solche Fortarbeit
ist immerfort notwendig) wird nicht mehr als Bedürfnis empfunden.
Mit der Teilung der Arbeit und der Ausbildung weit umfassender
Sonderdisziplinen, welche die ganze Lebensenergie besonderer
Forscher in Anspruch nehmen, wächst die Gefahr der Mechanisierung der Methode. So finden wir in eins mit den ungeheuren Erfolgen der neuzeitlichen Wissenschaft auch große und immer mehr empfindliche Mängel. Die Wissenschaften blühen aufgrund einer technisierten Methodik, die erfolgreich gehandhabt
werden kann, ohne wirklich innerlich verstanden zu sein, und un-
zählige Einzeldisziplinen schießen so nebeneinander in die Höhe,
ohne dass sie von dem klaren Bewusstsein der durch die Eigenart
ihrer radikal unterschiedenen Regionen vorgezeichneten For-
schungsziele und deren Gegensätze gegen diejenigen anderer Wissenschaftsregionen begleitet wären. Das aber hemmt schließlich den
Fortschritt der wissenschaftlichen Kultur, es bindet die Wissenschaften an ein niederes Niveau, das zwar eine unendliche Fülle von

Ergebnissen ermöglicht, aber den Sinn für die letzten Erkenntnisziele und für eine Arbeit in der Tiefe statt in der Breiten blind macht.

Was ich hier unter dem Ausdruck „Region" verstehe, um prinzipiell geschlossene Verbände von Disziplinen zu erfassen, können Sie sich etwa an der Mathematik oder Physik klarmachen. Vor aller wissenschaftstheoretischen Erörterung wird es Ihnen fühlbar sein, dass alle Disziplinen der reinen Analysis, wie Arithmetik, Zahlentheorie, Funktionstheorie usw., zusammengehören und dass in ihrem Kreis etwa die Botanik nichts zu tun hat. Ebenso ist es klar, dass Mechanik, Akustik, Optik usw. innerlich also aus irgend auszuweisenden prinzipiellen Gründen zusammengehören, nicht aber Mechanik und Psychologie. Ebenso, dass Literaturwissenschaft, Kunstwissenschaft, Religionswissenschaft usw. als Kulturwissenschaften wesentlich, regional wie ich sage, zusammengehören[1] etc. Doch ist es eine schwierige Aufgabe, das die Einheit solcher Regionen Bestimmende zu prinzipieller Einsicht zu bringen. Daher gibt es Schwanken und Unklarheit, wenn z.B. die Frage der Sonderung oder regionalen Verbindung von Analysis und Geometrie oder von Mathematik und formaler Logik erwogen wird oder gar, was uns noch viel beschäftigen wird, wenn erwogen wird das Verhältnis der Psychologie zu den Naturwissenschaften oder Geisteswissenschaften. Eine endgültige Entscheidung kann nur prinzipielle Einsicht geben, die aber eine höchst schwierige Sache ist und nicht in der Linie der technisierten Wissenschaft liegt. So versteht sich auch, warum alle Versuche einer Klassifikation der Wissenschaften seit Bacons Zeiten gescheitert sind.

Eine Klassifikation der Wissenschaften, wenn sie in großem Sinn vollzogen wird, ist offenbar nichts anderes als eine systematische Klarlegung der aus prinzipiellen Gründen sich scheidenden Wissenschaftsregionen. Die Regionen möglicher wissenschaftlicher Gebiete sollen ausgeteilt werden, und in jeder Region soll verbunden sein, was seinem Wesen nach verbunden ist, was also keine Willkür trennen kann, nach Prinzipien, die *a priori* die Trennung verwehren. (Wären nun alle Gebiete möglicher Erkenntnis und Wissenschaft nebeneinander geordnet, würden sie die Einheit möglicher Gegenständlichkeiten überhaupt so teilen wie etwa Meer und Kontinente

---

[1] *Der übrige Text dieses Absatzes wurde später eingefügt.*

die Erdfläche teilen, dann wäre die Teilung keine schwierige Sache.
Aber so ist die Sachlage höchstens innerhalb einer Region hinsichtlich der Teilung einer radikal einheitlichen Wissenschaft in Spezial-
disziplinen, aber nicht hinsichtlich der Einheit aller Erkenntnisgegenständlichkeit nach Regionen. Die Schwierigkeit ist hier eine au-
ßerordentlich tief liegende, im tiefsten Wesen der Erkenntnis wur-
zelnde. In verwirrender Weise scheinen wie z.B. hinsichtlich des
Psychischen dieselben konkret gegebenen Gegenstände je nach Gesichtspunkt und Einstellungen in Wissenschaften ganz verschiedenen
Geistes und methodischen Stils zu fallen, während es nicht klar werden will, was die prinzipielle Sinnesänderung eigentlich macht, die
diese Umordnung bedingt.)[1]
Es bedarf nun aber nicht einer aus den letzten Prinzipien vollzogenen Klassifikation, um einzelne Regionen, wie etwa die des Mathematischen und wieder die der Naturwissenschaft prinzipiell zu umgrenzen und[2] schrittweise in den innersten Sinn des Seins dieser umgrenzten Gegenstandssphäre einzudringen. Doch selbst diese Aufgabe bereitet schon gewaltige Schwierigkeiten, und ganz besonders
betrifft dies die Regionen Natur und Geist, die wechselseitig sich
zu umgreifen und dann doch wieder radikal zu trennen scheinen.[3]
Das Merkwürdige ist aber, dass eine Vertiefung in die Probleme, die
sich bei dem Versuch der Klärung dieser Regionen und ihrer Scheidung aufdrängen, sehr bald zur Erkenntnis führt, dass sie ganz nah
mit den großen Weltanschauungsproblemen zusammenhängen, dass
es sich hier also nicht um interessante Spezialprobleme bloßer Wissenschaftstheorie handelt, sondern um Probleme, mit deren Lösung
auch für den „Standpunkt" der philosophischen Welterkenntnis entschieden wird.[4, 5]

---

[1] *Später gestrichen* Damit hängt es zusammen, dass bisher eine radikale Klassifikation der
Wissenschaften nicht gelungen ist. Sie wäre bei dem jetzigen Stand unserer Einsichten auch
eine zu hoch gesteckte Aufgabe.

[2] und schrittweise in den innersten Sinn des Seins dieser umgrenzten Gegenstandssphäre
einzudringen *wurde später eingefügt.*

[3] *Spätere Randbemerkung* (Mündlich angedeutet, dass vorläufig näher ausgeführt werden
müsste der Gedanke, dass die tiefste Erkenntnis nicht an einer Region haften bleiben kann,
dass alles Sein eine Einheit ist und in dieser Einheit begriffen werden muss.)

[4] *Später gestrichen* Die von den Wissenschaften an die Philosophie als Wissenschaftstheorie gestellten Fragen bestimmen mit die Philosophie. Aber auch umgekehrt. Die Philosophie
erhält durch die Einsichten, zu denen sie sich empor ringt, auch eine wichtige, und zwar

Zum Beispiel: Was scheint uns von der Schule her mit Grundstücken der neuzeitlichen Naturwissenschaften vertrauter, klarer als der Begriff der Natur, welcher die regionale Idee der Naturwissenschaft bestimmt und damit einen höchst umfassenden Komplex von Sonderwissenschaften scharf abschließt? Aber nicht nur, dass dieser Naturbegriff keineswegs eine selbstverständliche Vorgegebenheit war, vielmehr erst nach langem philosophischem Ringen das Begründen der neuzeitlichen Naturwissenschaft erarbeitet werden musste: Er ist auch heute keineswegs schon ein ausreichend geklärter. So wie ihn seine Schöpfer erarbeitet hatten, langte er zu, einen Rahmen für theoretische Forschungen, für bestimmte Ziele naturwissenschaftlicher Arbeit und für die Ausbildung einer bestimmten Methodik abzugeben. Andererseits aber lag es an den Unklarheiten, mit denen dieser Naturbegriff nach gewissen, für die praktische wissenschaftliche Arbeit nicht empfindlichen Richtungen behaftet blieb, dass jener Naturalismus Wurzel fasste und immer üppiger emporwucherte, der in verschiedenen Formen des Materialismus, Sensualismus, Positivismus die Entwicklung einer fruchtbareren Philosophie verschüttete und eine Weltanschauung in weitesten Kreisen zur Herrschaft brachte, die ein wahrhaft freies und großes, den ewigen Menschheitszielen zugewendetes Geistesleben unmöglich machte.

Die Naturforscher wuchern mit einem ererbten philosophischen Pfund gewissermaßen als Techniker, sie sind gleichsam zu Ingenieuren der Wissenschaft geworden. Sie sind gewaltige Könner, sie verstehen es, die philosophisch erwachsenen methodischen Normen mit

---

methodische Funktion für die Wissenschaften. Philosophische Besinnung hat die Idee der Wissenschaft ursprünglich geschaffen; in ihrer Umgrenzung ist sie die Idee einer gewissen allgemeinen Denkmethodik zur Erzielung von Denkleistungen eines gewissen, von ihr umgrenzten begrifflichen Typus. Die allgemeine methodische Idee wird praktisch leitend. Es erwachsen konkret entwickelte Wissenschaften. Aber immer wieder kommt ein Punkt, wo aktuelle Wissenschaft, trotz ihres selbstständig erarbeiteten Reiches von Erkenntnissen und immer neuen Fortschritten, neuer philosophischer Reflexion bedarf, einer Tiefenbesinnung über ⟨den⟩ Sinn ihrer Leistung, über neue Richtungen möglicher Zielstellungen und möglicher Methoden.

[5] *Spätere Randbemerkung* Es gibt nur eine wahre Philosophie und nur einen möglichen Standpunkt, der vor der Vernunft vertreten werden kann. Das aber so verstanden, dass alle falschen Standpunkte nicht auf bloße Widersprüche mit Tatsachen zurückführen, sondern auf Widersinnigkeiten, die ihre Quelle haben in einer Verkennung notwendiger Erkenntniszusammenhänge, und zwar vermöge der Unklarheit über das Wesen der Regionen.

Meisterschaft ins Werk zu setzen und zu handhaben, sie auf immer neue Erfahrungsgebiete anzuwenden und ihnen anzupassen. Aber als Denker sind sie auf das Stadium der Naivität zurückgefallen. Im Grunde nicht anders als der vorwissenschaftliche Mensch nehmen sie die Natur als das absolute Sein. Sie sehen nicht die unaufhebliche Relativität der Natur zum Geiste, für den als erkennenden die Natur da ist und in dessen Erfahrungsphänomenen sie sich konstituiert. Sie ahnen nicht die Tiefen der transzendentalen Korrelationen, denen gemäß Natur und Geist sich transzendental und einander wechselbestimmend konstituieren. Gewohnheitsmäßig in der Einstellung der äußeren Erfahrung lebend, die ihnen den Forschungshorizont gibt, finden sie Physisches und Psychisches, Leibliches und Geistiges empirisch-äußerlich verbunden, und nun verfallen sie, da sie schon das Physische als absolute Wirklichkeit hinnehmen, in eine verkehrte Naturalisierung des Geistigen, das ihnen zu einem zufälligen, nämlich empirisch-faktischen Annex an Physischem, an physischen, raumdinglichen Zusammenhängen wird. So wird dann auch alles im höheren Sinne Geistige, es werden die freien Subjekte und Subjektgemeinschaften und darin freie Geistesgebilde zu zufälligen Vorkommnissen in der Raumwelt, dort an Leibern nach zufälligen Naturgesetzen, nach Gesetzen, die eben nur faktisch zur Ausstattung der Natur gehören, geregelt auftreten. Und dasselbe gilt dann von allen Ideen und Idealen. Sie, die vom Standpunkt einer absoluten Wirklichkeitsbetrachtung die im letzten und wahrsten Sinne wirkenden Mächte sind, sie werden zu bedeutungslosen Tatsachen innerhalb einer bedeutungslosen Weltmaschinerie.

So herrschend ist dieser Naturalismus geworden, dass er selbst die Geisteswissenschaften lähmt und ihnen immerfort das Wahngebilde einer Geistesforschung nach naturwissenschaftlicher Methode als der angeblich allein gültigen imputiert, und selbst, wo die Geisteswissenschaftler dagegen Einspruch erheben, ist es zu beobachten, dass sie nur so lange ihrer Sache sicher sind, als sie konkrete Spezialforschung treiben, während sie sich unfähig erweisen, den eigenen Sinn ihrer Wissenschaften zu verstehen und für eine allgemeine Weltanschauung fruchtbar zu machen. Ja, noch mehr. Der Naturalismus der Weltanschauung hemmt auch die Höherentwicklung der Geisteswissenschaften selbst, die so wie die Tatsachenwissenschaften aller Regionen nicht immer auf der Stufe deskriptiver und konkreter Wissenschaften bleiben können.

Wie deskriptive Naturwissenschaft über sich hat eine theoretisch erklärende Naturwissenschaft, und diese wieder in notwendiger Verbindung stehen mit rein apriorischen Disziplinen, die das Apriori der Natur bearbeiten, so besteht auch für Geisteswissenschaften als Postulat die Begründung apriorischer Disziplinen vom Geiste und mittels ihrer theoretisch erklärender Geisteswissenschaften. Diese Aufgabe wird aber nicht gesehen oder ihrem Sinne nach völlig verkehrt. Man fordert etwa mit uns eine theoretische Erklärung vom konkret Geistigen, aber glaubt sie durch eine naturwissenschaftliche Psychologie leisten zu müssen. Man ist eben in einer völligen Unklarheit befangen über den radikal unterschiedenen Sinn naturwissenschaftlicher und geisteswissenschaftlicher Forschungsrichtung. Man sieht nicht die innerste Einheit von Natürlichem und Geistigem und der von ihr entspringenden Zweiseitigkeit der Fragestellungen. Schließlich führt da der Weg in die Philosophie. Das alles aber ist nichts weniger als anerkannt, eben weil es an der Empfänglichkeit für die philosophisch aufklärende Arbeit noch fehlt, welche auf den tiefsten Sinn von Natur und Geist gerichtet sein muss, auf den tiefsten Sinn naturwissenschaftlicher und geisteswissenschaftlicher Zielstellung und Methode. Freilich fehlt es auch bisher an einer Philosophie, die der Größe dieser Aufgabe genug getan hätte.

Jedenfalls auch die Geisteswissenschaftler sind gewissermaßen auf der Stufe der philosophisch naiven Technik geisteswissenschaftlicher Methode verblieben. So wie die Naturwissenschaftler, so wollen auch sie, stolz auf die zweifellose Kraft und Fülle ihrer Leistungen, von einer Philosophie nichts wissen, von ihrer klärenden Arbeit nichts ergreifen. Aber das ist eben nur der Fluch der modernen Spezialisierung und Technisierung der Wissenschaften und in deren Folge ihre Loslösung von den Urquellen der Intuition, aus denen alle Wissenschaft entsprungen ist, entsprungen nach Richtung der urbestimmenden Begriffsbildungen für Ziel und Methode.

Es bekundet sich in der modernen Fortentwicklung der wissenschaftlichen Kultur eine tiefe Tragik jenes platonischen Menschheitsideals, nämlich dass es in seiner rationalen Notwendigkeit anerkannt werden und außerdem die Entwicklung bestimmen musste, andererseits aber in seiner Auswirkung (wiederum nach immanenter Notwendigkeit) die Gestalt einer mechanisierten und mechanisierenden wissenschaftlichen Kultur annahm, die dem Ideal seine freie Geistigkeit weckende und fördernde Kraft raubte. Wissenschaft soll uns frei machen, zunächst theoretisch frei und dann frei in unserem ganzen Wirken und Schaffen. Aber die sich spezialisierende und dabei technisierende Wissenschaft macht uns nicht einmal zu theoretisch Freien. Nur wer jederzeit auf die tiefsten geistigen Quellen der Methode zurückzugehen hat, nur wer den tiefsten und letzten Sinn der Erkenntnisleistung verstehen und über den absoluten Sinn des von der Wissenschaft in all ihren Regionen logisch konstituierten Seins Rechenschaft geben kann, hat wirklich theoretische Freiheit, er urteilt aus der Autonomie wahrer und letzter Einsicht. Aber niemand hat diese Einsicht! Die Einsicht, die wir Denker der immerfort dogmatischen, weil nur technischen Wissenschaft haben, gleicht der Einsicht des kunstverständigen und oft genug produktiven und genialen Handwerkers, der praktisch sehr wohl versteht, warum er so und nicht anders verfährt, seine Handgriffe und Mittel so wählt und nicht anders, und doch keine Theorie hat und theoretischer Einsicht entbehrt.

Mit dem Beispiel ist aber das Problem zugleich schon auf die praktische Vernunftsphäre übertragen. Wie soll, selbst wenn alle möglichen Wissenschaften ins Werk gesetzt, alle Gebiete des natürlichen und geistigen Geschehens theoretisch verwissenschaftlicht wären, der handelnde Mensch die Würde eines praktischen Vernunftwesens im Sinne der Aufklärungsideale erreichen, wenn der mechanisierte Wissenschaftsbetrieb mit seinen technisierten Methoden zwar ein sicheres Vertrauen auf die Leistung, auf die Wahrheit der erarbeiteten Sätze und Theorien verschafft, aber nichts weniger als Einsicht in den Sinn des Seins selbst mit all seinen erarbeiteten wissenschaftlichen Prädikaten, auf welches die Wahrheiten gehen?

Es ist klar, dass das Elend dieser Zeiten (entgegen allen überschwänglichen Erwartungen der Aufklärungsepoche im achtzehnten Jahrhundert) in eins mit dem Fortschritt der Wissenschaften sich ergeben hat, und sich ergeben hat, obschon dieser Fortschritt selbst die überschwänglichsten Erwartungen erfüllt hat, gerade eine Folge dieser Erfüllung aber die Erfüllung in Form methodisch technisierter Spezialwissenschaften ist. Und es ist weiter klar, dass diese Tragik der wissenschaftlichen Kultur nur überwunden werden kann in einem neuen und in neuem Sinne philosophischen Zeitalter, einem Zeitalter, das die platonische Idee wissenschaftlicher Vernunft nicht preisgibt, sondern rettet und sie rettet durch die mit der spezialwissenschaftlichen Arbeit Hand in Hand gehende philosophische Arbeit, die überall auf letzte Klärungen, auf eine beständige Verlebendigung und Vertiefung der Einsicht abzielt, überall auf die Urquellen der Erkenntnis zurückgeht, auf die letzten Sinngebungen, auf die letzten Sinneserwerbungen und Sinnessynthesen, die alles vereinzelt, in der Vereinzelung einer Wissenschaftsregion und -disziplin Erforschte und somit einseitig Erforschte aus seiner Vereinzelung und einseitigen Betrachtung heraushebt – wie denn alle Quellen der Wahrheit aus einem einzigen Quell entspringen und ihre innere Einheit haben, aus der die Einheit des wahren und letzten Sinnes der absoluten Wirklichkeit selbst entspringt. Nur so werden wir, freilich nicht mit einem Schlag, aber stetig fortschreitend und im Sinne einer sich schrittweise erfüllenden und immer neu zu stellenden Forderung, jene echte theoretische und dann auch praktische Freiheit erringen, eine vollkommen einsichtige, das ist wahrhaft philosophische Wissenschaft und ein wahrhaft philosophisches Leben: ein Leben, das nicht bloß von außen her reglementiert ist durch eine methodische, aber seelenlos gewordene Wissenschaft, sondern von innen her vom Lichte theoretischer und praktischer Einsicht durchleuchtet ist.

Diesem hohen Ziel wollen in aller selbstverständlichen Bescheidenheit und Bescheidung diese Vorlesungen dienen. Als philosophische wollen sie in die werktätige Arbeit der Wissenschaften nicht hineinreden, etwa gar um den Forscher und Meister seines Fachs eines Besseren ⟨zu⟩ belehren, sondern sie wollen klären und Prinzipien der Klärung suchen. Als philosophische sind sie auf das absolute Sein gerichtet, d.i. auf eine Welterkenntnis, die durch das Medium der Wissenschaften auf die letzten Ursprünge zurückgeht, die aber auch in der Erkenntnis der Wesenseinheit, die vorwissenschaftliches und wissenschaftliches Bewusstsein verbindet, schon die Gegebenheiten des Ersteren, ohne die Wissenschaft nie verständlich gemacht werden kann, zum Thema macht. Die Natur, wie sie sich im Geist in immer höheren Stufen und zuletzt naturwissenschaftlich objektiviert, der Geist, wie er als individueller und sozialer sich eine geistige

Umwelt als Kulturwelt gestaltet und sich selbst darin entwickelt, andererseits aber auch, wie er sich als Geist in der Natur veräußerlicht und zum naturwissenschaftlichen Thema wird, sollen unser Studium sein. Und die Blicke wollen wir als Philosophen immerfort gerichtet haben auf die letzte Einheit, die Natur und Geist quellenmäßig verknüpft, und auf die Weltstellung, die uns damit theoretisch wie praktisch vorgezeichnet ist.

⟨I. Teil
Allgemeine Einleitung in die Phänomenologie⟩

⟨Der Rückgang von der Wissenschaft auf
das vorwissenschaftliche Bewusstsein⟩

Nach[1] dieser Einleitung gehen wir an die Arbeit. Wir suchen Klarheit über Natur und Geist und haben doch Wissenschaften von Natur und Geist. Es ist uns selbstverständlich, dass alle Frage, was ein Gegenstand ist, nicht aus naiver Erfahrung und Kunde, sondern nur durch die theoretische Leistung der Wissenschaft beantwortet werden kann. Es ist uns selbstverständlich, dass jenes niederste Denken und Aussagen, das sich unmittelbar an der Erfahrung orientiert und an den im naiven Dahinleben erwachsenen App⟨erzeptionen⟩, zwar zu Aussagen führt, die für die Zwecke des praktischen Lebens nicht wertlos sind, dass diese aber unklar, fließend, voll vager Unbestimmtheit sind. Erst durch die logische Arbeit der Wissenschaft werden sie übergeführt in eine feste, von jedem vernünftig Urteilenden anzuerkennende Wahrheit, gebaut aus festen, streng identifizierbaren Begriffen. Selbstverständlich ist uns also, dass nur Wissenschaft aussagen kann, was eine Gegenständlichkeit in Wahrheit ist; mit anderen Worten: Wahrhaftes Sein ist durchaus das Korrelat der Wissenschaft. Andererseits machen wir uns klar, dass alle Arbeit der Wissenschaft ein Substrat letztlich voraussetzt, das vor der Wissenschaft liegt. Eine Gegenständlichkeit muss uns erst in der Anschauung und ursprünglich in Wahrnehmungen als daseiende Wirklichkeit gegeben sein, damit das Denken ins Spiel gesetzt, damit die Frage, „was dieses Daseiende ist", gestellt, damit im Stufengang logischer Bearbeitung der vagen Erfahrungsbegriffe und -sätze die Wahrheit bzw. das wahrhafte Sein ausgearbeitet werden kann. Dabei ist auch zu bedenken, dass die Gegebenheiten der unmittelbaren Wahrnehmung, also etwa die durch Sehen, Hören usw. uns in sinnlicher Leibhaftigkeit gegebenen Wahrnehmungsdinge, im natürlichen Dahinleben mannigfach geistige Tätigkeiten ins Spiel setzen und demgemäß vielfältige Auffassungen erfahren, die von Subjekt zu Subjekt wechseln, sich aber auch durch Tradition in Subjektgruppen verbreiten

---

[1] *Spätere Randbemerkung* Beginn der systematischen Ausführungen.

und erhalten und dann eventuell mit den Dingen der anschaulichen Umwelt relativ fest verhaftet sind, also zu dem vagen Erfahrungsbestand gehören, auf den die wissenschaftliche Arbeit zurückbezogen ist. Alle noematischen App⟨erzeptionen⟩ des Naturmenschen gehören hierher, aber auch alle die praktischen und traditionellen App⟨erzeptionen⟩, vermöge deren der Mensch außerhalb wissenschaftlicher Gedankenkreise seine Umgebungswelt aus seiner Lebenserfahrung heraus oder nach übernommenen Erfahrungen anderer mit unzähligen empirisch vagen Prädikaten überkleidet.

(Endlich ist von vornherein zu beachten, dass, wenn die wissenschaftliche Arbeit mit ihren logisch bestimmenden Tätigkeiten in Aktion tritt, sie verschiedene Richtungen einschlagen kann. Das empirisch-anschaulich Gegebene und vorwissenschaftlich vielfältig Apperzipierte kann verschiedene Dimensionen der logischen Unbestimmtheit und Bestimmbarkeit haben. Weckt die eine das theoretische Interesse, so wird das logische Bestimmen, gebunden an die Einheit logischer Zusammengehörigkeit (die allein systematische Entwicklung ermöglicht), in der einen und selben Dimension festgehalten. So kann es kommen, dass in der allgemeinen Erforschung einer Gegenstandssphäre eine endlos fortschreitende Wissenschaft erwächst, die doch nie in ihrer Bahn auf die Probleme stößt, die eben auf die zu ihren Gegenständen immerfort zugehörigen anderen Regionen Beziehung haben. Das müssen wir von vornherein auch als Möglichkeit vor Augen halten für unser Thema „Natur und Geist". Vielleicht zum Beispiel, dass „Natur" ein Titel ist für Fragestellungen, die die erfahrene Umwelt an das theoretische Forschen stellt, Fragestellungen, die ausschließlich in eine einzige Blickrichtung gehen, in der eben von dem unlöslich vielleicht damit verflochtenen Geistigen als einem korrelativen Thema von Fragestellungen abgesehen wird und ordnungsmäßig abgesehen werden muss. Es würde sich dann verstehen, dass der Naturforscher, der sein Leben ganz der Naturforschung widmet und der in der harten Arbeit der technischen Ausgestaltung und Neugestaltung theoretischer Methoden von den ursprünglichen Sinngebungen ohnehin fern bleibt, sich dessen nicht bewusst wird, dass die Natur von vornherein und nach Wesensnotwendigkeit noch ganz andere Dimensionen von Fragestellungen offen lässt, ja, dass, was e r „Natur" nennt, eben schon die Abstraktion seines Themas in sich schließt. *Mutatis mutandis* wird dasselbe natürlich auch von den Geisteswissenschaften zu erwarten sein.

In jeder Weise werden wir also aufgefordert, einen Aufklärungsweg zu beschreiten, der dem entgegen ist, den wir zunächst erwarten würden. Obschon es ganz richtig ist, dass nur Wissenschaft uns sagen kann, was in Wahrheit Natur und Geist wie jede Gegenständlichkeit sonst ist, so ist es doch nicht unsere Aufgabe, uns in die endlosen Folgen von Wahrheiten, von Begründungen, Theorien der Natur- und Geisteswissenschaften hineinzuarbeiten. Wir würden dadurch sehr gelehrt werden, aber Klarheit über den letzten Sinn der Natur und des Geistes, die durch alle diese Wahrheiten und Theorien hindurchgeht, würden wir nicht erhalten. Gewiss wird er durch sie in gewisser Weise logisch ausgestaltet und bestimmt, aber) all die logische Bestimmung leitet ihren Sinn aus einem Vorlogischen ab, aus einer ursprünglichen Quelle, in der sich das nach unserer Vermutung unlöslich Verbundene zeigt, was die notwendige Abstraktion der logisch-wissenschaftlichen Arbeit trennt. An dieser ursprünglichen Quelle vollzieht sich eine ursprüngliche Sinngebung für die unter den Titeln „Natur" und „Geist" betrachtete Welt. Erst wenn wir diese primitive Sinngebung verstanden haben, können wir hoffen, die höhere Leistung der Wissenschaft zu verstehen, können wir also das Problem höherer Stufe stellen, diese Leistung aufzuklären und in Verbindung damit den Sinn des wissenschaftlich wahren Seins von Natur und Geist aufzuklären.

Nur auf diesem Wege lösen wir das durch eine noch so reiche Entwicklung strenger Wissenschaften nicht schon gelöste, sondern allererst gestellte Problem, was die Welt in Wahrheit und nach ihrem letzten quellenmäßigen Sinn ist, ⟨und⟩ damit auch das Problem, die theoretische Vergewaltigung der Welt wieder gut⟨zumachen⟩, ja sie im höchsten Sinne nutzbar zu machen durch Verwandlung in ein Weltverständnis.

Wir[1] beginnen also damit, von der Wissenschaft zurückzugehen auf das vorwissenschaftliche Bewusstsein. Nicht als ob es

---

[1] *Der Text der folgenden Seiten bis etwa S. 22 ersetzt die frühere, nicht gestrichene Fassung* Wir beginnen also damit, von der Wissenschaft zurückzugehen auf das vorwissenschaftliche Bewusstsein. Nicht im historisch-anthropologischen Sinn, als ob wir jetzt eine Untersuchung anzustellen hätten, wie die Menschheit vor der griechischen Wissenschaft, wie Kulturvölker oder Naturvölker außerhalb unserer wissenschaftlichen Kultur die Welt apper-

⟨sich⟩ jetzt um eine historisch-anthropologische Untersuchung handelte und um eine Feststellung, wie ⟨sich⟩ die Menschheit vor dem Aufkommen der Wissenschaft die Welt vorgestellt hätte, oder wie die verschiedenen Völker, die auch heute noch der Wissenschaft entbehren und durch sie in der Auffassung von der Welt nicht berührt sind, sich die Welt vorstellen. Das vorwissenschaftliche Bewusstsein, das wir hier meinen, das für uns allein in Frage kommen kann, ist auch für uns Menschen einer wissenschaftlichen Kultur beständig aufweisbar oder zum mindesten evident herstellbar durch eine methodische Ausschaltung aller aus ehemaligen theoretischen Akten herstammenden Apperzeptionen. Es ist doch vorweg klar, dass wir immerfort, ob wir theoretische Denktätigkeiten vollziehen oder nicht vollziehen, uns von einer anschaulichen Welt umgeben finden. Diese

---

zipieren. Das vorwissenschaftliche Bewusstsein, das wir hier meinen und das für uns allein in Frage kommen kann, ist auch für uns wissenschaftlich kultivierte Menschen beständig vorhanden. Denn immerfort, ob wir theoretisieren oder nicht theoretisieren, wissenschaftliches Denken vollziehen oder nicht vollziehen, ist eine Welt der Erfahrung, eine anschauliche Welt, eine unseren doch nur gelegentlichen wissenschaftlichen Betätigungen vorgegebene, eine Welt, die bewusstseinsmäßig für uns unmittelbar da ist und da bleibt, auch wenn alle aus Wissenschaften stammenden Gedanken und apperzeptiven Auffassungen verschwinden. Diese bilden also nur eine außerwesentliche Oberschicht, eine sie umgestaltende an der sich ohnehin auch sonst beständig fortgestaltenden Lebenswelt. In der Tat, es handelt sich um die Welt, die im schlichtesten Sinne bewusstseinsmäßig für uns da ist, die Welt, in der wir leben, denken, wirken, schaffen, die im Wechsel dieser Tätigkeiten immerfort einen Kern anschaulicher Vorgegebenheit hat, der sich alsbald vermöge dieser subjektiven Tätigkeiten mit apperzeptiven Schichten umkleidet, darunter speziell auch Denkschichten.

Versuchen wir nun zunächst ganz roh, die typische Struktur dieser Welt zu zergliedern, wobei wir sie rein betrachten im Wie ihrer bewusstseinsmäßigen Vorgegebenheit vor aller Wissenschaft. Die erste radikale Scheidung, die uns aufstößt, ist die zwischen Subjekten und Dingen. Was die Dinge anlangt, so geben sie sich als zeitlich dauernde und räumlich ausgedehnte Dinge derart, dass alle Dauern sich einordnen der einen Zeit, alle Ausdehnungen dem einen Raum, so dass Raum und Zeit die anschaulichen Einheitsformen sind für die Allheit der anschaulich vorgegebenen Dinge. Die weitere Beschreibung hätte dann überzugehen auf die nähere Struktur der Bestimmtheiten, welche die anschaulichen Dinge als ihre Raumgestalt füllende, in ihrer Dauer verbleibende oder wechselnde Beschaffenheiten haben, ferner auf die Abhängigkeiten, die die Dinge in ihrem veränderlichen Beschaffenheitensein voneinander zeigen unter dem Titel der anschaulichen Kausalität. Wir haben es anschaulich vor Augen, wie der geschwungene und niederfallende Hammer das Eisen schmiedet, also verändert, wie der streichende Geigenbogen die Saiten zum Schwingen bringt und den Ton erzeugt usw. Ich will jetzt nicht in diese Richtung tiefer eingehen und zunächst nur Ihren Blick allgemein fixieren auf die Bestände der vorwissenschaftlichen Dinggegebenheit in der Erfahrungsanschauung und darauf, dass diese Bestände notwendig bestimmende sein müssen für den Sinn aller auf solche Dinge sich beziehenden Theoretisierungen und Wissenschaften.

Welt ist für uns unaufhörlich da und mit einem Sinnesbestand, der doch nur gelegentlicher theoretischer Arbeit vorgegeben ist, und notwendig vorgegeben, denn wie sollte Denken je ins Spiel treten, ohne dass ihm vorher schon irgendwelche Gegenstände und mit einer gewissen Sinnesausstattung bewusstseinsmäßig gegeben wären, Gegenstände, die an uns gleichsam Fragen richten, uns auffordern, sie nach der oder jener Hinsicht begrifflich zu bestimmen, die Gesetze ihres Verhaltens zu finden usw.? Ein vorgegebener Gegenstand kann, wie auf höheren Stufen wissenschaftlichen Denkens, ein anschauungsferner sein, ein aus früherem Denken stammendes und vielleicht nur symbolisch und denklich vergegenwärtigtes theoretisches Produkt, wie wenn der Astronom über Störungen der Marsbahn nachdenkt und dabei etwa das unbekannte Glied eines dieselben bestimmenden mathematischen Ausdrucks theoretisch fixieren will. Aber es ist klar, dass es zu dem Sinn eines jeden solchen theoretischen Gebildes gehört, sich schrittweise aufwickeln zu lassen und den Mittelbarkeiten nachgehend schließlich zur Anschauung zurückzuführen. Wir werden also auf Gegenstände der unmittelbar anschaulichen Welt verwiesen, die vor allem theoretischen Denken liegen und die als Gegenstände schon im vorwissenschaftlichen Bewusstsein einen Sinnesgehalt hatten, der als Substrat fungierte für die wissenschaftliche Arbeit. Im Übrigen ist auch der in den anschauungsfernsten mathematischen Sphären theoretisierende Forscher während dieses Denkens von einer anschaulichen Welt umgeben, das anschauungsferne Denken ist nur eine Schicht im gesamten Strom seines wachen Bewusstseinslebens, und nur eine gelegentliche; eine beständige aber ist das Erlebnis der Weltanschauung im wörtlichsten Sinne. Immerfort steht uns diese Welt da mit wechselnden Dingen und wechselnden Erscheinungsweisen vor Augen, ob wir auf sie achten und über sie nachdenken oder nicht. In diese Welt leben wir hinein, wir denken, fühlen, werten, wirken, schaffen in sie hinein, und im Wechsel aller solcher Tätigkeiten ist sie vorgegeben. Sie ist nicht nur überhaupt, sondern sie ist eine in unserer Subjektivität selbst sich in mannigfaltigen Phänomenen darbietende Welt, eine aus ihr selbst, aus diesen „Phänomenen" einen ursprünglichen Sinn schaffende.

Es ⟨ist⟩ aber Folgendes jetzt zu beachten: Ist diese Welt auch als vorgegebene, anschauliche, erfahrene Welt bezeichnet, so ist sie das doch nur in dem bestimmten Sinn unserer Betrachtung. Wenn wir den natürlich-naiven Fluss unseres Bewusstseins gewissermaßen mit der Frage unterbrechen, wie die Welt in diesem Fluss bewusst war, so bedarf es ja eines reduktiven Prozesses, um die anschauliche Welt herauszuarbeiten, und es sind dabei so manche verborgene theoretische Komponenten auszuschalten, auch an dem schon Anschaulichen. Die Temperatur, die wir am Thermometer, den Luftdruck, den wir am Barometer, das Gewicht, die Lichtbrechung u.dgl., die wir unter gegebenen anschaulichen Umständen lässigerweise als gesehen bezeichnen, sehen wir natürlich nicht; das eigentliche Sehen, das Anschauen der umgebenden Welt hat für unser wissenschaftliches Erzeugen vielerlei Färbungen sozusagen, die Niederschläge theoretischer Leistungen sind. Aber jederzeit können wir uns auch darauf besinnen, wir können die uns bewusstseinsmäßig in diesen Färbungen gegebenen Dinge nach der Sinnesquelle der Färbungen befragen, und in der Frage, was denn eigentlich Temperaturgrade, Luftdruckgrade, Gewicht usw. meinen, werden wir durch den eigenen Sinn der Bewusstseinsweise der betreffenden Sachen auf physikalische Begriffsbildung, auf theoretische Prozesse geführt und dann zurückgeführt auf den vortheoretischen Anschauungsbestand als einen notwendig geforderten.

Wir achten ferner darauf, dass die Ausarbeitung einer anschaulich gegebenen oder, wenn Sie wollen, einer Erfahrungswelt vor allen Einschlägen theoretischer Leistung dem Begriff der Erfahrung einen bestimmten Sinn gibt durch diese Beziehung zum Theoretisieren. Sofern der Mensch sich nicht nur als theoretisch leistender, sondern in manchen anderen Richtungen als leistend betätigt, zum Beispiel als ästhetisch, ethisch, technisch leistend, eröffnet sich die Aussicht auf die Möglichkeit und vielleicht Notwendigkeit auch anders gerichteter Reduktionen und auf die Herausstellung einer vorgegebenen Welt als einer Welt der „Erfahrung", die nicht nur vor aller Theorie, sondern vor allem menschlichen Leisten liegt. Und in der Tat wird es darauf sehr ankommen, um den Urquell der Idee „Natur" zu fassen, und zwar gerade als diejenige Naturidee, die das Thema der neuzeitlichen Naturwissenschaft ausmacht. Und nicht nur das: Diese Art schrittweiser Abscheidung und Ausscheidung apperzeptiver Schichten im Sinne der bewusstseinsmäßig gegebenen und mit Apperzeptionen verschiedener Quellen umsponnenen Welt sind überhaupt die unerlässlichen methodischen Vorerfordernisse, um den

Sinn der ursprünglichen Ziele zu verstehen, die sich die radikal unterschiedenen Wissenschaften stellen. Die ursprüngliche Struktur der Welt des vorwissenschaftlichen Bewusstseins und die in ihrem eigenen Sinn vorgezeichneten Demarkationen bestimmen grundwesentlich unterschiedene Richtungen möglicher theoretischer Forschungen und damit der prinzipiell möglichen Wissenschaften.

⟨Das Ichleben als beständiges Perzipieren: Impression und Reproduktion⟩

Versuchen wir also in die typische Struktur der vorgegebenen Welt einzudringen, so stoßen wir auf eine erste Scheidung, die wir verständlich bezeichnen als die zwischen Subjekten und Dingen. Aber[1] um zu völliger Klarheit durchzudringen, stellen wir die radikalste Frage: nach dem, was dem erkennenden Ich als Vortheoretisches vorgegeben sein kann; vielleicht dass sich herausstellt, dass, was wir vortheoretisch als Welt anschauen, nur einen Bestand aller Vorgegebenheit ausmacht, und es ist sehr wichtig, diesen zu charakterisieren und die Funktion des Übrigen zu verstehen. (Was wir jetzt erforschen, hat den Titel „Transzendentale Ästhetik".) Wir können die notwendige Beschreibung in folgender Weise anheben, wobei Sie sich beständig überzeugen müssen, dass hier nichts gesagt wird und werden darf, was nicht in zweifelloser Evidenz wirklich aufgewiesen ist, und dass alle Ausdrücke, die wir verwenden, den bloßen Charakter rein beschreibender Ausdrücke haben.

Jeder von uns sagt und kann sagen: „Ich bin." Er spricht damit die absoluteste aller erdenklichen Evidenzen aus. Ich bin und bin, indem ich lebe. Mein Leben ist ein unaufhörlicher Strom subjektiven Erlebens und darin beschlossen ein Strom eines ⟨un⟩aufhörlichen „Bewusstseins", das in sich selbst Bewusstsein von etwas ist, Bewusstsein, in dem ich irgendetwas bewusst habe, und das in verschiedenen Formen: Ich lebe in Form des „ich nehme wahr", und wahrnehmend habe ich bewusst einen Wahrnehmungsgegenstand, ich lebe in der Form des Micherinnerns, des Erwartens, des Phanta-

---

[1] *Dieser und der nächste, eingeklammerte Satz wurden später eingefügt.*

sierens, des Denkens, des Kolligierens, des Beziehens, des universellen und partikulären Prädizierens usw., worin bewusst wird ein Etwas, eine Gegenständlichkeit im Modus des Vergangen als Erinnerten, oder Künftigen und Erwarteten, oder Phantasierten, oder eines Subjekts von Prädikaten, oder eines Besonderen einer Allgemeinheit, einer Menge, eines Gesetzes usw. Wieder finden wir im Strom des „ich lebe" Bewusstseinsvorkommnisse der Form „ich habe Gefallen an etwas", und darin bin ich mir bewusst eines Gefälligen, „ich bin betrübt über etwas", woran ein Trauriges bewusst ist, „ich wünsche dies oder jenes", worin ein Etwas als wünschenswert, als gut bewusst ist, „ich entschließe mich", worin ein Entschluss bewusst ist, „ich handle", worin eine Handlung bzw. eine Tat bewusst ist.[1]

Ich,[2] mein Bewusstsein in solchen unzähligen Gestalten und das darin Bewusste als solches in den Korrelatgestalten – all das ist offenbar ein ganz zweifellos vortheoretisch Gegebenes, ja in gewisser Weise der Titel ursprünglichster Vorgegebenheiten.[3] In anderer Weise wieder sagen wir, es ist das, was Vorgegebenheiten überhaupt allererst möglich macht. Es ist ja ganz evident: Für mich ist etwas gegeben und zu geben, zu geben nur durch irgendwelche Modi des Bewusstseins (in intentionalen Erlebnissen). Gegeben und zu geben ist aber als seiend für mich nicht nur es selbst und das ihm immanente Eigene, sondern auch ihm Fremdes, ihm Äußeres.

Versuchen wir, in der Art, wie das eine und andere sich dem Ich vortheoretisch darstellt und wie es aus der Anschauung selbst unterschiedenen Sinn erhält, tiefere Klarheit zu gewinnen.

Verblieben wir in der Icheinstellung, so hätten wir etwa so fortzufahren: Durch die Bewusstseinserlebnisse, in denen mein Leben als Ichleben dahinströmt, geht ein unaufhörlicher, nach einer Wesensnotwendigkeit nie zu unterbrechender Strom von Erlebnissen eines ausgezeichneten Typus, des Typus Perzeption. Das Ichleben ist ein beständiges Perzipieren. Wir verstehen dabei unter Perzeption jederlei Bewusstsein, in dem ein individuell einzelner Ge

---

[1] *Spätere Randbemerkung* „Intentionale Erlebnisse."

[2] *Spätere Randbemerkung* Ichakte im spezifischen Sinn *ego cogito.*

[3] *Randbemerkung* Dies Gegebene ist für mich da, ist als Seiendes evidenterweise erfasst: als I c h e i g e n e s.

genstand uns anschaulich, d.i. in seiner Selbstheit, in Merkmalen, die sein Eigenwesen ausmachen, als wirklich seiend bewusst ist: zum Beispiel diese Gegenstände, die jetzt bewusstseinsmäßig vor meinen Augen stehen, oder der Anblick des lieblichen Günterstals, der in der Erinnerung auftaucht, in relativ klarer Anschaulichkeit. Es soll aber, entgegen dem ursprünglichen Wortsinn von *perceptio*, nicht darauf ankommen, ob das in seiner Selbstheit Gegebene wirklich von mir erfasst wird oder nicht, ob ich in dem besonderen Bewusstseinsmodus des Darauf-Achtens, Näher-Betrachtens und sonst wie damit Aktiv-Beschäftigtseins das Selbstgegebene gewissermaßen zum Thema meines Ich mache oder nicht. Es kann ja sein, dass eine Fülle von Gegenständen anschaulich für mich da und bewusst ist, ohne dass ich bei ihnen geistig bin oder, was dasselbe, ohne dass die Perzeption im eigentlichen Sinne Perzeption ist, die ausgezeichnete Gestalt des *ego percipio* hat. Dieser Wortgebrauch des Terminus ist durch die philosophische Tradition gestiftet (ich erinnere an die Scheidung L e i b n i z e n s zwischen *perceptio sine* und *cum appercep-tione*).

Die *perceptiones* in ihrem beständigen einheitlichen Strom zerfallen dann in zwei Klassen, I m p r e s s i o n e n und R e p r o d u k t i o-n e n. Auf der ersten Stelle genannt sind Erlebnisse, die wir auch W a h r n e h m u n g e n nennen, ein Wort, das wir ganz gut auch gebrauchen könnten, wenn wir dieselbe Sinneserweiterung dabei zulassen wie bei der Perzeption. Gewöhnlich verstehen wir unter Wahrnehmen ein Gewahren; das Ich ist gewahrend auf einen Gegenstand gerichtet, betätigt sich als ein Wahrgenommenes erfassend, betrachtend. Aber unser Begriff soll auch die Gegengruppe von Fällen befassen, indem Gegenstände wahrnehmungsmäßig zwar bewusst, aber nicht in der Weise des Gewahrens bewusst sind. Das Ich ist dann nicht bei ihnen, mit ihnen aufmerkend, erfassend beschäftigt. Es ist hier ein besonderer Terminus nicht zu umgehen, mindest in den Fällen, wo diese Erweiterung markiert, betont werden muss, und dazu bietet sich das h u m e s c h e Wort, ohne dass wir freilich hier dessen wirkliche Auffassungen übernehmen. Doch was ist das wesentlich Eigentümliche der I m p r e s s i o n, dieser Wahrnehmung im erweiterten Sinn, gegenüber der Reproduktion? Die Antwort lautet: Jedes perzeptive Erlebnis, in dem das individuell Einzelne nicht nur überhaupt anschaulich, überhaupt in seiner Selbstheit bewusst ist, son-

dern im Bewusstsein, dass es im Original gegenwärtig ist, heißt
ein Wahrnehmungserlebnis (Impression). Jedes Erlebnis, in dem das
Perzipierte selbst als nicht im Original Gegenwärtiges, mit
anderen Worten im Bewusstseinsmodus bloßer Vergegenwärtigung bewusst ist, heißt ein reproduktives, zu deutsch ein verge-
genwärtigendes (und das im weitesten Sinne). Jede Erinnerung gehört hierher. Mögen wir ein Vergangenes noch so lebendig und klar
in seiner Selbstheit vorschweben haben, es gibt sich in dem Erinne-
rungserleben nicht als gegenwärtige Wirklichkeit, nicht als leibhaftig
da, sozusagen in eigener Person da, sondern als bloß vorschwebend,
als bloß vergegenwärtigt. In jeder Wahrnehmung aber ist das Wahrgenommene bewusst als sozusagen leibhaftige Wirklichkeit, als leibhafte Gegenwart. Das Bewusstsein zeitlicher Gegenwart macht es
dabei nicht. Denn wenn wir jetzt den Schlossberg vorstellen, so
nehmen wir ⟨ihn⟩ als einen gegenwärtig existierenden, und doch ist
er perzipiert im Bewusstseinsmodus bloßer Vergegenwärtigung.
Achten Sie wohl darauf, dass wir hierbei rein beschrieben haben, was
im eigenen Wesen der betreffenden Bewusstseinserlebnisse liegt,
dass die Unterschiede leibhafter Gegenwart und bloßer Vergegenwärtigung des perzipierten Gegenstands nicht von außen hereingetra-
gen sind, sondern immanente Modalitäten ausdrücken, Modi der
Weise, wie der Gegenstand hier und dort bewusst ist und charakterisiert ist.

Es ist nun weiter eine Grundeigenschaft des Ichbewusstseins, eine
offenbar unaufhebliche Notwendigkeit, dass durch den Strom des
Erlebens, dem das Ich notwendig zugehört, ein unaufhörlicher Strom
der Wahrnehmung, der Impression hindurchgeht, ja, dass er in gewisser Weise sogar ein solcher Strom selbst ist.

Keine Phase des Ichlebens ist denkbar, ohne dass für das Ich eine
Sphäre leibhafter Gegenwart daseiende Wirklichkeit wäre; gewahrend oder nicht gewahrend ist es auf sie bezogen. Gliedern wir diese
impressionale Sphäre, so finden wir, und immerfort nach einer Wesensnotwendigkeit, die zwei Gruppen möglicher, wahrnehmungsmäßig gegenwärtiger Einzelheiten: Wir sagen: „ichfremde“ und
„icheigene“ (oder „ichliche“, im bestimmten Sinn subjektive). Auf
der einen Seite zum Beispiel für jeden von uns die Gegenstände dieses Zimmers, so weit sein jeweiliges Gesichtsfeld sie umgreift. Auf
der anderen Seite findet jeder natürlich sich selbst vor oder kann sich

vorfinden. Dazu gehört offenbar und notwendig, dass er nicht bloß überhaupt Erlebnisse hat, etwa bloß Hintergrunderlebnisse, etwa dahindösend im dumpfen Schlaf, sondern dass er irgendeinen „Ichakt" vollzieht, ein „ich achte auf dies und jenes", „ich durchlaufe seine Merkmale betrachtend", „ich urteile", „ich werte" usw., Erlebnisse, in denen das Ich auf irgendein Etwas gerichtet und irgend tätig bei diesem Gegenständlichen ist. So oft das der Fall ist, kann sich daran ⟨an⟩schließen ein neues Bewusstsein, eine Ichreflexion, in der das Ich einen gewahrenden Blick auf sich als Subjekt der betreffenden Akte richtet und, von Akten zu Akten übergehend, sich reflexiv als das eine absolut identische Ich dieser Akte erfasst, wobei in eins damit natürlich diese Akte selbst zur Gewahrung gekommen sind. Ichakte und jederlei zum Strom des Ichlebens gehörige Erlebnisse sind nicht nur, sondern sie sind auch bewusst, und zwar in der Weise der Impression bewusst; wunderbarerweise ist Bewusstsein nur als seinerseits auch Bewusstes, und zwar wie gesagt impressional Bewusstes, und es kann, wo es nicht gerade gewahrend wahrgenommen ist, zur Gewahrung gebracht werden auf dem Wege einer Blickrückwendung, einer Reflexion. Auch diese ist dann impressional bewusst, und es kann eine Reflexion auf die Reflexion einsetzen usw. Wir dürfen hierbei nicht länger verweilen; jedenfalls ist es evident, dass für mich mein Ichleben und Ich selbst mit all seinen Wesensbeständen ein beständiger Bereich von vortheoretischen Tatsachen ist. Diese[1] ganze hiermit umschriebene Sphäre des dem Ich Eigenen, seiner erfassenden Reflexion Zugänglichen, ist eine Sphäre absoluter Impression, absoluter Selbstgegebenheit, das heißt, hier ist jeder Zweifel, ob das Erfasste wirklich oder nur scheinbar existiert, sinnlos; warum sinnlos, wird das Weitere verständlich machen.

Fürs zweite hätten wir ein Reich ichfremder Tatsachen; immerfort ist Ichfremdes dem Ich gegeben im Charakter der leibhaften Gegenwart, so z.B. also diese Dinge ringsum, diese Menschen. Das Beispiel lässt alsbald zwei Gruppen hervortreten, Dinge und Subjekte, und zwar als fremde Subjekte. Beide sind mir, dem Ich,

---

[1] *Der letzte Satz des Absatzes wurde später eingefügt.*

der sie gegeben hat, wahrnehmungsmäßig gegeben, insofern auf mich bezogen, aber eben gegeben als Nicht-Ich, nicht ichlich.[1]

⟨Innere und äußere Wahrnehmung.
Gegenstand und Erscheinung⟩

Erfasst wird, sahen wir, das Ichliche in Akten der Reflexion (aufgrund der „immanenten Wahrnehmung"), in der einen bezieht das Ich sich auf sich selbst, in der anderen auf seine Akte, seine Erlebnisse und ihre einzelnen Momente bloß betrachtend und erfassend. Im Bewusstseinsstrom treten aber auch beständig andersartige Wahrnehmungen, „äußere" Wahrnehmungen[2] auf, deren Gegenstände sich in ihnen dadurch charakterisieren, dass sie irgendetwas „außer" dem Ich und seinem Ichlichen als daseiende Wirklich-

---

[1] *Später gestrichen* Der spezifische Ichbereich, der des Ichlichen, ist nun wohl charakterisiert durch den Begriff des Bewusstseinsstroms, zu dem *eo ipso* notwendig das Ich gehört, das Subjekt, dessen Leben dieser Strom ist, der Strom ⟨des⟩ Wahrnehmens, Phantasierens, Sicherinnerns, Denkens, Wollens etc. Alles, was darin als Stück oder Moment, als reelles Bestandstück aufweisbar ist, ist subjektiv. Dazu gehört, ob das Ich bei dem jeweilig Bewussten tätig, aufmerkend dabei ist oder nicht. Auf der Seite aber des Bewussten kommen wir zwar letztlich zu einem solchen, das bewusst ist und nicht bewusst ist, obschon es ja auch sein kann, dass Bewusstsein sich auf Bewusstsein richtet. Eine Farbe, ein Ton, ein Geruch und dergleichen sinnliche Daten sind wahrnehmungsmäßig bewusst, sind als wirklich seiend für uns da, aber sie sind kein Bewusstsein. Ein Vorstellen ist Vorstellen von etwas, ein Denken Denken an etwas, ein Wollen ist wollend auf etwas bezogen usw. Dieses Von gehört zum Wesenscharakter eines jeden Bewusstseins, und jedes Ich als Ich ist dann dadurch charakterisiert, dass es durch das Medium seiner Erlebnisse zum Typus Bewusstsein auf ein darin Bewusstes bezogen ist. Andererseits aber, eine Farbe ist bewusst, aber nicht Bewusstsein von etwas, ebenso jedes sinnliche Datum. Kein Bewusstseinsstrom, d.h. kein strömendes Ichleben ist denkbar ohne derartige sinnliche Bestände; jedes Bewusstseinsleben bedarf sozusagen einer *hyle*, die in Bewusstsein eingeht und bewusstseinsmäßig sich formt, und, wie sich in höheren Untersuchungen zeigen lässt, jedes Bewusstseinserlebnis weist auch, wo es keinen hyletischen Bestand schon in sich hat, auf andere Erlebnisse zurück, die hyletisch besetzt sind. Wir sprechen von Blinden und blind Geborenen, Tauben und taub Geborenen usw. Aber andererseits ist, wenn wir danach auch ein Ich mit Grund, obschon aufgrund indirekter Schlüsse, für möglich halten, das gewisse Klassen sinnlicher Daten nicht hat, so ist aus unserem Ich das Sinnliche nicht überhaupt wegzudenken. Diese Daten also sind als Nichtbewusstsein, als nicht„intentionale" Erlebnisse charakterisiert.

[2] *Spätere Randbemerkung* Äußere Impressionen und, wenn ein Blickstrahl der erfassenden Beachtung hindurchgeht, Gewahrungen von „Äußerem".

keit bewusst haben. Dabei zeigt sich das Verhältnis von Wahrnehmung und Wahrnehmungsgegenstand beiderseits grundverschieden.
Das Ichliche oder immanent Wahrgenommene ist nicht nur überhaupt wahrgenommen, sondern es ist mit dem Wahrnehmen selbst
untrennbar eins.[1] Beide gehören zu demselben einen Erlebnisstrom

---

[1] *Spätere Randbemerkung* Cf. Beiblatt, Besseres. *Das betreffende Beiblatt enthält außer
dem Hinweis Ad 17 auf die vorliegende Textstelle und der späteren Randbemerkung* Vgl. aber
spätere Ausführungen, 19 ⟨S. 31,1–32,21⟩! *den folgenden Text* Äußere Impressionen (äußere
impressionale Perzeptionen, eventuell Gewahrungen). Ihre Gegenstände sind dadurch ausgezeichnet, dass sie zum Gegenstand haben weder das Ich (das ist, ich reflektiere nicht auf
mich selbst in einer Ichwahrnehmung) noch ein Ichliches m e i n e r Sphäre, kurzweg: Das
Wahrgenommene ist ein „Äußeres", die Wahrnehmung eine äußere Wahrnehmung. Worte, die
sich ausschließlich durch diese Bestimmungen bestimmen sollen. Das Verhältnis von Wahrnehmung und Wahrgenommenem zeigt sich für immanente Wahrnehmungen, das sind eben
die reflektierenden (auf mich und mein Ichliches rückgewendeten), und andererseits für „äußere" Wahrnehmungen ⟨als⟩ ein grundverschiedenes. Am besten, wir lassen die Reflexion auf
das Ich selbst, die eine besondere Stellung hat, hier zunächst außer Spiel und vergleichen nur
äußere ⟨Wahrnehmung⟩ und immanente Erlebniswahrnehmung, die wir im prägnanten Sinn
allein immanente nennen wollen.

In der immanenten Wahrnehmung sind Wahrnehmung und Wahrgenommenes untrennbar
und reell eins; beide sind individuell Seiendes, oder, was dasselbe, beide sind zeitlich seiend in
singulärer Einmaligkeit (der Gegensatz ist hier das zeitlich Wiederholbare, bei Erhaltung der
Identität, die zum Seienden als solchen gehört). Für das immanent seiende Individuelle gilt die
b e r k e l e y s c h e Gleichung *esse = percipi.* Zeitliches Sein ist gegenwärtiges Sein, individuelles Sein im prägnanten Sinn oder Vorübersein, Vergangensein oder Noch-nicht-sein, aber
Seinwerden, künftiges Sein. Das immanente gegenwärtig Seiende ist notwendig gegenwärtig
perzipiert Seiendes, eventuell auch gegenwärtig gewahrendes Wahrnehmen (oder auch Gegenstand einer niederen Intentionalität). Jedenfalls ist Perzeption und Perzipiertes hier untrennbar eins: Das Immanente kann nicht für mich gegenwärtig sein, ohne perzipiert zu sein, und es
kann nicht nach der Perzeption fortdauern. Es kann nicht in wiederholten getrennten Perzeptionen bei eigener ungebrochener Dauer perzipiert werden.

Während für Immanentes Wahrnehmung und wahrgenommenes Sein sich zeitlich deckt,
beides zusammen anfängt und zusammen aufhört, nämlich das immanente Wahrgenommene
nicht nur als Wahrgenommenes aufhört (aufhört, wahrgenommen zu sein), um dann unwahr-
genommen weiter dauern zu können, verhält es sich anders beim äußeren Wahrgenommenen.
Dieses „Transzendente" kann vielmehr „a n s i c h" sein, d.i. sein, ohne wahrgenommen zu
sein, und kann fortdauern auch nach der Perzeption von ihm. Insofern heißt es überhaupt der
Perzeption gegenüber „a n s i c h" und heißt auch seiend „a u ß e r" der Perzeption oder seiend
„getrennt" und „trennbar" von der Perzeption, was aber einigermaßen gefährliche bildliche
Ausdrücke sind, gedacht nach Analogie des Gesondertseins von Dingen, die, wenn wir von
ihrer sie verbindenden Kausalität absehen, vorgestellt werden können als unabhängig voneinander anfangend, aufhörend, dauernd.

Die Untrennbarkeit setzt sich in der Wiedererinnerung fort. Das vergangene Immanente ist
vergangenes perzipiertes Immanentes. Das ist zunächst nichts Auszeichnendes. J e d e Wiedererinnerung schließt überhaupt und notwendig die Wahrnehmung des Wiedererinnerten ein,
erinnertes Gewesensein ist erinnertes Wahrgenommengewesensein. Für das Immanente gilt

des Ich und sind eigentlich eins. Das äußerlich Wahrgenommene oder Ichfremde ist aber bewusst als „an sich" gegenüber dem Wahrnehmen und seinem Ich. Es ist nicht mit dem Wahrnehmen selbst untrennbar einig, sein dauerndes *esse* geht nicht in seinem *percipi* auf.[1] Während das Ichliche ist, indem es bewusst ist, und verschwunden, vergangen ist, vorüber ist und schlechthin nicht mehr ist, wenn das Bewusstsein vorüber ist, ist das Ichfremde, das als Äußeres Bewusste, dem Eigensinn der äußeren Wahrnehmung gemäß ein objektiv „Reales", das dauernd ist, auch wenn es nicht mehr wahrgenommen (perzipiert) ist, das im wirklichen Sein eventuell gewesen ist, auch wenn es überhaupt nicht wahrgenommen (perzipiert) war. Es gibt sich also als etwas, dem das Wahrgenommensein (Perzipiertsein), Gewesensein und Seinwerden zufällig ist, als An-sich gegenüber dem faktischen Wahrnehmen (Perzipieren) des wahrnehmenden (perzipierenden) Subjekts, als die Wahrnehmung und mit der Wahrnehmung die ganze Sphäre des Ichlichen transzendierend. Wir sagen daher auch „transzendente Wahrnehmung". So meint jede äußere Wahrnehmung in sich selbst die Wirklichkeit des Wahrgenommenen als ein Ichfremdes, sie ist ihrem Eigenwesen nach Wahrnehmung eines in dem bezeichneten Sinn „an sich" Seienden, mag es sich übrigens um die Wahrnehmung von Dingen oder fremden Subjekten, Menschen oder Tieren handeln. Freilich kann die Wahrnehmung gelegentlich eine falsche sein; sie setzt dann dieses ichfremde An-sich fälschlich.

(Generell[2] ist es evident, dass zum Wesen dieses Typus „äußere Wahrnehmung", z.B. Dingwahrnehmung, dies gehört, dass für eine jede Wahrnehmung zwei immerfort offene Möglichkeiten bestehen, dass sie gültige oder ungültige Wahrnehmung sei. Das aber sagt: Jede Wahrnehmung dieses Typus steht in einem weiteren, nie abzuschließenden Erfahrungszusammenhang, weist auf weitere Zusammenhänge schon abgelaufener wie noch künftiger Wahrneh-

---

aber, dass Wahrgenommengewesenes sich hier mit Gewesenem deckt, dass ein gewesenes Immanentes, ein Erlebnis meines Erlebnisstromes, nicht denkbar ist, das nicht für mich „bewusst" war, d.i. perzipiert war, mochte es beachtet sein oder nicht. *Die beiden letzten Absätze waren ursprünglich in umgekehrter Reihenfolge angeordnet.*

[1] *Spätere Randbemerkung Esse* = dauerndes und zufälliges zeitliches Sein.

[2] *Zu diesem Absatz spätere Randbemerkung* Kommt später ausführlich, 19 ff. ⟨S. 31,1–32,21 ff.⟩; *vgl. hierzu unten die spätere Randbemerkung auf S. 31, Anm. 1.*

mungen hin, welche letztere in jedem Moment offene Möglichkeiten sind. Das aber so, dass entweder der Erfahrungsverlauf die ursprüngliche Wirklichkeitssetzung mit ihrem Sinnesgehalt einstimmig bewährt, höchstens näher bestimmt und ergänzt, oder dass er Unstimmigkeiten mit sich führt und zur Abweisung der ursprünglich gegebenen und zeitweise durchgehaltenen Wahrnehmungswirklichkeit führt.[1] Das eine war der Prozess der Wirklichkeitsbekräftigung, das andere der Prozess der Wirklichkeitsabweisung, die damit also andeutet, dass wir etwa sagen: Es war nur eine „Illusion", es war ein täuschender Schein. All das hängt aber damit zusammen, dass ein äußerlich Wahrgenommenes, trotzdem es in seiner Leibhaftigkeit gegeben ist, eigentlich immer nur präsumtiv gegeben ist, dass der Inhalt oder Sinn, mit dem es gegeben ist, über sich hinausweist auf Nichtgegebenes und dass, wenn dieses eben mitgemeint war, die Meinung mit der aktuellen weiteren Erfahrung stimmen muss; und es ist von vornherein evident, dass nur Wahrnehmungen dieses Typus, die ihrem Eigenwesen nach nur Stücke wirklicher oder möglicher Erfahrungszusammenhänge sind, ihrem Sinn nach also über sich hinausweisen, unter dem Gegensatz „Gültigkeit und Ungültigkeit" stehen und dass korrelativ also nur ihre vermeinten Gegenstände unter dem Gegensatz „wirklich seiend oder trüger Schein" stehen.)

Wir waren in der letzten Vorlesung dabei, immanente Wahrnehmung und transzendente Wahrnehmung, das ist die Wahrnehmung, die das Ich von sich selbst und all seinem Ichlichen hat, und die ganz andersartige Wahrnehmung, die es von allem Ichfremden hat, zu kontrastieren. Auf der einen Seite sind dem Ich seine Erlebnisse des unaufhörlichen Erlebensstromes immerfort impressional bewusst, d.h. bewusst im Modus leibhafter und nicht bloß reproduktiver Gegenwart, und sie kommen dem Ich zur gewahrenden Erfassung durch bloße Reflexion, durch einen bloßen erfassenden Ichblick, der sich reflexiv auf sie richtet. Dieser Aktus der Reflexion ist dann ein neues Erlebnis, selbst wieder impressional bewusst, selbst wieder wahrnehmungsbereit, es kann sich ein neuer erfassender Blick auf den eben vollzogenen Blick selbst richten und so *in infinitum*.

---

[1] *Spätere Randbemerkung* (Vermeintes Sein – wahrhaftes Sein; wirklich sein und in Wirklichkeit nicht sein.)

Es ist evident, dass Erlebnisse des Stromes schon da sein müssen, um gewahrend erfasst werden zu können, und es ist weiter evident, dass speziell schon Ichakte vollzogen sein müssen, ehe sie gewahrt sein können, ferner ⟨ist⟩ evident, dass das Ich nicht nur seine Ichakte, sondern auch sich selbst als Ich dieser Akte gewahren kann, aber das nur in nachkommender Weise durch eine Reflexion. Erst nachdem das Ich als irgendwelche Akte vollziehendes sich betätigt hat, kann es durch Reflexion seiner selbst gewahr werden. Das geschieht also in einem neuen Ichakt, wobei ein dritter nötig ist zum Erfassen der Identität des Ich in all diesen aufeinander folgenden Akten und Reflexionen. Und noch weiter fixieren wir die Evidenz, dass es undenkbar ist, im härtesten Verstande einer Absurdität undenkbar ist, dass ein gewahrendes Wahrnehmen die Gesamtheit aller Erlebnisse, die in einem Moment impressional bewusst sind, umspannte. Denn gesetzt, wir sollten ein solches allumfassendes immanentes Wahrnehmen annehmen, so wäre es ein Erlebnis, das, ins Spiel getreten, alsbald zum präsenten Erlebnisstrom gehörte, aber doch nicht seiner selbst gewahrend inne sein könnte, wozu allererst ein neues Reflektieren gehörte.

Desgleichen ist es evident, dass zwar ein auf sich selbst reflektierendes Ich *a priori* möglich ist und dass wir ohne das ja gar ⟨keine⟩ Möglichkeit hätten, „ich" zu sagen, dass aber dazu eine wundersame Spaltung des Ich gehört und *a priori* gehört: Das Ich, das da im Modus des Sich-selbst-Erfassenden lebt, den Aktus der Reflexion übt, ist zu scheiden von dem Ich, das an einem vorangegangenen Ichakt gewahrtes, im Modus des Erfassten wahrgenommenes Ich ist. Trotz der notwendigen Identifikation, die aber in einer weiteren Reflexion und Synthese zwischen dem einen und anderen Ich vollzogen wird (einer Reflexion, in der nun freilich wiederum das soeben aktive Ich in ein reflektiertes und gegenständliches verwandelt ist), müssen wir scheiden, müssen wir sprechen von verschiedenen Modi, sprechen von dem sozusagen urlebendigen Ich, das in seiner Urlebendigkeit, nämlich in seinem Sein im aktuellen Tätigsein prinzipiell unerfasstes ist, und „demselben" Ich, das im Modus der Reflexion erfasst ist als soeben urlebendig gewesen, aber eben damit als nicht mehr lebendig tätiges. Das waren erste Blicke, die wir in das Wunder aller Wunder, in das Ichsein als Ichtätigsein und in das „Selbstbewusstsein", tun durften.

In weiteren Analysen studierten wir nun das Verhältnis des wirklichen Seins der Vorgegebenheiten ichlicher Sphäre zur immanenten Impression bzw. immanenten Wahrnehmung. Wir verwendeten hierbei die Redewendung, das *esse* der ichlichen Bestände gehe auf in ihrem *percipi*. Sie soll natürlich an Berkeley erinnern; im Übrigen ist sie, und wieder selbstverständlich, *cum grano salis* zu verstehen. Das Sein der jeweilig wirklichen Erlebnisse des Erlebnisstromes meines Ich erschöpft sich in ihrer impressionalen Bewusstheit, die eventuell da und dort den Modus des gewahrenden Wahrnehmens haben kann; Wahrnehmung und Wahrgenommenes sind hier untrennbar eins und bilden ein einziges individuelles Sein. Indem dabei das betreffende Erlebnis vom gewahrenden Blick getroffen wird, umspannt es dieser Blick notwendig ganz und gar in seiner absoluten Selbstheit. Darin liegt, dass das Reich der immanenten Impression ein Reich eines absolut evidenten Seins ⟨ist⟩, dessen wirkliches Sein für das Ich, das Subjekt der Erlebnisse ist, kein Thema eines möglichen Zweifels, einer möglichen Verneinung sein kann. Für mich sind meine Erlebnisse, und zwar diejenigen, die im jeweiligen Moment impressionale Präsenzen sind, und bin ich selbst so gegeben, dass ich schlechthin nicht anders kann, als mich und all dieses Meine als seiend zu setzen. Dieses Sein ist ein absolut notwendiges Sein für mich. Zweifel und Negation sind hier widersinnig.

Demgegenüber sind uns in Erlebnissen äußerer Wahrnehmung ichfremde Gegenständlichkeiten, Dinge und Animalia, zwar ebenfalls impressional gegeben als leibhafte Gegenwärtigkeiten und Wirklichkeiten, und doch wieder so, dass Bestätigung, aber auch Preisgabe dieser Wirklichkeit möglich, ja jederzeit offene Möglichkeit ist. Eine Mannigfaltigkeit von ichfremden Gegenständen steht vor uns, charakterisiert als „an sich" Seiende, als objektiv reale Wirklichkeiten, wir sind dieses Daseins völlig gewiss, und trotzdem, es kann sein, dass diese Gegenstände, diese Dinge vor uns, diese Menschen oder Tiere gar nicht so sind, wie sie leibhaftig dastehen, ja, dass sie am Ende überhaupt nicht sind. Es[1] ist für die Wahrnehmung selbst, die sie als leibhafte Wirklichkeit uns bewusst macht, charakteristisch, dass sie in eine Reihe modaler Abwandlungen aus-

---

[1] *Spätere Randbemerkung* (Schon 17 ⟨S. 26,5–29,21⟩ ausgeführt?); *vgl. hierzu oben die spätere Randbemerkung auf S. 28, Anm. 2.*

einander geht, die bei der immanenten Wahrnehmung, der Reflexion auf Ichliches, völlig ausgeschlossen sind. Solche Modalitäten sind auszudrücken durch „es könnte sein", „es ist bloß vielleicht so", „es ist zweifelhaft, wahrscheinlich", „es ist nicht so". Eine äußere Wahrnehmung kann unsicher, kann zweifelhaft werden: Noch steht das Objekt in leibhafter Selbstheit uns vor Augen, und doch werden wir an der Wirklichkeit irre; wir sprechen dann davon, es sei vielleicht ein Schein, ein Schein, dass das Ding dort, das wir als Kugel sehen, wirklich die Kugelgestalt und nicht vielmehr eine mehr oder minder ähnliche andere Gestalt hat; wir sehen es als rein weiß, werden aber zweifelhaft, ob es nicht vielmehr gelblich sei usw. So prüfen wir eventuell die Farben, die Formen, erwägen, zweifeln und gehen schließlich nicht selten in Negation über. Worauf es ankommt, ist, dass Negation, sei es in Richtung auf die Wirklichkeit wahrgenommener Merkmale, sei es auf die Wirklichkeit des ganzen Gegenstands, möglich und jederzeit möglich sei, selbst wo der Gegenstand impressional bewusst bleibt. Die Worte „Schein", „Illusion", „Halluzination" drücken die modale Abwandlung des Bewusstseins in der Negation aus gegenüber demjenigen, das wir als das Normale zum Ausgangspunkt nehmen, zur normalen Wahrnehmung mit dem sozusagen ungebrochenen Wirklichkeitsglauben.

Die Impression von einem Ichäußeren hat also zwei Seiten; einerseits ist sie Leibhaftigkeitsbewusstsein, andererseits ist sie Wirklichkeitsbewusstsein, Für-wirklich-Halten, Glauben an das Dasein des leibhaftig Bewussten. Diese zweite Seite modalisiert sich eventuell und kann sich nach prinzipieller Möglichkeit bei jeder äußeren Wahrnehmung modalisieren. (Das im Modus ⟨des⟩ Gewesenseins da⟨stehende Gegebene⟩ wandelt sich in den des bloß Möglichen, Gegen-die-anderen-Möglichkeiten-Stehens; es schwankt das Bewusstsein im Zweifel, es entscheidet sich gegen die eine Möglichkeit und negiert die andere, die eben als Gewesensein, als Sein, Wirklichkeit schlechthin dastand.) Warum das jederzeit offene Möglichkeit ist, während es doch bei immanenten Wahrnehmungen undenkbar ist, muss aufgeklärt werden. „*Ego cogito*". Dass ein eigenes Icherleben, ein „ich denke", „fühle", „will", „ich bejahe", „ich verneine", „ich missbillige" usw., in[1] dem Moment, wo ich es im Griff

---

[1] *Bis zum Ende des Satzes später am Rand mit Fragezeichen versehen.*

des reflektierenden Erfassens habe, nicht sei, das ist auch undenkbar, dass ich ungewiss darüber sei, im Zweifel usw., ist unmöglich; also die immanente Wahrnehmung lässt jene modalen Abwandlungen überhaupt nicht zu. Das aber hängt mit der grundverschiedenen Struktur der beiderseitigen Wahrnehmungen bzw. Impressionen zusammen und damit, dass die eine in sich selbst dem Wahrgenommenen den Sinn eines objektiv Realen, eines An-sich-Seienden verleiht, die andere ⟨den⟩ eines bloß subjektiven Erlebnisses und seines Ich.[1]

Nun ist aber einzusehen: Eine Wahrnehmung kann in sich ein Reales, ein ihr gegenüber als ein An-sich Charakterisiertes nur bewusst haben in der Weise eines Meinens, eines Intendierens, das über sich hinaus intendiert und immerfort auf Erfüllung hinzielt und selbst in der Erfüllung wieder auf Neues über sich hinaus zielt. Und so *in infinitum*. So geartet ist die äußere Wahrnehmung, dass die leibhaftige Existenz des Wahrgenommenen immerfort und nach unaufheblicher Notwendigkeit eine bloße Präsumtion ist. Wie kommt das aber zustande? Wie kommt es, dass nicht auch die immanente Wahrnehmung bloße Präsumtion ist und es nie sein kann? Die Antwort lautet: Alle äußere Wahrnehmung ist, und zwar nicht zufällig, sondern in ewiger Notwendigkeit, Wahrnehmung durch Erscheinung. Bei ihr ist zu scheiden und unabwendbar ihrem eigenen Sinnesgehalt nach zu scheiden zwischen Erscheinung und Erscheinendem. Und darin liegt: Die Klassen von Gegenständen möglicher Wahrnehmung, die wir „ichfremde" oder „transzendente", „äußere" nannten, sind nur in der Weise wahrnehmbar, dass sie sich uns darstellen, „erscheinen". Wir können geradezu sagen, sie sind, was sie sind, nur als Erscheinendes von Erscheinungen; denn wären sie anders, so müssten Wahrnehmungen denkbar sein, in denen sie in ihrem Anderssein sich leibhaft geben würden. Ist ein individuelles Sein wirklich, so muss eine Wahrnehmung möglich sein, die den Gegenstand zeigt, wie er selbst

---

[1] *Später eingeklammert und gestrichen* „In sich selbst": Es ist nämlich scharf zu beachten, dass zum Beispiel, wenn mir ein Ding dasteht, es mein Wahrnehmungserlebnis ist, in dem und dank dem sich dieses Ding mir gibt, und dass es rein Sache dieses Erlebnisses ist, wie mir das Ding als leibhaft wirkliches bewusst ist. Es ist nicht zu vergessen, dass selbst wenn ich nachträglich zur Überzeugung kommen sollte, einer Täuschung unterlegen zu sein, dies nichts daran ändert, dass die Wahrnehmung, die ich dann als Illusion verwerfe, in sich selbst mir als ihr Wahrgenommenes dieses Ding leibhaft als so und so bestimmte Wirklichkeit bot; wie denn alles weitere, auch wissenschaftliche Wissen, das ich über ein Ding und Dinge überhaupt gewinnen mag, auf Wahrnehmungen zurückweist und ihre ursprüngliche sinngebende Leistung.

und wirklich ist, und die dieses Selbstsein leibhaft vor Augen stellt. Wir sehen also, für äußere Gegenstände, für objektiv reale ist das gar nicht denkbar, dass sie wahrgenommen würden ohne Erscheinung.

Umgekehrt aber, sagen wir, gehört es zum Wesen der immanenten Wahrnehmung, dass ihr Gegenstand, dass Ichliches und also die Erlebnisse meines Ich im Moment ihrer wirklichen Erlebtheit und ebenso das Ich selbst prinzipiell nicht erscheinen kann. Für die immanente Wahrnehmung fehlt notwendig die Scheidung zwischen dem Gegenstand selbst und der Erscheinung vom Gegenstand. Eben damit charakterisiert sie sich als Wahrnehmung, die ihr Wahrgenommenes als absolutes Sein in sich hat, während die äußere Wahrnehmung immerfort nur eine Erscheinung in sich hat und ihren Gegenstand nur als ein Etwas, das erscheint.

Doch nun bedarf es ausführlicher Klarstellung dieser Sätze. Wir legen hier auseinander, was dem eigenen unaufhebbaren Wesen der beiderseitigen Wahrnehmungstypen ⟨zu⟩gehört und korrelativ dem unaufhebbaren Wesen der beiden Gegenstandstypen, die beiderseits wahrgenommen werden und ihren Sinn als innere und äußere, immanente und transzendente, ichliche und außer-ichliche ausschließlich durch das wahrnehmende Bewusstsein empfangen. Befragen wir also die Wahrnehmung selbst, sehen wir zu, wie sich beiderseits die Gegenstände darbieten und was darin zufällig und was notwendig ist. Wir gehen von klaren Beispielen aus, die wir aber ausschließlich als Repräsentanten ihres Typus nehmen.

Nehmen wir als Beispiel einen Gegenstand, den wir alle vor Augen haben, dieses Pult hier, und achten wir auf das, was notwendig erhalten bleibt in der Weise, wie der Wahrnehmungsgegenstand sich darbietet, wie immer wir diesen Gegenstand in freier Phantasie modifiziert oder durch andere Wahrnehmungsgegenstände desselben obersten Gattungstypus äußerer Wahrnehmung ersetzt denken. Das Pult und so jeder äußere Gegenstand ist, heiße es nun, in seinem leibhaften wirklichen Dasein „gegeben durch Erscheinungen", und anders kann er nicht gegeben sein. Was soll das besagen? Leibhaft gegeben ist uns das Pult mit einem gewissen Bestand an Merkmalen, in einer gewissen Ausdehnung und Gestalt, über die sich eine gewisse Färbung verteilt, ebenso gewisse Tastqualitäten wie Rauheit und Glätte usw. Nehmen wir der Einfachheit halber an, dass wir zunächst weder Kopf noch Augen bewegen, dass überhaupt weder dadurch noch sonst wie das Phänomen der Wahrnehmung sich wandle, ebenso wie es schon ein einfacher Fall war, dass wir einen ruhenden und während der Wahrnehmung unverändert bleibenden Gegenstand bevorzugten. Leicht überträgt sich, was dann geschaut wird, auf alle anderen Fälle.

Wie ist da, wiederhole ich, das wahrgenommene Ding, die an ihm wahrgenommene Raumgestalt, Farbe usw. gegeben? Offenbar nur von einer Seite ist das Ding sichtlich, und es ist nur gegeben in einem zufälligen Anblick, Aspekt. Ebenso ist jede Qualität, die zur sichtlichen Seite gehört, nur in einem zufälligen Aspekt gegeben; und wie der Gegenstand nicht seine Seite ist und nicht selbst der Anblick ist, den er uns zufällig bietet, so ist auch seine eigene Farbe nicht der Anblick, den wir von ihr haben, und so für jedes im Modus der leibhaften Wirklichkeit wahrgenommene Merkmal. Wir pflegen in dieser Hinsicht auch von Perspektive zu sprechen, wenn auch in der Regel nur im visuellen Gebiet. Jedes Ding ist in jedem Fall nur gesehen in einer gewissen perspektivischen Abschattung, die Gestalt selbst wird dabei unterschieden von der jeweiligen Gestaltabschattung. Aber auch die übrigen Merkmale werden dadurch betroffen, so dass wir geradezu von einer Farbenperspektive sprechen. Die Sache wird noch deutlicher, wenn wir die Beschränkung auf den Fall einer sich nicht wandelnden Wahrnehmung aufheben und diesen offenbar immer möglichen Wandel hereinziehen, und auf die Mannigfaltigkeit von Wahrnehmungen und Wahrnehmungskontinuen, in denen dasselbe Ding gegeben sein kann. Nicht nur, dass wir überhaupt viele Wahrnehmungserlebnisse haben können, welche Wahrnehmungen von demselben Ding sind, sondern dieses Selbe bietet sich immer wieder von neuen Seiten dar, bietet sich in immer neuen Aspekten, Anblicken dar, seine Gestalt in immer neuen Gestaltaspekten oder Abschattungen, aber auch die Farbe in immer neuen Farbenaspekten, und so für jedes zum Leibhaftigkeitsbestand gehörige Merkmal. Immerfort beobachten wir: Zu scheiden ist zwischen Gegenstand und Gegenstandsaspekt, zwischen Farbe selbst und Farbenaspekt, und so in jeder Hinsicht. Was da Aspekt, Anblick, Ansicht, Erscheinungsweise des Gegenstands heißt und von ihm selbst unterschieden wird, das ist offenbar nichts Erfundenes, sondern etwas, worauf wir durch eine Wendung des geistigen Blickes jederzeit achten und ⟨was wir jederzeit⟩ erfassen können; es ist eine zweifellose Gegebenheit.

Zwei Einstellungen scheiden sich, denen die Scheidung von Gegenstand und Gegenstandsaspekt korrelativ entspricht. In der einen sind wir naiv dem Gegenstand selbst zugewendet, die Wahrnehmungen verlaufen in ihrer kontinuierlichen Folge, in ihnen fließen die mannigfaltigen Aspekte ab, sie liegen immerfort im Erlebnis; aber wir achten darauf nicht, wir achten auf den Gegenstand, der in dieser Einstellung als der eine und selbe, als dieses identisch unveränderte Pult bewusst ist. Jederzeit können wir aber in die neue Einstellung, in die auf die Aspekte, die Erscheinungen, eintreten: Der Gegenstand steht auch jetzt als der eine und selbe da, aber nicht auf ihn achten wir, sondern eben auf seine „Erscheinungen", auf die stetig wechselnde Art, wie die Gestalt erscheint, auf die Gestaltabschattungen, ebenso auf die Erscheinungsweise der Farbe usw. In der einen Einstellung haben wir ein Identisches und vorausgesetztermaßen Unverändertes, als unverändert Erfahrenes und Gesetztes, numerisch Eines: dieses Pult hier. In der anderen haben wir einen Fluss von Wandlungen, ein beständig Anderes, obschon in Bezug auf das zugehörige Identische, mit anderen Worten, einen beständigen Wandel von Erscheinungen, aber als Erscheinungen von einem Identischen.

Nun haben wir einen möglichen Grenzfall, dass eine Wahrnehmung fortdauert, ohne dass sie von Moment zu Moment sich wandelt. Aber auch dann scheiden wir zwischen Erscheinung und Gegenstand und sprechen von der zufälligen Erscheinung, in der sich der Gegenstand in dieser Wahrnehmung biete, weil wir dessen bewusst sind, dass wir jederzeit die Wahrnehmung in Fluss bringen und korrelativ die Erscheinung in eine Mannigfaltigkeit von Erscheinungen desselben Gegenstands überführen können. Offenbar ist, was wir hier geschaut haben, nicht ein bloßes *factum* der Erfahrung, etwas, was aus Zufall so ist, in der Regel so ist, aber auch anders sein, anders gedacht werden könnte. Es ist so wenig zufällig, als dass eine Zahl, die gegeben ist als > a und < b, nicht gegeben sein kann auch als < a und > b, oder, noch weitergehend, als irgendeine arithmetische oder rein geometrische Wahrheit und rein logische Wahrheit zufällig ist. Vielmehr, was wir an den Exempeln äußerer Wahrnehmung erschauen, erkennen wir in passender Verallgemeinerung als in jenem strengsten Sinne *a priori*, in dem alles rein Mathematische *a priori* ist. Wir sehen ein, und in denkbar vollkommenster Klarheit, dass es notwendig und in unbedingter Allgemeinheit so sein muss, also dass kein Gegenstand des Typus eines Äußeren, Ichfremden denkbar ist, der nicht gegeben wäre durch Erscheinungen, und dass er als anders gegeben nur gedacht werden könnte mit Widersinn. Es ist von einer geradezu unvergleichlichen Wichtigkeit für den jungen Philosophen, sich diese Evidenz völlig zuzueignen, die von der Philosophie nie beachtet worden ist und die nicht nur an sich höchst wichtig ist, sondern, einmal erfasst, auch das Geistesauge sehend macht für eine Unendlichkeit verwandter, so genannter phänomenologischer Evidenzen. Bringen wir sie uns noch näher. (Ein äußerer Gegenstand, das Korrelat einer ihrem eigenen Wesen gemäß ein Nichtichliches, An-sich-Seiendes gebenden Wahrnehmung, ist gegeben und kann prinzipiell nur gegeben sein durch Erscheinungen.) Die äußere Wahrnehmung ist nach unaufhebbarer Notwendigkeit zugleich impressionales Bewusstsein von ihrem äußeren Gegenstand und von einer Erscheinung oder kontinuierlichen Erscheinungsreihe ihres Gegenstands derart, dass jede Erscheinung in sich charakterisiert ist als Erscheinung von diesem Gegenstand und der Gegenstand korrelativ als Gegenstand dieser Erscheinung. Dabei gehört es zum Wesen der Erscheinung, dass sie nie denkbar ist als die einzig mögliche Erscheinung dieses Gegenstands, dass sie andere, ja prinzipiell unendlich viele andere Erscheinungen von demselben Gegenstand offen lässt. Ist das Pult von dieser Seite jetzt gegeben, bietet es sich demgemäß in einer gewissen Erscheinung, in einer gewissen Gestaltperspektive, Farbenperspektive usw. dar, so könnte es auch in anderen gegeben sein, obschon es jetzt vielleicht nur in dieser einen gegeben war. Dazu gehört in der Tat die Evidenz, dass die aktuell vorliegende Wahrnehmung und so jede mögliche aktuelle Wahrnehmung überzuführen ist in eine Unendlichkeit, d.h. endlos offene Mannigfaltigkeit neuer Wahrnehmungen, die alle als Wahrnehmungen desselben Gegenstands in sich charakterisiert sind, und zwar charakterisiert sind vermöge eines aus dem kontinuierlichen Übergang von Wahrnehmung in Wahrnehmung herauszuschauenden Einheitsbewusstseins als Bewusstseins dieses einen und selben. Jede äußere Wahrnehmung gehört so apriorisch zu einem unendlichen Wahrnehmungssystem und zu einem bestimmten. Denn was sich da einfügen kann, ist ja nicht beliebig. In den Zusammenhang von möglichen Wahrnehmungen, in die wir übergleiten können von der Wahrnehmung, die wir jetzt gerade vollziehen, etwa dadurch, dass wir sehend um das Pult herumgehen, es dann auch allseitig betasten usw., kann eben nur eine Wahrnehmung eintreten, die an sich als Wahrnehmung dieses Pultes charakterisiert ist, und nicht eine Wandwahrnehmung, Baumwahrnehmung usw.

Diesem Wahrnehmungssystem entspricht evidenterweise ein System von Erscheinungen, das heißt, aktuell mag ein äußerer Gegenstand in welcher Erscheinung immer gegeben sein: Sie ordnet sich notwendig einem unendlichen System mannigfaltiger möglicher Erscheinungen ein. Fest steht dabei der allgemeine Typus und stehen alle möglichen Erscheinungsverläufe, die in sich charakterisiert sein können und charakterisiert waren als Erscheinungen von demselben Gegenstand. Andererseits steht nicht fest, welche dieser Erscheinungen zur Wirklichkeit des Gegenstands gehören, welche sich aus dem aktuellen Durchlaufen in der Erfahrung darbieten werden. Denn so geartet ist die Wahrnehmung ihrem Wesen nach, dass sie, uns den Gegenstand als leibhafte Wirklichkeit darbietend, uns ihn eben nur von einer Seite darbietet und so, dass die anderen Seiten nicht im Voraus voll bestimmt sind gemäß der eigenen Sinngebung der Wahrnehmung. Das Pult ist uns durch Wahrnehmung gegeben als Gegenstand mit einem ihn bestimmenden Sinn, auf den die Bezeichnung „Pult" hindeutet, also dem Allgemeinen nach gegeben als Raumgegenstand, räumlich in sich geschlossen, mit extensiven Merkmalen. Dieser Sinn umschreibt eine Norm möglicher Wahrnehmungen, möglicher Erscheinungsweisen. Sicher hat also das Ding eine Rückseite, hat dort eine bestimmte Gestalt, eine bestimmte Färbung usw. Aber für das wahrnehmende Bewusstsein ist diese Gestalt in einem anderen Sinn unbestimmt; nicht nur, dass sie nicht eigentlich anschaulich gegeben ist, nicht eigentlich gesehen, nicht wirklich betastet usw., sie ist, selbst wenn wir den Gegenstand schon einigermaßen kennen, immerfort ein näher Bestimmbares, ein näher Kennenzulernendes. Zum nicht eigentlich Gegebenen gehört ein Horizont unbestimmter Bestimmbarkeit, der uns auffordert, in weitere Wahrnehmungen überzugehen, in deren aktuellem Ablauf das Unsichere sicher und dann eine immer genauere Bestimmtheit erfahren würde.

Was wir dabei verstehen lernen, ist, dass jede äußere Wahrnehmung, indem sie Wahrnehmung durch bloße Erscheinung ist, not-

wendig Wahrnehmung durch bloße Präsumtion ist. Hinsichtlich ihres Gegenstands ist sie Wahrnehmung, ist sie Bewusstsein von
seiner leibhaften Wirklichkeit. Und trotzdem: Sie ist nur hinsichtlich
einer „Seite" des Gegenstands, hinsichtlich eines beschränkten Be-
stands seiner eigenwesentlichen Merkmale, ihm wirklichen Sinn
leibhaft gebend, nach einem anderen Bestand bloß mitmeinend, ihn
als mitgegenwärtig bewusst habend, während dieser Bestand in
Wirklichkeit nicht in Leibhaftigkeit da, also eigentlich wahrgenommen ist. Immerfort und notwendig besteht diese Zweischichtig-
keit der äußeren Wahrnehmung, in der einen Schicht ist sie
eigentlich präsentierend, in der anderen bloß appräsentierend. Dabei
ist zu beachten, dass es sich um unselbstständige Schichten handelt.
Die Vorderseite des Dinges ist nicht etwas Selbstständiges, nicht ein
Stück des Dinges, sondern etwas, das nur denkbar ⟨ist⟩ eben als
Seite, und erst recht ist das Unsichtbare vom Gegenstand, so wie es
in der Wahrnehmung bewusst ist, nur bewusst als ein mehr oder
minder unbestimmter Horizont von appräsentierten dinglichen
Momenten, die, ausgehend von der gegebenen Seite und als von ihr
Untrennbares, aktuell sichtbar werden würden. Es verhält sich also
nicht hinsichtlich der beiden Wahrnehmungsschichten und ihrer
gegenständlichen Korrelate „gesehene Seite" und „unsichtbare Seite"
so wie im Fall eines Bewusstseins durch Zeichen, wo das wahrgenommene Zeichen ein konkretes Objekt ist, das auf ein anderes
selbstständiges Objekt hinweist. Zeichen und Bezeichnetes sind voneinander trennbar, ja eigentlich nicht verbundene Objekte. Die Bezeichnung hat nicht den Charakter einer Appräsentation, in der ein
Vergegenwärtigtes oder ein Kontinuum „möglicher" Vergegenwärtigungen in Verbindung mit einer Präsentation die Funktion einer
Mitgegenwart hat und eigentlich Gegenwärtiges und Mitgegen-
wärtiges konkret eins sind.
    Weiter ist zu beachten, dass selbst das eigentlich Gesehene vom
Ding neben dem Außenhorizont der Unbekanntheit und unvollkommenen Bestimmtheit hinsichtlich der unsichtbaren Dingmerk-
male auch einen Innenhorizont solcher Unbestimmtheit und Unbekanntheit hat, und notwendig hat. Wir sehen wirklich die braune
Farbe der uns zugewendeten Seite des Pultes, wir sehen sie als
gleichmäßig braun, aber es ist offen, dass sie bei näherem Zutreten,
also in neuen Wahrnehmungen als ungleichmäßig in der Farbe er-

scheine, dass sich noch unsichtbare Strukturen des Holzes, Unebenheiten usw. erscheinungsmäßig herausstellen würden. Das gleichmäßige Braun ist also, obschon im eigentlicheren Sinn gesehen, doch bloß Antizipation, und selbst wenn diese sich bestätigt, bleibt jede neue bestätigende Wahrnehmung wieder Antizipation, Präsumtion. Keine Wahrnehmung ist, und nach keinem noch so klar in die Wahrnehmung Fallenden, endgültige Wahrnehmung. Nach allem und jedem ist sie behaftet mit Horizonten unbestimmter Bestimmbarkeit, immerfort ist der Gegenstand durch Erscheinungen gegeben, und immerfort sind Erscheinungen antizipierend, präsumierend.

Erscheinung ist aber durch und durch Erscheinung, das heißt, nicht nur gehört zur Gesamtwahrnehmung einer äußeren Gegenständlichkeit eine Erscheinung dieser Gegenständlichkeit, sondern diese Erscheinung ist ein Komplex von unselbstständigen Erscheinungskomponenten, deren jede selbst wieder Erscheinung-von ist und irgendeine unselbstständige Komponente des Gegenstands, ein Merkmal vorstellt. Immerfort erteilen die Erscheinungen dem Gegenstand einen Sinn, der etwas offen lässt, der näherer Bestimmung bedarf. Immerfort gibt Erscheinung den Gegenstand in der Weise einer auf ihn gerichteten und vorgreifenden, mehr oder minder vagen, unbestimmten Meinung, und immerfort ist die Idee einer „adäquaten Erscheinung", die einer Erscheinung, die den Gegenstand vollkommen klar, vollkommen bestimmt, vollkommen erschöpfend, also in der Weise einer puren Präsentation ohne jede Appräsentation vorstellt, eine „Idee", die im Unendlichen liegt. (Das gilt auch, wenn wir den Begriff „Erscheinung" so weit fassen, dass wir das Erscheinungskontinuum, das uns den Gegenstand im Fluss dahinströmender Wahrnehmungen darbietet, in denen wir darauf aus sind, ihn allseitig und vollkommen zu erfassen, als eine Erscheinung bezeichnen.) Wie weit dieser Fluss auch gediehen sein mag, immer hat er vor sich eine offene Unendlichkeit, wir kommen nie zu Ende, ein Ende ist gar nicht denkbar. Wir dürfen uns hierin nicht durch übliche Reden täuschen lassen, wie wenn es heißt: „Nun sehe ich in dieser Stellung zum Ding, wie seine wahre Farbe ist", oder: „Von hier aus sehe ich die Farbe am besten und wie sie wirklich ist". Wir verstehen eben im gewöhnlichen Leben unter der wahren Farbe die in gewissen Erscheinungsweisen gegebene, und zwar mit Rücksicht auf unsere praktischen Zwecke. Das Haus soll von einer gewissen Entfernung gesehen werden und durch die dabei erscheinende Farbe einen Eindruck machen, auf den kommt es an, also ist das die wahre Farbe.

Mit all dem, vor allem mit diesem Wesenscharakter der Wahrnehmung durch Erscheinungen, immerfort vorzugreifen und unbestimmte Horizonte zu haben, hängt es zusammen, dass für das Wirklichkeitsbewusstsein der Wahrnehmung die Möglichkeit nicht nur von Bestätigung, sondern ⟨auch⟩ von Aufhebung bereitliegt. Der aktuelle Fortgang von Wahrnehmung zu Wahrnehmung kann so laufen, dass die neuen Erscheinungen die Präsumtion bestätigen, dass das Ding, das im ersten Sehen erfasst war mit dem und dem Sinn, wirklich ist, wirklich diesem Sinn entspricht, also dass die mitgemeinten Merkmale demgemäß in der Tat in eigentliche Erscheinung treten. Es kann aber auch sein, dass es etwa eine Attrappe war, ein Schein, eine Illusion. Das heißt, es schließen sich an die ersten Erscheinungen weitere an, die mit ihrer Präsumtion streiten, sie nicht erfüllen, sondern aufheben. Ebenso sind all die sonstigen Modalitäten – Zweifel, Möglichkeitsbewusstsein, Wahrscheinlichkeitsbewusstsein – immerfort bereite Möglichkeiten, eben weil die äußere Wahrnehmung als Wahrnehmung durch Erscheinungen Wirklichkeit nur setzt durch ein Medium der Vormeinung, der Antizipation der Näherbestimmung oder auch Andersbestimmung von Mitgemeintem.

Man[1] kann sich das so zu größerer Klarheit bringen: Der beständige Horizont innerer und äußerer Unbestimmtheit lässt immerzu vielfältige Möglichkeiten näherer Bestimmung offen. Das gehört zu jeder Unbestimmtheit, in einer Spannweite, in einem umgrenzenden Rahmen vielerlei bestimmende Möglichkeiten zu umfassen, so auch in der Wahrnehmung. Jede neu eintretende Wahrnehmung realisiert eine dieser Möglichkeiten, eröffnet aber wiederum neue und vielfältige Unbestimmtheiten, abgesehen davon, dass sie alte Unbestimmtheiten ohne Bestimmung lässt. In diesem Prozess wird der Wahrnehmungsgegenstand mit einem immer neuen Sinn ausgestattet. Dabei kann es sein, dass irgendeine Bestimmung, die im Ablauf der neuen Erscheinungen gefordert wird oder zutage tritt, gegen eine Bestimmung streite, die gemäß einer früheren Erscheinung ge-

---

[1] *Die folgenden drei Absätze wurden später als* Beilage *eingefügt.*

wonnen und dem gegenständlichen Sinn akquiriert war und dann
fortlaufend natürlich auch festgehalten blieb. Das ist darum eine beständige offene Möglichkeit, weil jede Erscheinung durch und durch
nicht bloße und reine Präsentation, sondern auch Appräsentation ist,
dass sie immerzu über das eigentlich Präsentierte hinausmeint und es
zum Wesen dieses wie jedes Hinaustendierens gehört, auf Erfüllun-
gen angelegt zu sein, während doch Erfüllung wieder ihrem Wesen
nach Enttäuschung, Anderssein, Nichtsein als Möglichkeit neben
sich hat.

Ferner ist zu beachten, dass die beiden Momente der Wahrnehmung, die bloße Erscheinung und das Wirklichkeitsbewusstsein und seine Modalitäten, funktionell zusammenhängen. Nehmen
wir an, der Prozess beginne als normale Wahrnehmung, d.i. im Modus gewissen Daseins. In der Abfolge wandelnder Erscheinungen
kann die fortgesetzte Bestimmung, die an jeder Stelle des Wahrneh-
mungsprozesses statthat, fortlaufen in der Weise reiner und kon-
tinuierlicher Näherbestimmung des Wahrnehmungsgegen-
stands. Alle bisherige Bestimmung bliebe und bleibt erhalten, und
nur das ist hier die Leistung des Prozesses, dass er offene Unbestimmtheiten begrenzt, ihnen klar anschauliche Bestimmtheit verleiht. In diesem Fall ist das Wirklichkeitsbewusstsein, das die Erscheinungen begleitet und durch sie hindurch das Erscheinende für
wirklich daseiend erklärt, durchgehend einstimmiges Wirklichkeitsbewusstsein, und zwar sich beständig bestätigende, be-
kräftigende Gewissheit. Die Erscheinungen stellen das Ding vor in
der beständigen Weise der sich einstimmig durchhaltenden Transzendenz, und der gewisse Wirklichkeitsglaube hat eine davon abhängige Gestalt, er ist beständig präsumtiver Glaube und läuft zugleich
im Sinne beständiger Bekräftigung der Präsumtion. So liegt im Fortgang des Wahrnehmens beständig das Bewusstsein der Erfüllung der
Intention, der Bestätigung, des „es ist wirklich so und bestimmt sich
nur näher".

Aber andere Fälle sind offene Möglichkeiten, nämlich dass die
Näherbestimmung und die Sinnesergänzung, die damit gegeben ist,
mit solchem streitet, was früher Wahrnehmung vor Augen gestellt
und präsumiert hatte. Eine gewisse Einheit geht durch die Erscheinungsreihe noch hindurch als eine beständige Prätention der
Erscheinungen, Erscheinungen vom Selben zu sein, aber die Sinnbe-

stimmungen, die von früheren Erscheinungen gesammelt und in eine letzte einstimmige Bestimmung konzentriert waren, können einstimmig nicht erhalten bleiben vermöge einer neuen Erscheinung und Sinngebung desselben Gegenstands, die hineingekommen ist. Der Gegenstand erscheint mit widersprechenden, einander aufhebenden Merkmalen behaftet; es treten dann die Phänomene des Schwankens zwischen widerstreitenden Auffassungen, der Entscheidung für eine, Durchstreichung der anderen als mögliche Phänomene auf, und ohne weiterzugehen, ist es klar, dass alle Modalisierung des Wirklichkeitsbewusstseins voraussetzt die Eigenart der äußeren Wahrnehmung als transzendent präsumierender.

Sie sehen, wie eigenartig die Struktur der äußeren Wahrnehmung ist, wie viel und Bedeutsames darin liegt, dass sie Wahrnehmung durch Erscheinung ist. Sie müssen sich dabei zur vollen Evidenz bringen, dass, wenn immerfort diese Spannung besteht zwischen Wahrnehmungsgegenstand selbst und seinen Erscheinungen, dies „immerfort" eine unbedingte Notwendigkeit ausdrückt. Ein äußerer Gegenstand, der sozusagen mit seiner Erscheinung sich deckte, der also in der Weise in die Wahrnehmung fiele, dass das von ihm Gesehene nicht mehr über sich hinauswiese auf neue Wahrnehmungen, die noch näher bestimmen, noch Ungesehenes zum Sehen ⟨bringen⟩, noch Unbestimmtes bestimmen müssten, ein solcher äußerer Gegenstand ist schlechthin undenkbar. Sowie wir diesen Fall als Ideal setzen und hier als erreichbares Ideal ansehen, prätendieren wir damit, dass es eine „adäquate Wahrnehmung" vom äußeren Gegenstand gebe, eine Wahrnehmung, die keiner anderen Wahrnehmung mehr bedarf und keine über sich hinaus mehr fordert, nämlich um den Gegenstand vollkommener zu fassen. Dann aber wäre der Gegenstand eben kein äußerer Gegenstand, er wäre absolut in der Wahrnehmung beschlossen, ihr immanent. Versuchen wir aber im Rahmen frei gestaltender Phantasie irgendeine Wahrnehmung so umzufingieren, dass sie adäquate Wahrnehmung würde, während wir die Identität des Gegenstands und seiner obersten Gattung, etwa „Ding", festhalten, so springt alsbald und mit absoluter Evidenz die Unmöglichkeit in die Augen. Ein „Ding", ein ichfremdes Etwas des Sinnes, den uns äußere Wahrnehmung leibhaft bewusst macht, als Gegenstand einer adäquaten Wahrnehmung haben zu wollen, ist so widersinnig, wie durch Hinzuzählung von Einheiten zu einer Zahl eine ihr gegenüber kleinere Zahl gewinnen zu wollen. Ein Ding, ein Äußeres ist *a priori* nur Erscheinendes, nur inadäquat, nur präsumtiv, nur als immerfort Bestimmbares und nie endgültig Bestimmtes, nur als zwischen Sein und Nichtsein in Schwebe Bleibendes denkbar, und Gott etwa eine adäquate Wahrnehmung von Dingen zuschreiben, heißt, ihm Widersinnigkeiten zuschreiben.

Der Sinn der Äußerlichkeit und des ihr zugehörigen An-sich-Seins, Transzendentseins expliziert sich also geradezu durch den Satz: Äußerlichsein ist ein prinzipiell nur durch Erscheinungen sich gebendes, also ein prinzipiell immerfort präsumtives Sein. Ein Satz, der umkehrbar ist. Andererseits, immanente Wahrnehmungen charakterisieren sich uns durch Kontrast mit den transzendenten als Wahrnehmungen, deren Gegenstände sozusagen ihre eigenen Erscheinungen sind. Aber besser sagen wir, deren Gegenstände nicht erscheinen, sondern absolut gegeben, adäquat wahrgenommen sind. Sie erscheinen nicht, das sagt, wir rechnen zum Begriff der Erscheinung, dass das „Erscheinende" etwas von der „Erscheinung" Verschiedenes ist, und zwar nach allen Bestimmtheiten.

Wir heben dabei noch die Evidenz ⟨her⟩vor: Von demselben individuellen Gegenstand, der überhaupt eine immanente Wahrnehmung zulässt, kann es für dieselbe Dauer nur eine einzige immanente Wahrnehmung geben, für einen transzendenten Gegenstand aber endlos viele. Da von demselben Gegenstand mannigfaltige Erscheinungen möglich sind, die dieselben Merkmalbestände nach verschiedenen Graden der Klarheit, der Bestimmtheit, nach verschiedenen Verteilungen der Anschaulichkeit und Unanschaulichkeit zur Erscheinung bringen können, so sind viele äußere Wahrnehmungen möglich von demselben Individuum, und zwar nach demselben Dauerbestand, also auch hinsichtlich derselben individuellen Dauer. Denn die Zeitstelle und die individuelle Zeitdauer sind keine Merkmale.

Durch all diese Analysen ist offenbar zugleich das in einer früheren Stunde vorausgeschickte Problem aufgelöst, warum wir ein Recht haben, den Zweifel, ob ein Immanentes wirklich sei oder nicht sei, ja schon eine Rede, die es als nur vielleicht seiend oder als vermutlich seiend bezeichnet, für widersinnig zu erklären. Und in eins damit verstehen wir, warum die Evidenz des *ego cogito* einer äußeren Wahrnehmung und Wahrnehmungsaussage zuzumuten Widersinn ist. Denn die Evidenz des *cogito* sagt doch nichts anderes als: Es ist widersinnig, in ein immanent Gegebenes, ein nicht Erscheinendes den Gegensatz von vermeintlich seiend und wahrhaft seiend und wirklich seiend und in Wirklichkeit nicht seiend hereinzubringen. Alle diese modalen Begriffe und ihnen verwandte (Schein, Illusion) setzen ja ein über sich hinausweisendes, transzendentes Bewusstsein voraus, nur bei ihm als Präsumierendem ist von Bestätigung und Widerlegung die Rede.

Noch eins ist hier als bedeutsam zu erwähnen. Durch reine Inhaltsanalyse der äußeren Wahrnehmung finden wir eine Scheidung zwischen Gegenstand und Erscheinung vom Gegenstand. (Gegenstand ist dabei nichts weiter als das im kontinuierlichen Durchlaufen von Erscheinungen eines Systems bewusstwerdende Selbige dieser Erscheinungen. Nicht, als ob diese Erscheinungen als Erlebnisse ein Stück gemein hätten; vielmehr in unbeschreiblicher Weise erschauen wir in immer neuen und neuen Erscheinungen durch all die wechselnden Aspekte hindurch ein und dasselbe als in ihnen Erscheinendes.[1] Bezeichnete Kant den Gegenstand der Erfahrung als x, so meint das und kann das nur meinen: Der Erfahrungsgegenstand ist gemäß dem Sinn der ursprünglichen Erfahrung, der Wahrnehmung immerfort und notwendig ein bestimmbares und nur relativ, einseitig bestimmtes Etwas derart, dass zum x eine abgeschlossene und nichts mehr offen haltende Inhaltsbestimmung geben zu wollen, ein Nonsens ist.)

Die Erscheinungen gehören offenbar in die Sphäre der Immanenz, die äußere Wahrnehmung birgt sie immanent in sich und impressional. Daher erfasst eine gewahrende Blickwendung sie reflexiv und erfasst sie adäquat und als notwendig Seiendes, Unbezweifelbares.

Es ist uns also eine selbstverständliche Rede zu sagen: Äußere Wahrnehmung macht ihren Gegenstand also dadurch bewusst, dass sie ihn in immanenten Daten, die zu ihrem eigenen absoluten Seinsbestand gehören, erscheinungsmäßig zur Darstellung bringt. „Zur Darstellung": Können wir nicht im Gleichnis sagen: „zur Abbil-

---

[1] *Später nochmals eingeklammert und gestrichen* (Zu beachten die Äquivokation des Wortes „Erscheinung", das bald den erscheinenden Gegenstand und bald die Erscheinung vom Gegenstand bezeichnet, eine Äquivokation, die freilich in Unklarheit ihre Quelle hat.)

dung"? Hier ist nun gleich die gefährliche Klippe der naiven bildli-
chen Theorie zu beachten, die freilich für uns nur dann noch eine
Gefahr sein kann, wenn wir die reine Icheinstellung verlassen und
damit den Boden, auf dem sich unsere Deskriptionen und Fragestellungen bewegten, verlassen. Wie fingen wir doch an und in welche
Richtung gingen unsere Fragen? Besinnen wir uns. Wir fingen an
„ich bin", und wir fragen: Was ist mir, der ich mich in der Reflexion
als aktuelles Subjekt finde und ausschließlich so nehme, wie ich
mich reflexiv als Aktsubjekt finde, vorgegeben, und wie ist speziell,
wenn ich eine vorgegebene äußere Welt habe, die sie vorgebende
Wahrnehmung gestaltet? Dabei stoßen wir auf die beschriebenen
wundersamen Zusammenhänge zwischen immanenten Beständen der
Wahrnehmung, die wir „Erscheinungen" nannten, und dem durch sie
oder in ihnen erscheinenden Äußeren. Wenn man diese Einstellung
verlässt und in der Außenbetrachtung von Ichsubjekten Wahrnehmung und wahrgenommenes Naturobjekt vergleicht, wie das der
naiv Überlegende ohne weiteres tut, dann ist die Versuchung allerdings sehr groß. Wir werden vom Gegensatz dieser Einstellung noch
ausführlich sprechen müssen.

Hier sei nur so viel gesagt: Wenn ich mir gegenüber Menschen
finde, so fasse ich sie als äußere, zu Leibern in Bezug stehende Ichsubjekte auf im Zusammenhang der gesamten äußeren Natur. Ich
schreibe ihnen natürlich auch Wahrnehmungen zu, Wahrnehmungen
von derselben Natur, in die auch ich hineinsehe. Habe ich nun in der
Innenanalyse mir noch keine Klarheit über den intentionalen Zusammenhang von Wahrnehmung und Wahrgenommenem verschafft,
wozu gehörte, dass ich rein in der Immanenz meines Wahrnehmens
nach Meinung und Gemeintem verbliebe, so liegt es allerdings nahe,
das Verhältnis von Wahrnehmung und wahrgenommenen Dingen
mit dem Verhältnis von Bild und Abgebildetem zu vergleichen und
dann, den Vergleich ernstnehmend, in grobe Irrtümer, ja in Widersinn zu verfallen. Dort der Mensch hat in sich, in seiner Seele Wahr-
nehmungsbilder von den Dingen außer ihm, die in der Tat an sich
draußen sind, wie ich selbst sie auch draußen sehe. Diese Bilder sind
wie Bilder sonst mehr oder minder gute Bilder, je nach der Konstitution der Subjekte übereinstimmend oder nicht übereinstimmend. Wie
bei Bildern überhaupt kann es hier vorkommen, dass ihr Original gar

nicht existiert, während das Bild existiert; und so scheint überhaupt alles schön zu passen.

Aber nun gilt es, sich ⟨zu⟩ besinnen und die Widersinnigkeit der Interpretation der Wahrnehmungserscheinung als Bild des Erscheinenden zu erkennen. Eine Statue nennen wir ein Bild ihres Originals, etwa eines Feldherrn. Ein Reales heißt hier Bild eines anderen, von ihm getrennten und ihm ähnlichen Realen. Ist das die Sachlage im Verhältnis zwischen Wahrnehmung und Wahrgenommenem? Die Wahrnehmung des wahrnehmenden Ich ist Erlebnis in seinem Lebensstrom, ihr immanent ist die Erscheinung als Erscheinung des Erscheinenden; und selbst das, dass die Erscheinung gerade dies und nichts anderes, dieses Ding, diesen Menschen oder was immer es sei, zur Erscheinung bringt, ist etwas, was sich rein im Ich abspielt: Es nimmt wahr, das ist, es erlebt eine Erscheinung und findet sich in ihr bezogen auf das Erscheinende. Mag das Ich dann auch zur Überzeugung kommen, es sei das Objekt ein illusionäres, es erscheint darum doch, nur kommt ihm keine Wirklichkeit, keine Möglichkeit der Ausweisung zu. Wenn wir nun an die Subjektivität von außen herankommen, so weit darin einen Menschen wahrnehmen und dabei dessen inne sind, dass er in sich ein Wahrnehmen, etwa des uns gemeinsam gegenüberstehenden Baumes, vollziehe, so legen wir seiner Seele, näher seinem Erlebnisstrom, sicherlich eine gewisse Baumerscheinung ein. Aber legen wir ihm da etwas dergleichen wie ein Baumbild, ein Analogon einer Statue ein? Ist das nicht ein vollendeter Unsinn? Können wir seiner seelischen Innerlichkeit, näher seinem Strom anderes einlegen als Immanentes, und zwar als solches, das wir analog in unserer Inneneinstellung finden?

Übrigens fragen wir uns doch, wie die Statue dazu kommt, zum Bild zu werden, werden zu können. Zwischen Bild und Original besteht Ähnlichkeit, die der Gleichheit mehr oder minder nahe kommen kann. In einem Tannenwald haben wir tausende Tannen, die einander mehr oder minder gleich oder ähnlich sind. Ist darum schon jede ein Bild der anderen, hat jede neben ihrer Farbe, ihrer Form usw., neben den inneren Merkmalen der Tanne, die die Ähnlichkeit begründen, noch ein Merkmal „Bild"? Natürlich ist das Unsinn. Ohne in tiefere Analysen einzugehen, ist es klar, dass ein Gegenstand Bild nur ist als Gegenstand einer Bildauffassung, die irgendein Ich vollzieht. Aber ist nicht eine Statue an sich ein Bild, ob wir es als das sehen oder

nicht? Wir antworten: Objektiv kommt ihr die Bildlichkeit nur insofern zu, als sie ein Ding ist, das von allen Ichsubjekten, von allen
Menschen einer gewissen normalen und gewöhnlichen Entwick-
lungsstufe, sofern sie von ihnen wahrgenommen oder anschaulich
vorgestellt wird, zugleich in einem gewissen eigenartigen Bewusstsein als Bild eines anderes Objekts aufgefasst wird. Darin liegt:
Nicht dem Ding selbst haftet die Bildlichkeit als Merkmal an, sondern dem wahrgenommenen, angeschauten Ding als solchem haftet
sie an, oder den Erscheinungen, die das wahrnehmende Subjekt hat,
und zwar gewissen bevorzugten Erscheinungen innerhalb der Erscheinungsreihe des Dinges „Statue" haftet ein neuer intentionaler
Charakter an, sofern das normal entwickelte Subjekt eben so, wie es
solche Erscheinungen hat, als Bild das in ihnen Erscheinende mit
einer Bildauffassung als einem höheren Bewusstsein begleitet. Ich
spreche von bevorzugten Erscheinungen. In der Tat, wenn wir zum
Beispiel in eine Riesenstatue wie den Kasseler Herkules hineintreten
und die betreffenden Wahrnehmungserscheinungen der inneren Gestaltungen haben, so fällt das Bildbewusstsein natürlich fort. Wir
müssen den Herkules von außen und in einer passenden Distanz und
Stellung sehen, wir müssen gewisse ausgewählte Erscheinungsreihen
haben, damit sich, als durch sie motiviert, in uns das Bildbewusstsein
einstellen kann. Doch was hier die Hauptsache ist: Es ist klar, das
Bild ist nur Bild für ein Bildbewusstsein, und dieses setzt als eine
Auffassung höherer Stufe schon ein Wahrnehmungsbewusstsein,
also das Erleben von Erscheinungen voraus. Diese, die als Erscheinungen in sich selbst das Bewusstsein von Erscheinendem unabtrennbar in sich bergen, selbst wieder als Bilder ⟨zu⟩ interpretieren,
also aus Erscheinungen selbst wieder Dinge ⟨zu⟩ machen, die wahrnehmungsmäßig als Bilder aufgefasst würden, das ist, und offen vielfältig, ein Widersinn.

⟨Die reine Icheinstellung und
die Idee einer transzendentalen Phänomenologie⟩

Vor solchen Grundirrtümern bleiben wir in der Tat bewahrt, wenn
wir uns im Voraus überlegen, was *eo ipso* zur Art der Beschreibungen apriorischer Zusammenhänge gehört, die wir in reiner Ichein-

stellung vollziehen, oder, anders angesehen, wenn wir uns zu vollkommenster Klarheit bringen, welcher Art die Einstellung ist, die wir
unter dem Titel „reine Icheinstellung" jederzeit vollziehen können, und was Vorgegebenheiten und ihre möglichen Beschreibungen
fest umgrenzt und auszeichnet.

Knüpfen wir hier an, um uns auf einen höheren methodischen
Standpunkt zu erheben. Unsere Icheinstellung war keine andere als
diejenige, die Descartes zuerst in der ersten seiner berühmten *Me-
ditationen* vollzog und die ihn auf das vielzitierte *ego cogito, ego
sum* führte. So fingen wir auch an: *Ego cogito, cogito cogitata*; des
Näheren: Ich habe wahrnehmungsmäßig gegeben bzw. kann wahrnehmungsmäßig gegeben haben; – was kann ich da so gegeben haben? Aber wohlgemerkt, unser Verfahren war dabei dies, dass wir
das jeweilig Wahrgenommene als Wahrgenommenes der jeweiligen
Wahrnehmung nahmen, genau als das in ihr leibhaft Gegebene, genau als das Etwas, das in dem und dem Sinn ⟨wahrgenommen war⟩,
mit der Absolutheit oder mit der erscheinungsmäßigen Unbestimmtheit und Bestimmbarkeit, mit der es Wahrgenommenes war. Keine
anderen Beschreibungen vollzogen wir, und das stellen wir jetzt
nachträglich fest und stellen es in den Brennpunkt der Aufmerksamkeit, keine anderen als solche, die sich in diesem Rahmen hielten.
Wir konnten uns in ihm bewegen, ohne seine Umgrenzung begrifflich zu vollziehen. Ich leitete Sie einfach durch die Beschreibungen,
Sie folgten ohne Mühe, Sie hatten immerfort einen immanenten
Weg, ohne darüber zu reflektieren. Jetzt aber bringen Sie sich das
zum Bewusstsein, dass eben alles in gewisser Art im Rahmen der
Immanenz beschlossen blieb. Wenn wir Ichliches und Ichfremdes als
dem Ich (als mir, der ich als Ichsubjekt über Vorgefundenes und
Vorfindliches reflektiere) gegeben bezeichneten, seine Eigenheiten
und Unterschiede beschrieben, so gingen unsere Beschreibungen
doch nicht um ⟨ein⟩ Haar hinaus über das, was im eigenen Sinnesgehalt des gebenden Bewusstseins beschlossen war.

Allerdings ausführlich reflektierten wir auch über Wahrhaftsein
oder Nichtsein hinsichtlich der wahrnehmungsmäßigen Gegenständlichkeiten und brachten uns in generellen apriorischen Evidenzen die
Widersinnigkeit jedes Zweifels und Nichtseins hinsichtlich eines
immanent Gegebenen zum Bewusstsein und demgegenüber die offene Möglichkeit des Nichtseins für jedes in der Weise der Trans-

zendenz Gegebene. Aber wie vollzog sich selbst diese Aufweisung? Doch so, dass wir alles Ichäußere rein als das betrachteten, als was es in möglichen äußeren Wahrnehmungen wahrnehmungsmäßig Gemeintes, in Erscheinungen Erscheinendes war, und dass wir rein dem Apriori folgten, das durch den immanenten Gehalt und Sinn der Wahrnehmung nach Erscheinung und Erscheinendem vorgezeichnet war. In der Wahrnehmung eines Dinges liegt überaupt das wahrgenommene Ding als solches, als so und so erscheinendes, als bestimmbares und bestimmtes, ob das Ding in wahrer Wirklichkeit existiert oder nicht; die Wahrnehmung überhaupt hat ihren Sinn nach Fülle und intentionalen Horizonten, hat ihre wandelbaren Erscheinungen, Abschattungen usw. in absoluter Evidenz als etwas zu ihrem immanenten Gehalt Gehöriges, und nur darauf hatten wir rekurriert. Rein dem Sinn folgend, ergab sich in der Immanenz die prinzipielle Möglichkeit des Nichtseins aller äußeren Gegenstände und ergab sich, dass Sein und Nichtsein A n z e i g e n sind für gewisse Strukturen der Wahrnehmungsverläufe nach einstimmiger Erfüllung und Bekräftigung oder nach Unstimmigkeit und Aufhebung. Nur aus solchen Ergebnissen rein immanenter Wesensanalyse konnte der Widersinn der Bildertheorie radikal klargelegt werden. Ein Ichliches, wie es die Erscheinung ist, zu veräußerlichen, wie es die Bildertheorie tut, ist widersinnig, genau so wie es widersinnig wäre, das Äußere (das prinzipiell nur als eine Präsumtion einer beständigen Bekräftigung der Wirklichkeitssetzung äußerer Wahrnehmungen gegeben ist) zu verichlichen.

Aber uns interessiert jetzt nicht mehr die Bildertheorie, sondern der fundamentale methodische Fortschritt, der sich durch eine weitere Fortführung der Reflexion über den Sinn der reinen Beschreibungen der Icheinstellung uns ergibt. Wir sind jetzt schon weit genug, eine prinzipielle U m g r e n z u n g einer Idee des reinen Ich und reinen Ichbewusstseins zu vollziehen und eine reine Methode der ichbezogenen Urquellenforschung zu kennzeichnen, die von größter philosophischer Bedeutung ist, ja von so großer, dass alle radikale Philosophie an ihr hängt. Dabei wird nur eine letzte und leichte Reinigung an unserer bisherigen Icheinstellung zu vollziehen sein, die ein Moment ausschaltet, das in den deskriptiven Inhalt der Aussagen zwar nicht eingeht, aber doch noch in unerwünschter Weise ein entbehrliches Präjudiz mit sich führt.

Stellen wir folgende Überlegung an. Wenn jeder von uns für sich selbst „ich" sagt und sich frei dazu entschließt auszusagen, was er vorfindet an wahrnehmungsmäßigen Gegebenheiten (und in theoretischer Reduktion, d.h. unter Ausschluss aller theoretischen und überhaupt aller in begründendem Denken gewonnenen Meinungen), ja weiter, was er in möglichen Wahrnehmungen vorfinden könnte, weil Typen von Gegebenheiten sich ihm darbieten und darbieten könnten, so nimmt er dabei als Wirklichkeit, was sich ihm schlechthin als Wirklichkeit darbietet, also je nach der Richtung der individuellen oder typisierenden Aufweisungen sein Ichliches wie die äußeren Gegenstände, die Dinge, die ihn umgebenden Personen, Menschen und auch Tiere. Wenn er dabei aber, wie es bei unseren Betrachtungen immer der Fall war, sein Interesse auf die Typen möglicher Gegebenheiten überhaupt und die generellen Evidenzen konzentriert, die unbedingt für solche Gegebenheiten gelten (als ein Apriori, ohne das sie gar nicht gedacht werden und nicht sein könnten), so verliert offenbar die Wirklichkeit der ihm einzelnweise und als Faktum vor Augen stehenden Wahrnehmungsobjekte oder der anschaulichen Erinnerungsobjekte, durch die er sich eventuell Gegenstände vergangener Wahrnehmung vergegenwärtigt, ihre Funktion für sein deskriptives und generell konstatierendes Verhalten.

Das vielberedete Pult hier vor unseren Augen war uns, war jedem in der Einstellung „ich und mein Vorgefundenes" eine vorgefundene individuelle Wirklichkeit; als wirklich daseiend stand es da und wurde so hingenommen, vom Ich gesetzt. Aber es war ja bloß Exempel für einen ganzen Typus möglicher Ichgegebenheiten, im reinsten Sinne möglicher äußerer Wahrnehmungsgegenstände, ein Exempel, an dem wir in der Tat in freier Phantasie beliebig Wandlungen vornahmen. Das frei umfingierte Ding galt uns ebenso gut als das im Charakter „wirklich" gesetzte; und zudem daneben operierten wir frei mit möglichen Gegenständen, die wir ohne jede Anknüpfung an wirkliche Erfahrung aus purer Phantasie schöpfen durften. Die Wirklichkeit der Erfahrungsgegenstände, wie sie in der Tat von uns erfahren waren, gaben wir keinen Augenblick preis; andererseits aber hinderte diese von uns beständig vollzogene Wirklichkeitssetzung uns nicht, die reinen Möglichkeiten zu durchlaufen derart, dass wir die vollkommenste Evidenz gewannen, dass jeder Gegenstand möglicher äußerer Wahrnehmung auch nicht sein

könnte, obschon er wahrgenommen, also im Bewusstsein der Leibhaftigkeit als gegenwärtiger gegeben ist, während freilich für die
immanenten Gegenstände, diejenigen der immanenten Wahrnehmung, das kontradiktorische Gegenteil nicht minder evident war.
Damit ist aber absolut sicher, dass die Wirklichkeitssetzung der äußeren Erfahrungsgegenstände, obschon wir sie beständig mitvollzo-
gen, obschon wir keinen Augenblick daran dachten, an ihr etwas zu
ändern, kein Präjudiz in sich birgt, von dessen Geltung unsere Ergebnisse betroffen sein könnten. Mit anderen Worten, die Existenz
der äußeren Dinge etwa, die wir jeweils sehen und in keiner Weise in
Frage stellen, und so die Existenz von äußerem Dasein überhaupt,
kann keine Voraussetzung sein, von der unsere Feststellungen abhängen. Wir kämen ja sonst in einen offenbaren Widersinn. Lautet
unsere Feststellung, dass *a priori* keine mögliche äußere Wahrnehmung das Nichtsein des Wahrgenommenen ausschließt, so liegt die
Konsequenz nicht weit, dass kein äußerer Gegenstand, keine äußere
Welt überhaupt sein muss.

Kann die evidente Möglichkeit, dass kein Ding ist, an der Voraussetzung hängen, dass ein Ding, das jetzt als wirklich erfahren ⟨ist⟩,
i s t ? Oder kann die Möglichkeit, dass keine Wahrnehmung unverwerfliche Geltung hat, von der Voraussetzung abhängen, dass irgendwelche faktische Wahrnehmung unverwerfliche Geltung hat?
Bestände für mich die logische Notwendigkeit, an der Wirklichkeitssetzung meiner Wahrnehmungen und Erfahrungen festzuhalten und
alle meine Feststellungen sonst auf sie zu bauen, so wären sie prinzipiell nicht negierbar; also wäre es ein Widerspruch auszusagen, es
sei jede äußere Erfahrungssetzung möglicherweise ungültig. Wir
aber müssen so aussagen; es ist eine absolute zweifellose Evidenz.
Danach ist es absolut sicher, dass die fortlaufenden Wirklichkeitssetzungen, mit denen wir während der Beschreibungen in der Icheinstellung unsere fortlaufenden aktuellen Erfahrungsgegebenheiten
begleiten, oder vielmehr, in denen wir diese belassen, nicht den lei-
sesten Beitrag zu den Aussagen leisten, die wir aussprechen. Es ist
absolut sicher, dass sie zwar nebenherlaufend über die gegebene
Welt judizieren, aber nicht in diese Aussagen hineinjudizieren, für
sie keine logischen Voraussetzungen in sich bergen, die wir nun hier
formulieren müssten. Also wir können, und aus Gründen der Rein-

heit der Methode, wir müssen diese Wirklichkeitssetzungen ausdrücklich ausschalten, sie außer Spiel setzen.

An sich ist es sicher und mit absoluter Evidenz klarzumachen,
dass es überhaupt eine Feststellung reiner Möglichkeiten und von
apriorischen Gesetzen gibt (die ihrem Wesen nach überhaupt nichts
anderes als Gesetze reiner Möglichkeit sind) und dass es zum Sinn
aller solcher Feststellungen gehört, dass sie mit keinem, schlechthin
keinem Präjudiz hinsichtlich irgendeiner Wirklichkeit behaftet sind.
Reine Geometrie z.B. oder reine Mathematik ist durch und durch
Wissenschaft von reinen Möglichkeiten; sie urteilt so, dass nicht der
leiseste Bestand an Wirklichkeit von ihr als Prämisse vorausgesetzt
ist. Und eben darum heißt sie apriorische Wissenschaft. So verfährt
sie oder verfährt der Geometer faktisch, trotzdem er einerseits ein
lebendiger Mensch ist, der sich als Mensch in der raumzeitlichen
Wirklichkeit weiß und erfahrungsmäßig immerzu vorfindet, und obschon er ⟨andererseits⟩ bald mit Tinte auf dem Papier Figuren zeichnet, bald mit der Kreide auf der Tafel usw. Er denkt nicht daran, die
Wirklichkeit all dieses Erfahrenen ausdrücklich auszuschalten, und
doch wäre es lächerlich zu sagen, solche Wirklichkeit und eine
Wirklichkeit überhaupt sei Voraussetzung der Geltung seiner Feststellungen. Was er voraussetzt, das ist ausgesprochen, und es besteht
in nichts anderem als in Möglichkeiten, und zwar Möglichkeiten von
Figuren, Zahlen u.dgl. (eventuell in einer gewissen Idealität) und
nichts weiter.

Eine radikale Untersuchung wie sie die unsere ist, kann nicht so
naiv verfahren wie die Mathematik; sie muss sich rechtzeitig diese
absolute Independenz von Möglichkeit und Wirklichkeit, und zwar
von dem, was wir eben „reine" Möglichkeit nannten, klarmachen
und schrittweise bis zu letzter reflektiver Evidenz bringen. Das aber
vor allem an ⟨der⟩ Urquelle aller philosophischen Aussagen, an dem
reinen Ich der Icheinstellung. Zwar beginne ich mit Aussagen wie
„ich bin und finde das und das vor", aber alle die Wirklichkeitssetzungen kann ich als völlig irrelevant wieder außer Spiel setzen, wo
ich von der Typik möglicher Vorgegebenheiten, z.B. von Icheige-
nem und Ichfremdem, spreche, und schärfer betont, von ihren reinen
Möglichkeiten spreche, und eben generelle Apriori-Sätze über die

notwendige Existenz eines Immanenten, über die prinzipielle Möglichkeit des Nichtseins von Transzendenz u.dgl. ausspreche.[1]

Es würde ein eigenes großes Thema sein, dieses Allgemeinheitsbewusstsein, das in aller Erkenntnis apriorischer Zusammenhänge vorliegt, voll zu klären. Es genüge hier, dass Sie es sehen und die Freiheit von allen Wirklichkeitssetzungen zweifellos erfassen. Die Phänomenologie nennt solche Zusammenhänge reiner, in genereller Einsicht, in vollster Klarheit zu erfassender Möglichkeiten „eidetische Zusammenhänge", das sie ursprünglich gebende Bewusstsein „eidetische Intuition".[2]

---

[1] *Später eingeklammert und teils gestrichen, teils am Rand mit 0 versehen* Meine ich sie als reine Möglichkeiten meiner Vorgegebenheitssphäre, so ist dabei freilich das Ich nicht bloß Möglichkeit und als wirklich gesetzt. Aber wie wir sehen werden, als „reines" Ich, das überhaupt eine ausgezeichnete Stellung behält, und im Übrigen auch seine Art hat, sich als reine Möglichkeit fassen zu lassen. Benützt die Erfassung reiner Möglichkeiten nicht die bewusstseinsmäßig, sei es als aktuelle Wahrnehmung oder als Erinnerung oder sonst wie gesetzte Wirklichkeit, baut eine reine Möglichkeitsaussage nicht darauf, so liegt darin schon beschlossen, dass bei solcher Erfassung und Aussagebildung an dem Wirklichkeitsbewusstsein von selbst eine Modifikation sich vollzieht. Reine Möglichkeit gibt uns eine freie Fiktion ebenso gut wie eine Erfahrung. Die Möglichkeit einer geschlossenen Linie gibt uns die Fiktion einer solchen Linie ebenso gut wie eine gesehene Linie auf dem Papier, die Möglichkeit einer Farben- oder Tonkonstellation ebenso gut eine freie Phantasie wie eine Erfahrung von dergleichen usw. In der Phantasie steht uns das Fingierte als quasi-gesehen gegenüber, es ist, als ob wir es vor Augen hätten und als wirklich fänden, wir haben es aber nicht wirklich vor Augen und überhaupt nicht gemeint als Wirklichkeit. Dieses im Bewusstsein liegende Als-ob bezeichnet eine Modifikation des Wirklichkeitsbewusstseins. Offenbar aber auch, wenn wir aktuell erfahren und Wirklichkeit bewusstseinsmäßig setzen, hierbei aber auf bloße Möglichkeit und deren Konstatierung eingestellt sind, erfährt das Wirklichkeitsbewusstsein eine Modifikation; es findet eine Außerspielsetzung des Wirklichkeitsglaubens statt, wodurch er einen verwandten Rang und Charakter hat wie der Als-ob-Charakter der Phantasie in der Einstellung der Erfassung der phantasiemäßig erfassten Möglichkeit. Der Unterschied besteht nur darin, dass wir im Fall freier Phantasie von der Einstellung auf Erfassung der Möglichkeit nur übergehen können in die Einstellung, in der wir aussagen, es sei eben bloße Fiktion, in Wirklichkeit ein Nichts, während wir im anderen Fall die bereitliegende Möglichkeit haben, in die Einstellung der Erfahrung überzugehen und auszusagen: „Das und das ist wirklich da" oder „es ist erinnerungsmäßig da gewesen" u.dgl. Machen wir aber allgemeine Möglichkeitsaussagen im Sinne rein apriorischer Aussagen über alle Möglichkeiten einer allgemein umschriebenen Sphäre, so dienen die einzeln erschauten Möglichkeiten als „Exempel" für Allgemeinheiten; in einem reinen Allgemeinheitsbewusstsein erschauen wir allgemeine Zusammenhänge, die aber ihrem Wesen nach völlig frei bleiben von aller gänzlich außer Spiel bleibenden Setzung von Wirklichkeiten.

[2] *Randbemerkung* Der im Übergang von Wirklichkeitsbewusstsein in Möglichkeitsbewusstsein identisch verbleibende Sinnesgehalt heißt „Wesen". „Eidetische Gesetze" sind Gesetze, die zum reinen Wesen oder reinen Sinn gehören, und daher spricht man auch von „Wesensgesetzen". Verleugnung besagt Widersinn.

In dieser Art erfasst also das Ich in der Icheinstellung in eidetischer Intuition Möglichkeiten der ichlichen und ichfremden Sphäre,
die also aller eventuell vorkommenden Wirklichkeit unbedingt gültige Gesetze vorschreiben.

Nun ist aber noch ein anderes von großer Wichtigkeit für die philosophische Methode. Bisher hatten wir den Blick auf die absolut
evidenten Wesensgesetze gerichtet, die wir in der Einstellung der
Ichreflexion gewonnen hatten. Es ist nicht abzusehen, warum die von
uns aufgewiesenen die einzigen Evidenzen sein sollen, die generell
für mögliche Vorgegebenheiten des Ich gelten sollen. Es ist vielmehr
vorauszusehen, dass im Übergang, den das Ich frei vollziehen kann
von seinen jeweiligen wirklichen Vorgegebenheiten zu seinen möglichen Vorgegebenheiten, ⟨es⟩ im freien Phantasieoperieren und -ge-
neralisieren eine vielleicht endlose Fülle von Evidenzen, von apriorisch gültigen Gesetzen finden kann.[1]

Nehmen wir etwa das Reich der reinen Möglichkeiten, die
zum Bereich eines Ichlichen gehören können in der Weise seiner immanenten Bestände, also das Reich, das Descartes unter dem
Titel *cogito* zuerst bezeichnet hatte, und von dem er erkannt hatte,
dass zu seinem allgemeinsten Wesen die Unaufheblichkeit der Seinssetzung gehöre, so eröffnet sich uns die Erwartung, dass in diesem
Reich mannigfaltige und unbekannte apriorische Gesetze gelten.
Also wie der phänomenale Raum als Reich reiner Möglichkeiten
geometrischer Gestaltungen das Feld einer endlosen apriorischen
Wissenschaft ist, eben der reinen Geometrie, so erwarten wir also, ist
das Reich des reinen Ichbewusstseins als Titel für *idealiter* mögliche
Bewusstseinsgestaltungen überhaupt, Wahrnehmungen, Vorstellungen, Urteile, Gefühle usw., das Feld einer neuen endlosen apriorischen Wissenschaft. Und in der Tat, es ist das Feld der Phänomenologie.

Versetzen wir uns in den Gedankengang der letzten Stunde. Eine
methodische Reflexion hatten wir begonnen über die Icheinstellung, die in den früheren Vorlesungen den Rahmen abgegeben
hatte für beschreibende Feststellungen. Also im *ego cogito* waren
cogitata vorgefunden. Jeder beschrieb seine jeweiligen vortheoreti-

---

[1] *Spätere Randbemerkung* Jeder Gegenstand überhaupt, jedes Gebiet muss unter Wesensgesetzen stehen. – Ausführlich mündlich besprochen.

schen Gegebenheiten und fand dabei vor einerseits singuläre Fakta, einzelne Wirklichkeiten, ichliche und ichfremde, andererseits aber auch gewisse generelle apriorische Evidenzen. Diese Evidenzen betrafen die ichliche Sphäre in sich und betrafen sie dabei auch insofern, als Ichliches, nämlich in der Weise des Bewusstseins von etwas und insbesondere in der Wahrnehmung von Ichfremdem, eben über sich hinausintendierte und sich auf die andere Region, auf die des Ichfremden eben, bezog. Die Eigenart dieser Evidenzen bestimmte unsere methodischen Reflexionen. Wir machten uns klar, dass die schlechthin zweifellose Geltung dieser Evidenzen völlig independent war von allem Glauben an wirkliches Dasein. Was diese Evidenzen aussprachen, betraf solches, ohne was Icherleben, Ichakt, Ichbewusstsein schlechthin nicht gedacht werden kann, und ohne was eine äußere Wirklichkeit hinsichtlich ihrer Gegebenheitsweise in möglicher Erfahrung nicht gedacht werden kann. Während wir in der Icheinstellung lebten, beschrieben, solche Evidenzen konzipierten, standen uns beständig Wirklichkeiten vor Augen, eigene Erlebnisse, aber auch durch das Medium äußerer Wahrnehmungen äußere Wirklichkeiten, und zwar nahmen wir sie gläubig als Wirklichkeiten hin, wir vollzogen ohne weiteres das Bewusstsein des Wirklichkeitsglaubens. Es wurde uns aber klar, dass dieser mitlaufende Wirklichkeitsglaube eben ein bloßer Mitläufer war, der für den Inhalt der rein apriorischen Evidenzen keinerlei Präjudiz bergen konnte. Oder was dasselbe: Wir konnten die Evidenzen in völliger Reinheit fassen, die generellen Sätze als Gesetze für reine Möglichkeiten, in deren Sinn schlechthin nichts von einer Setzung irgendwelcher individueller Wirklichkeit beschlossen blieb. Die Exempel, die den Ausgang unserer Untersuchung bildeten, mochten vorgefundene Wirklichkeiten sein, sie unterlagen aber freier Variation durch Phantasie, derart, dass es ganz und gar nicht mehr auf ihre Wirklichkeit ankam und sie nur als Exempel für überhaupt denkbare Möglichkeiten fungierten. Dann machten wir uns allgemein den Sinn und die Gegebenheitsweise einer reinen Möglichkeit klar und den Sinn einer generellen und evident fassbaren Erkenntnis für eine Region reiner Möglichkeiten überhaupt.

Jeder Gegenstand, sagen wir, der uns in seiner Wirklichkeit gegeben, etwa leibhaft-anschaulich gegeben ist, lässt sich unter dem Gesichtspunkt einer bloßen Möglichkeit betrachten, und seine bloße

Möglichkeit ist mit der Wirklichkeit im gleichen gegeben derart, dass die Möglichkeit bliebe, auch wenn die Wirklichkeit preisgegeben werden müsste, und dass sie auch verbliebe und verbleibt, wenn wir uns frei der Thesis der Wirklichkeit enthielten, was wir jederzeit frei können. Und nach dieser *a priori* möglichen Umstellung von Wirklichkeit auf Möglichkeit wird es evident, dass diese gegebene Möglichkeit einzuordnen ist einem fest umgrenzten, aber unendlichen Reich reiner Möglichkeiten. Dasselbe gilt, wenn der Ausgang nicht eine anschaulich gegebene Wirklichkeit ist, also eine wirklich im Erfahrungsglauben erfasste, sondern von vornherein schon eine Möglichkeit, etwa eine vorschwebende pure Phantasiegestaltung. Als vereinzelte individuelle Möglichkeit ist sie wiederum mit Evidenz einzuordnen einem unendlichen geschlossenen System reiner Möglichkeiten überhaupt. Die[1] Methode, dieses System zu umspannen und in seiner Einheit und Geschlossenheit zu erkennen, bestand darin, dass das, sei es in einer Wahrnehmung Wirkliche, sei es in einer Phantasie erfasste Mögliche in freier Phantasieumgestaltung beliebig gewandelt wurde, nur unter Reinhaltung der gegenständlichen Einheit oder eines durchgehenden Wesenstypus dieser Einheit.[2]

Es ist evident, dass damit eine abgeschlossene Unendlichkeit von Möglichkeiten sich auszeichnet. Obschon in der Unendlichkeit ein sozusagen ewiger offener Horizont liegt, ein Bewusstsein des „ich könnte so fingierend immer neue und neue Gestaltungen, immer neue Gegenstände gewinnen, die aus irgendeinem von ihnen durch Umfingieren entspringen, ohne je an ein Ende zu kommen", so ist doch evident, dass nicht jeder mögliche Gegenstand überhaupt innerhalb dieser Unendlichkeit entspringen kann, z.B. *a priori* nicht ein Ichbewusstsein aus einem physischen Ding. Evident ist dann weiter, dass alle zu dieser einen Unendlichkeit oder zu je einer solchen einen Unendlichkeit gehörigen Gegenstände eine allgemeine inhaltliche Wesensgemeinschaft haben, eventuell eine so allgemeine, dass eine allgemeinere inhaltlich bestimmte nicht mehr zu erdenken ist. Das letztere dann, wenn ⟨wir⟩ uns bei der Abwandlung an keinen be-

---

[1] *Spätere Randbemerkung* Kontinuierliche Wandlung gar nicht erforderlich für Gewinnung von Region.

[2] *Spätere Randbemerkung* Vgl. für ganz gute und doch schiefe Ausführung das Konvolut über Konstitution von Regionen, Gattungen, Arten.

schränkten Arttypus binden. Anders ausgedrückt: Jeder solchen Unendlichkeit entspricht dann eine sachhaltige eventuell oberste Gattung als eine Idee, die auf dem Grund der intuitiven Erzeugung dieser Unendlichkeit als ein Begriff zu konzipieren ist, und diese Idee
oder dieser Begriff heißt „die Region", wenn die durchgehende
Einheit der Anschauung sich an keine Schranken mehr bindet.

Zur Region, die unter sich die beschränkenden Wesensgattungen
fasst, gehören dann *a priori* generelle Sätze, die in unbedingter Geltung ⟨als⟩ für das regional umschriebene All von Möglichkeiten evident angesehen werden können; und ebenso gehört innerhalb der Region zu jeder Wesensgattung und Wesensartung ein solches
„Apriori", ein Bestand apriorischer Gesetze. Sie sagen also aus, was
in unbedingter Allgemeinheit, d.i. eben für das gesamte Reich inhaltlich zusammengehöriger Möglichkeiten, gilt, oder sie sagen aus,
ohne was eine Möglichkeit der betreffenden Region oder Gattung
schlechthin undenkbar ist, ohne das sie mit Widersinn behaftet
würde, also aufhören würde, eine Möglichkeit zu sein.

Diese erleuchtende Betrachtung zeigt, wie jede rein apriorische
Evidenz rein ist von aller Wirklichkeitsthesis. Nicht die leiseste
Wirklichkeitssetzung tritt in das methodische Verfahren der Evi-
denzgewinnung ein und korrelativ ist keine Stelle im Sinn solcher
Evidenzen, wo über Wirklichkeit geurteilt oder implizite für sie
präjudiziert wird. Selbst wo Wirklichkeit gegeben war und als An-
knüpfungspunkt der Betrachtung diente, wird sie alsbald durch Änderung der Einstellung der Wirklichkeitssetzung in die bloße Ent-
nahme einer reinen Möglichkeit irrelevant für die Sinngebung.

Überlegen wir nun die Gegebenheiten der Icheinstellung, so
scheiden vermöge dieser methodischen Erwägung alle naiv vollzogenen Wirklichkeitssetzungen sowohl für das Ichimmanente wie für
das vom Ich als transzendent, als äußere Objektivität Gesetzte aus da,
wo das Ich jene rein generellen Evidenzen ausspricht. Die ihrem Typus nach uns interessierenden Evidenzen eröffneten uns schon einen
weiten Horizont weiter, noch unbekannter Evidenzen, und wir waren
und sind am Werk, ihn zu umgrenzen und die Idee e i n e r r e i n e n
o d e r t r a n s z e n d e n t a l e n Phänomenologie zu zeichnen. Es wird
zunächst nützlich sein, noch weiter auszugreifen, nämlich die Gesamtheit der dem Ich in der I c h e i n s t e l l u n g überhaupt zugänglichen generellen apriorischen Evidenzen zu betrachten und zu glie-

dern, soweit sie auf mögliches individuelles Sein in regionaler Hinsicht, also nach sachhaltigem Wesen Beziehung haben. Damit schließen wir alle formalen Evidenzen wie die der reinen Logik aus, die eine ganz andere Ursprungsquelle haben und sich an keinen sachhaltigen, durch Phantasieanschauung gegebenen Wesensbestand halten.

Also die Gesamtheit sachlicher regionaler Evidenzen wollen wir erfassen. Das ist nicht schwer. Versetzen wir, wie wir es durch die bisherigen methodischen Betrachtungen gelernt haben, die beiden von Anfang an aufgewiesenen Klassen von Vorgegebenheiten in das Reich reiner Möglichkeiten, so ist es klar, dass wir hiermit auch zwei Regionen reiner Möglichkeiten gewinnen und dass sie das All der dem Ich erdenklicherweise zugänglichen individuellen Möglichkeiten umspannen. Wir haben also auf der einen Seite das Universum aller möglichen immanenten Bestände überhaupt und ihm zugehörig ein ideelles Universum apriorischer Evidenzen oder, sachlich gesprochen, apriorischer Gesetze, die alle Möglichkeiten dieser Region regeln. Auf der zweiten Seite haben wir das Universum der Möglichkeiten äußerer Gegenständlichkeiten, das Universum möglicher Objekte überhaupt und auch ihm zugehörig ein ideelles Universum apriorischer Gesetze, Gesetze möglicher objektiver Wirklichkeit überhaupt. Von solchen Evidenzen haben wir im Rahmen unserer Feststellungen in Bezug auf Vorgegebenheiten des Ich nicht gesprochen, wir haben nur in anderen Zusammenhängen nebenbei auf sie rekurriert. In der Tat kennen wir solche Evidenzen in Gestalt ganzer Disziplinen. So reine Geometrie, reine Bewegungslehre, apriorische oder rein rationale Mechanik. Denn all diese Disziplinen haben es mit idealen oder reinen Möglichkeiten äußeren Seins zu tun, und natürlich solchen Seins, das jeder von uns, der die Icheinstellung vollzog, in seinen wirklichen und möglichen individuellen Vorgegebenheiten sich exemplifizieren konnte.

Nach unseren methodischen Erwägungen der letzten Stunde ist es apriorisch klar, dass ein einheitlicher Bestand apriorischer Gesetzmäßigkeiten als Wesensgesetzmäßigkeiten so weit reichen muss, als das evident zu fassende regionale Wesen reicht, also hier das, was in der intuitiven Zueignung der Unendlichkeit äußerer Gegenständlichkeiten überhaupt als Wesensgemeinsames herauszuarbeiten, herauszuschauen und begrifflich herauszufixieren war. Also auch die

Idee des Alls dieser apriorischen Gesetze oder der apriorischen Wissenschaften von einer ichfremden Objektivität überhaupt ist absolut fest umgriffen, mögen übrigens alle hierher gehörigen Wissenschaften schon ausgebildet sein oder nicht. Immerhin haben wir gerade hinsichtlich dieser Region apriorischer Wissenschaften von vornherein das Bewusstsein der Vertrautheit, weil wir einige hereingehörige Wissenschaften haben und kennen.[1]

Anders steht es mit den apriorischen Disziplinen oder der sie umspannenden Einheit apriorischer Wissenschaft für die immanente Region. Sie ist nicht anders als die reine oder transzendentale Phänomenologie eine früher unbekannte und erst in unseren Tagen neubegründete Wissenschaft, eine Wissenschaft, die sich ihr Lebensrecht gegen allerlei törichte Vorurteile und gegen eine sozusagen natürliche Blindheit erst erkämpfen muss. In gewisser Weise ist zwar die Idee einer apriorischen Wissenschaft von der reinen Subjektivität durchaus nichts Neues und drückt, wie man einwenden mag, eine Binsenwahrheit aus. Haben doch alle Idealisten und Transzendentalisten immerfort von einem generell zur Subjektivität gehörigen Apriori gesprochen, sie haben von einer reinen Logik, reinen Ethik, reinen Transzendentalphilosophie gesprochen, und so scheint es, dass auch hier bekannte apriorische Wissenschaften vorliegen, die höchstens einer Erweiterung bedürftig wären. Aber alle diese Disziplinen sind in einem Stande vollständiger Verworrenheit, in der Formales und Regionales, Immanenz und Transzendenz, Bewusstsein selbst und im Bewusstsein konstituiertes Seiendes und vieles andere durcheinander geworfen blieb. Das reine Bewusstsein selbst in seiner Eigenwesentlichkeit kam nie zu prinzipieller Abhebung unter dem Gesichtspunkt einer in sich geschlossenen obersten Region, also nie als transzendental reines Bewusstsein und als mögliches Feld einer apriorischen sachhaltigen Wissenschaft, einer Wissenschaft aus „reiner Anschauung". Und doch handelt es sich um die Wissenschaft von allen im strengsten Sinne radikalen Möglichkeiten, um die philosophische Grundwissenschaft, auf die alle möglichen philosophischen Begriffe und Wahrheiten wesensmäßig zurückbezogen sind. Natürlich erfordert die Aufweisung der Notwendigkeit die-

---

[1] *Später gestrichen* Höchstens dass wir vielleicht das Vorurteil zu überwinden haben, dass die bekannten, die alle auf quantitative Gesetze gehen, die einzig möglichen seien.

ser Wissenschaft und die Klarstellung ihres Bodens als Urbodens aller letzten Erkenntnis die größte Sorgfältigkeit, die Herstellung allervollkommenster Evidenz.

Eine gewisse, aber sozusagen naive Evidenz haben wir schon aufgrund des Bisherigen. Wir haben ja in klarer, obschon noch naiver Art das Reich des Ichlichen abgeschieden und darauf bezüglich eine Anzahl von Evidenzen schon gewonnen. So weit ist es auch evident, dass eine apriorische Wissenschaft von dieser Sphäre existieren muss; es war ja kein Grund, warum die paar Evidenzen nicht fortgesetzt vermehrbar sein sollen. Von inneren und äußeren Impressionen, von inneren und äußeren gewahrenden Wahrnehmungen gingen wir aus, angeregt durch die zunächst faktisch gegebenen beiderseitigen Daten. Wir erwogen für solche Wahrnehmungen, was zu ihrem Wesen notwendig gehöre, wie zum Beispiel für immanente ihre absolute Evidenz, oder die Art, wie in ihr das Immanente bewusst sei als „absolut"; ähnlich für äußere Wahrnehmung. Notwendigkeiten wurden uns vorher schon klar für Bewusstsein überhaupt, nämlich dass jedes in sich und unabtrennbar Bewusstsein von etwas ist, darin speziell, dass das besondere Bewusstsein, das äußere Wahrnehmung heißt, in sich selbst und notwendig Bewusstsein durch Erscheinungen ist, durch Präsumtion usw. Aber natürlich kann man hier weitergehen, kann sich jede Bewusstseinsart im Rahmen der Einstellung reiner Möglichkeit ansehen, etwa das Phantasiebewusstsein, das Wiedererinnerungsbewusstsein, das Bewusstsein des Gefallens oder Missfallens an etwas, des Wollens usw., und sich fragen, was für dergleichen allgemeine Artung apriorisch vorgezeichnet ist. Die Methode ist natürlich überall dieselbe. „Wiedererinnerung" ist wesensmäßig zu betrachten: Halten wir die Identität des reinen Typus fest in freier Phantasieabwandlung von Wiedererinnerungen oder Phantasiedeckung verschiedener Besonderungen von Wiedererinnerung, eben das, was eine reine Allgemeinheit des Begriffs „Wiedererinnerung" intuitiv erhält, das allgemeine Wesen „Wiedererinnerung", so gewinnen wir Notwendigkeiten, z.B. hinsichtlich der Struktur jeder Wiedererinnerung, hinsichtlich des Modus, wie sie ihr Gegenständliches „vergegenwärtigt". Und so überall.

Ferner selbstverständlich ist uns schon, dass, wenn wir wirklich auf die reinen Möglichkeiten es abgesehen haben, also wirklich reines Apriori aussagen, keine einzelne Wirklichkeit, also nicht ein-

mal das „ich bin", mit diesem faktischen Bewusstseinsstrom vorausgesetzt ist, nämlich irgend als verborgene Prämisse, mag es auch absolut evident sein als Tatsache des *cogito*. Insofern ist also selbstverständlich auch die gesamte äußere Wirklichkeit, das Weltall, für den
reinen Phänomenologen, für den „eidetischen" Erforscher der Möglichkeiten eines Erlebnis-, eines Bewusstseinsstroms, überhaupt nicht
da, nämlich nicht da in seinem Urteilsfeld. Insofern also ist die aus
transzendentalphilosophischen Gründen, die uns hier nicht näher an-
gehen, höchst wichtige, voll bewusste, in einem Prinzip ausgesprochene Ausschaltung der ganzen äußeren Welt aus dem Urteilsfeld
oder die voll bewusste Urteilsenthaltung hinsichtlich der gegebenen
Welt nur eine Tat der Vorsicht. (Die Selbstverständlichkeit dieser
Ausschaltung und schon ihre Möglichkeit ergibt sich durch die ein-
fache Überlegung, die rein im Immanenten vollzogen wird, dass es
eben als reine Möglichkeit betrachtet werden kann und dann eine in
einem evidenten All von Möglichkeiten ist usw.)

Was aber nicht so klar ist und was in der Tat unmittelbar an die
philosophischen Schwierigkeiten der so genannten Erkenntnistheorie, besser gesagt Transzendentalphilosophie rührt, ist das Verhältnis
der geforderten reinen Phänomenologie zu den apriorischen Wissenschaften einer möglichen äußeren Welt, möglicher äußerer Gegenständlichkeiten überhaupt.

In der Icheinstellung ergab sich als Wirklichkeit, aber auch in reiner Möglichkeit, die äußere Welt als Umwelt des Ich. Sie war als
äußere konstituiert in den dem Ich immanenten Erscheinungen von
gewisser phänomenologischer Struktur. Scharf erschien da der Unterschied zwischen dem Immanenten in sich, für sich abgeschlossen
in dem wirklichen oder möglichen Bewusstseinsstrom, und dem
Transzendenten als dem erscheinenden Äußeren. Evident scheint
also, dass man, dass das Ich rein das Immanente und die immanenten
idealen Möglichkeiten erforschen kann in einer eigenen Wissenschaft und dass demgegenüber die Erforschung des erscheinenden
Seins (ihre Tatsachenwahrheiten und andererseits ihre eidetischen
Wahrheiten) eine Sache für sich sei; also getrennte Wissenschaften,
getrennte Forschungen. Dasselbe scheint sich zu ergeben, wenn wir,
statt uns auf reine Möglichkeiten einzustellen, vielmehr den Blick
auf die gegebenen Wirklichkeiten richten. Es scheinen sich
dann zwei gesonderte Erfahrungswissenschaften zu erge-

ben. Die immanent vorgefundenen, durch immanente Erfahrung festgestellten und festzustellenden Wirklichkeiten scheinen dann eine immanente Erfahrungswissenschaft zu fordern, die äußeren Wirklichkeiten äußere Erfahrungswissenschaften, wie es ja in der Tat die Naturwissenschaften sind. Beide scheinen selbstverständliche Forderungen und scheinen dann getrennte Wissenschaften zu sein, da doch das immanente Wirkliche für sich erhalten bleiben kann, auch wenn das erscheinende Äußere außer Betracht bleibt und vielleicht nicht ist.

Aber nun kommt der Zweifel. In der Einstellung auf das Äußere habe ich mir gegenüber die Natur, die Welt überhaupt. Stelle ich mich auf den Boden der Wahrnehmung, so habe ich Natur oder Welt als Tatsache; stelle ich mich auf den Boden reiner Möglichkeit, habe ich mögliche Welt überhaupt. Aber umspannt Wirklichkeits- und Möglichkeitsforschung dann nicht die ganze Welt, und gehört zur ganzen Welt nicht mein Ich mit all seinen Erlebnissen, genau wie sie jedes andere, mir gegenüber äußere Ich umspannt? Ist also die Scheidung zwischen zweierlei apriorischen Wissenschaften ebenso wie eine prätendierte parallele Scheidung zweierlei empirischer Wissenschaften nicht verkehrt, weil auf eine zufällige Relativität Rücksicht nehmend? Ich bin – mit Evidenz erfasse ich mich. Aber wen erfasse ich? Eben mich, diese Person, diesen Menschen in der Welt; meine Erlebnisse gehören zu den zufälligen Beständen dieser Welt. Wie hätte ich also ein schroffes Gegenüber von Ich und seinem Ichlichen, andererseits einer Welt durch Erscheinung, jede eine besondere Wissenschaftssphäre?

Wir sehen, die reine Icheinstellung und die Sonderung ihrer Vorgefundenheiten ist noch nicht hinreichend geklärt. Gewiss, wir finden uns selbst in der natürlichen Reflexion als Menschen, aber ist dieses Vorfinden des „ich Mensch" dasjenige, in dem das Ich in der Icheinstellung sein Ich findet? Wir sprachen doch davon, dass das Ich sich rein als das Subjekt seines *cogito* nehmen soll. Glauben wir, das eine und andere Ich identifizieren zu müssen, so kommen ⟨wir⟩ philosophisch bald ins Gedränge. Die Evidenz des *cogito* leuchtet uns ein; es ist undenkbar, dass ich, auf mich und meine Erlebnisse, meine Wahrnehmungen, Urteile etc. reflektierend, mich als nichtseiend setze; andererseits, evidenterweise ist es denkbar, dass alles Äußere nicht sei und dass durch das Nichtsein des Äußeren das

Ich und seine Erlebnisse nicht verschwinden müssten. Daher kann ich alles äußere Sein ohne Widersinn ausschalten in der Form des Ansatzes „es sei nicht", während der Bewusstseinsstrom verbliebe und noch fort bleiben könnte, wenn auch in ihm gewisse Regeln der Wahrnehmung fortfielen. Und ist es nicht auch evident, dass mein Leib ebenso wohl Äußeres ist in einem guten Sinn wie irgendein anderes Ding? Und nicht evident, dass er anders sein könnte, ja auch nicht sein könnte, ein Schein, eine Illusion? Vielleicht träume ich nur, einen Leib zu haben. Ich, der Mensch, brauche also nicht zu sein = ich, das leiblich-seelische Wesen. Dieses ist ja Glied der allgemeinen Welt, derselben Welt, die sonst durchaus transzendent ist und mit deren Nichtsein auch ich, der Mensch, offenbar aufgehoben wäre.

Vollziehen wir nun aber radikal und voll bewusst die Ausschaltung alles „Äußeren", d.i. alles dessen, was durch Erscheinung wahrgenommen und wahrnehmbar ist, alles dessen, was seiend ist durch Präsumtion, so verfällt natürlich der Leib der Ausschaltung, also wie jeder äußere Mensch, so auch ich, der ich Mensch bin und mich als Menschen erfahre. Aber nun erkennen wir, dass ich, der das Subjekt dieser Erfahrung ist, nicht der Mensch bin, wir erkennen, dass zu scheiden ist zwischen dem reinen Ich und dem Menschen.

In der Tat, das Ich als dieser Mensch, als das, was ich in derjenigen „Selbsterfahrung" vorfinde, die mir eben den Menschen, der beseelter Leib ist, gibt, ist keineswegs das Ich der ganz anderen immanenten Selbsterfahrung der reinen Reflexion, vielmehr Objekt einer eigentümlichen äußeren Wahrnehmung, wofür wir eben unter äußerer Wahrnehmung auch in diesem Fall verstehen eine Wahrnehmung durch Erscheinungen. Denn mein Leib, der ein Grundstück meines Menschendaseins ausmacht, ist ja, wie schon gesagt, erscheinendes Raumobjekt, und wenn ich auch meine Bewusstseinserlebnisse absolut gegeben haben kann und gegeben habe, so ist es doch klar, dass ich sie in der Apperzeption „ich, dieser die und die Vorstellungen, Urteile etc. erlebende Mensch" als dem Leib zugehörige, als objektiv reale mit ihm verknüpfte, also ⟨als etwas⟩ in die räumlich-objektive Welt Hineingehöriges apperzipiere. Darin liegt, dass ich sie in der Sinngebung der „Ich-Mensch"-Erfahrung mit etwas behafte, was nicht in ihnen selbst liegt, nicht in ihrem eigenen

Wesen, so wie sie in der Einstellung des *ego cogito* als absolute Gegebenheiten bewusst sind. Durch eine eigentümliche Appräsentation sind sie mit einer transzendenten Komponente verhaftet, eben dadurch, dass sie also mit einer erscheinungsmäßig gegebenen Realität objektiv verbunden apperzipiert sind, also in einem eigenen Sinn „erscheinend" sind.

Appellieren wir an die prinzipielle Möglichkeit, dass der erscheinende Leib nicht sei, dass die Erscheinungen von ihm fortlaufen, aber schließlich durch Widerstreit die Wirklichkeitsthesis preiszugeben nötigen, so verbleiben freilich in gewisser Weise alle Bewusstseinserlebnisse, die vordem als seelische Erlebnisse des Leibes apperzipiert waren, und darunter auch die Wahrnehmungserscheinungen. Aber nicht verbleibt damit die menschliche Seele, nicht verbleiben diese Erlebnisse als Seelenerlebnisse, es verbleibt nur ihre Auffassung als menschliche Seelenerlebnisse, wobei deren Wirklichkeitsthese ebenfalls durchstrichen ist. Erst durch Einklammerung al ler transzendierenden und präsupponierenden Apperzeptionen hinsichtlich ihrer Wirklichkeitsthese verbleibt das reine Bewusstsein, dasjenige, das die c a r t e s i a n i s c h e Evidenz absolut erfasst und behält. Und in Bezug auf sie verbleibt beständig das durch alle r e i n gefassten Akte identisch hindurchgehende reine Ich als das Subjekt-*ego* des *cogito*.

Dieses Ich ist offenbar auch identisch das a k t u e l l e jeweilige Ich, das, während es Subjekt der Akte ist, nicht selbst objektiviertes Ich ist. Während ich ein anderes oder mich selbst wahrnehme, denke, beurteile, bewerte usw., während ich darunter zum Beispiel die „Ich-Mensch"-Wahrnehmung vollziehe und mich also als diesen Menschen wahrnehmend erfasse, ist das vorfindende, denkende, wertende Ich, dasjenige, das tätig ist, bevor es auf sich selbst reflektiert, nicht etwa Ich, der Mensch, sondern Ich, der Mensch, ist Objekt für dieses Ich, f ü r das alles Erscheinende, aber auch alles Gedachte ist, während es selbst für sich selbst nicht gegenständlich ist. Allererst gegenständlich wird es in einer neuen und reinen Reflexion, die alle transzendierende Apperzeption sich vom Leib hält.

So scheidet sich uns also in vollkommenster Evidenz das e r scheinende I c h, das Ich als äußerer Gegenstand, als in einer Transzendenz mit Horizonten der Unbestimmtheit gegebener Gegenstand, als ein Gegenstand, der immerfort in der Schwebe zwischen

Sein und Nichtsein ist, immerfort auf Näherbestimmung, eventuell Andersbestimmung, Bestätigung oder Verwerfung angewiesen ist, und demgegenüber das reine Ich, das Ich des reinen *cogito*. Ebenso scheidet sich das reine Ichleben, der Strom des reinen Erlebens, des reinen Bewusstseins, der reinen Ichakte, und auf der anderen Seite mein menschliches Seelenleben, mein seelischer Erlebnisstrom, meine menschlich seelischen Bewusstseinsakte, eben die objektiv realen, als zur Raumwelt gehörige reale Momente apperzipierten. Die Evidenz des *cogito* für den Menschen in Anspruch nehmen ist Unklarheit, ja Widersinn. Beides durcheinander werfen, das heißt, den Anfang verfehlen, der eine wissenschaftliche Philosophie möglich macht.[1]

⟨Die Methode der phänomenologischen Reduktion.
Die transzendentale Phänomenologie als
apriorische Wissenschaft vom reinen Bewusstsein⟩

Wir verstehen jetzt, dass wir von Anfang an, in der reinen Icheinstellung beschreibend, in der Tat als reine Ich uns nicht als Menschen-Ich beschrieben. Das geht ja daraus hervor, dass wir innerhalb dieser Beschreibungen, auf das Ich, das da beschreibt, reflektierend, es für das *ego* nahmen im Sinne der absoluten cartesianischen Evidenz *ego cogito, ego sum.* (Wir wissen, dass wer demgegenüber in der Einstellung beschreibt „ich, dieser Mensch, beschreibe" unter dem Titel „ich Mensch" ein Erscheinendes hat, auf das er das Beschriebene bezieht, während doch das in wahrem Sinne beschreibende Ich dasjenige ist, für das der Mensch erscheinendes Objekt ist.) Wir verstehen ferner, dass wir in der Gruppe von Beschreibungen, wo wir von Ichakten, Erlebnissen sprachen und von den apriorischen Gesetzen, die dazu gehören, schon die gesamte Sphäre des reinen Ichbewusstseins, der reinen Icherlebnisse und Ichakte, die den reinen Erlebnisstrom ausmachen, meinten, sofern wir ja auch hier die cartesianische Evidenz in Anspruch nahmen.

---

[1] *Spätere Randbemerkung, gestrichen und wieder gültig gemacht* Pfingsten; *vgl. hierzu aber unten den Hinweis auf die Pfingstferien im Text auf S. 72.*

Andererseits war doch unser ganzes Verfahren naiv; unsere Evidenz war zwar echte Evidenz, aber naiv vollzogen, wie die Blickrichtung auf das rein Ichliche zwar da war, aber naiv war; das heißt, es fehlte die sehr nötige reflektive Aufklärung und die theoretische Unterscheidung, die allein die Vermengung der Gegebenheiten der beiden Gegeneinstellungen, der Einstellung auf das Transzendentale und auf das Objektive, verhindern konnte. Hat sich nämlich im Bewusstsein die „Ich-Mensch"-Apperzeption entwickelt, so wird normalerweise jeder auf sich Reflektierende sich als Menschen apperzipieren. Das Ich verbleibt nicht in Reinheit, sondern erhält eine Objektivierung. Nur an diesem, übrigens sehr natürlichen Ineinanderübergehen der Einstellungen liegt es, dass man die transzendentale Sphäre, die des reinen Ich und seiner reinen Icherlebnisse, nicht als ein mögliches und völlig geschlossenes Forschungsfeld erkannt hat. Ist es das, ist es ein Reich möglicher Erfahrung und möglichen wissenschaftlichen Denkens, so muss es auch einmal zum eigenen Thema einer Wissenschaft gemacht werden, und das kann es wieder nur, wenn es in strenger Methode zu reiner Erfassung kommt, in einer Methode, die jede $\mu\varepsilon\tau\acute{\alpha}\beta\alpha\sigma\iota\varsigma$ ausschließt.

Diese Methode ist die der phänomenologischen Reduktion, eben der Reduktion auf die reinen Phänomene. Das erste und wichtigste Stück dieser Reduktion ist die Ausschaltung, die phänomenologische Epoché hinsichtlich der Gesamtheit äußerer Wirklichkeiten, also des ganzen Weltalls. (Mit absoluter Evidenz haben wir erkannt und können wir jederzeit erkennen, dass keine äußere Wahrnehmung die Existenz des Wahrgenommenen absolut verbürgt, oder auch erkennen, dass jedes äußere Sein, wie leibhaft, klar, vollkommen es auch immer gegeben und daraufhin erkannt ist, nur vorbehaltlich existiert, dass es nicht existieren muss. Mit absoluter Evidenz erkennen wir, dass die Ansetzung der möglichen Nichtexistenz dem Sein des Wahrnehmens und sonstigen Erlebens nichts antut, in dem das Äußere wahrgenommen, vorgegeben, gedacht war.)

(Halten wir uns an diese Sphäre des absoluten, des prinzipiell zweifellosen, nicht negierbaren, hinsichtlich seiner Thesis nicht modalisierbaren Seins. Wir gewinnen es in seiner absoluten Eigenheit und Reinheit, wenn) wir eben darauf sehen, dass nichts von all dem, was wir unter dem Titel eines Äußeren erfahren oder urteilsmäßig

als Wirklichkeit setzen, sich in diese Sphäre einmenge. Das geschieht so, dass wir uns das Prinzip[1] formulieren und es für unsere
Forschung praktisch und unbedingt bestimmend werden lassen, jede
Stellungnahme, die ausdrücklich oder implizit für das Dasein eines Äußeren präjudiziert, zu inhibieren. Wir können dafür auch
sagen: Alles, was sich in unserem Erfahrungs- und Urteilsfeld so findet, dass es trotz der Geltungskraft der Erfahrung und bei beliebig
fortgeführter Erfahrungs- und Urteilsbewährung immerfort als nicht
seiend, also auch als zweifelhaft, als bloß vermeintlich seiend usw.
denken lässt, schalten wir aus; wir bilden ein eigenes Urteilsfeld, das nur solches enthält, dessen Erfahrungsart notwendig Sein
in sich beschließt. Dann fallen also Himmel und Erde, Dinge und
Tiere und Menschen, aber auch unser eigener Leib und wir selbst als
Menschensubjekte fort. Und was bleibt dann übrig? – Ein Ich, dieses
reine Ich und mein „ich nehme wahr", „ich denke", „ich fühle", „ich
erlebe dieses strömende absolute Leben".

Nicht um einen Neubau aller Wissenschaften zu vollziehen und
für einen solchen einen absolut festen, absolut zweifellosen Untergrund zu gewinnen, wie Descartes es wollte, schlagen wir diese
Methode ein, nicht die Zweifellosigkeit als absolute Sicherheit reizt
uns, sondern was wir wollen, ist die Sichtlichmachung einer unendlichen, in sich rein abgeschlossenen Domäne rein intuitiver Gegebenheiten und die Herausarbeitung derselben als einer Domäne möglicher Wissenschaft. Die Zweifellosigkeit, die Nichtnegierbarkeit ist
uns nur ein der Eigentümlichkeit dieser Domäne zugehöriges We-
senscharakteristikum. Überhaupt handelt es sich uns nicht um eine
Restitution der cartesianischen Fundamentalbetrachtung, sondern
um eine wesentlich neue, die durch eine gewisse Wandlung, Reinigung der cartesianischen entspringen kann.

Scharf im Auge zu behalten ist, dass die Ausschaltung, Einklammerung aller objektiven Existenzen nicht irgendwelche Skepsis
in Bezug auf dieselben in sich birgt oder gar eine Entwertung dessen,
was wir „objektive Existenz" nennen. In Wahrheit wird der objektiven Welt nichts angetan und selbst unsere Überzeugung von der
Existenz dieser Welt und der Geltung auf sie bezüglicher und schon
entwickelter Wissenschaften nicht im mindesten preisgegeben. Nur

---

[1] *Spätere Randbemerkung* Prinzip der phänomenologischen Ausschaltung.

darum handelt es sich, dass wir im Rahmen der Untersuchungen, die da „rein phänomenologische" oder „transzendentale" heißen, das methodische Prinzip durchführen, von all solchen Überzeugungen, von allen und jeden Stellungnahmen zu äußeren Wirklichkeiten schlechthin keinen Gebrauch zu machen, uns in der Phänomenologie jedes Judizierens über Objektives zu enthalten.

Den forschenden Blick aber wenden wir dem zu, was uns übrig bleibt und was immer und notwendig da ist, ja unser ganzes strömendes Leben ist, eben dem Ich und Ichbewusstsein mit all seinen Gestaltungen, mit all den auftauchenden, dahinströmenden Meinungen, Erscheinungen, Gedanken, Gefühlen usw., all das genommen in der ganzen Fülle eigenwesentlicher Bestände. Das Transzendentale ist also nicht irgendein Begriff, irgendeine Konstruktion verstiegener Philosophie, sondern das strömende Leben selbst, so wie es wirklich Ichleben ist, unter Ausschluss von allem, was in diesem Leben in Form von Meinungen und Erscheinungen bloß Vermeintes, Erscheinendes, Gedachtes u.dgl. ist, aber nicht selbst im Strom da ist, vorkommendes Strömen ist. (Und erst recht unter Ausschluss von allen objektiven Apperzeptionen, die irgendjemand durch Naturalisierung eines solchen Stromes, durch Verräumlichung, durch realisierende Auffassung vollziehen mag.

(Andererseits ist auch klar, obschon noch in unanalysierter Ferne stehend, dass die Ausschaltung der Objektivität zwar das reine Bewusstsein für sich ergibt und als ein in sich geschlossenes Seinsfeld für das jeweilige Ich der Icheinstellung, dass aber die äußere Welt, die für das Ich beständige Umwelt ist, eine wundersame Beziehung zum Feld des reinen Bewusstseins hat, um deren willen es keinen Sinn hat oder zu haben scheint, sie von dem Bewusstsein ganz abzutrennen und Welt und Bewusstsein wie zwei nebeneinander stehende Seinssphären anzusehen. Denn das Ich in seinem eigenen Ichleben ist es, das sich seine Umwelt gewissermaßen schafft; es ist die Leistung gewisser seiner Erlebnisse, das Spiel immanenter Erscheinungen, eigentümliche Synthesen dieser Erscheinungen unter den Titeln „einstimmiges Ineinandergehen im Bewusstsein der Selbigkeit" u.dgl., was es für das Ich macht, dass es Äußeres als leibhafte Vorgegebenheit hat und dass es ein und dasselbe Äußere in immer neuen Erscheinungen gegeben haben kann. Von sich aus, so bemerkten wir schon in der ersten, noch methodisch naiven Analyse der Wahrneh-

mung und wahrnehmungsmäßig gegebenen Objekte, ist das Wahrnehmungserlebnis Bewusstsein und näher leibhaftiges Bewusstsein
von seinem Objekt, als was es das Wahrgenommene vorfindet; alle
Merkmale, die dieses im Wahrnehmen und für den Wahrnehmenden
hat, sind ihm in dem und durch das Wahrnehmen zugeteilt; identische Dinge und seine identischen, durch alle Wahrnehmungserscheinungen nur in verschiedener Erscheinungsweise gegebenen Merkmale sind Sinngebungen, die die Wahrnehmung und das Einheitsbe-
wusstsein mannigfaltiger Wahrnehmungen in sich selbst vollzieht.
Dasselbe gilt von jederlei Bewusstsein von einem Äußeren, vom Er-
innerungsbewusstsein zum Beispiel. Wenn wir in der Erinnerung
eine Art modifizierter Wahrnehmung sehen, wenn wir den Ausdruck
„ich erinnere mich an einen Gegenstand" als gleichwertig behandeln
mit dem Ausdruck „ich habe ihn wahrgenommen, er war vordem
wahrnehmungsmäßig gegebener", so liegt es im eigenen Charakter
der Erinnerung als eines eigenartigen Bewusstseins von etwas, dass
es in sich Vergegenwärtigungsmodifikation einer Wahrnehmung ist
und korrelativ das erinnerte Objekt nicht nur überhaupt im Modus
vergangenen, sondern für mich[1])

Doch wir dürfen uns nicht mit solchen sachfernen Allgemeinheiten begnügen, wir müssen in konkrete, den Sachen näher tretende
Analysen eintreten. Wir müssen es zunächst, um unseren jetzigen
Hauptzweck zu erreichen, der in der Umschreibung der Methode der
phänomenologischen Reduktion besteht und in der Weckung der
Evidenz, dass sie den durchaus notwendigen methodischen Rahmen
abgeben muss für alle besondere Methodik der Erforschung der phänomenologischen Sphäre als der Sphäre des reinen Bewusstseins. In
dem soeben Ausgeführten liegen Motive, die aber unsere Untersuchung nach verschiedenen Seiten leiten können. Evident ist uns, dass
jede Hineinnahme der Existenz irgendeines Objekts äußerer Wahrnehmung das reine Bewusstsein überschreitet, aber natürlich ebenso
die Existenz eines jeden, in welchem Bewusstsein immer, Erinne-
rungsbewusstsein, Erwartungsbewusstsein, auch Urteilsbewusstsein
usw., Gesetzten und in welcher Modalität der Gewissheit immer Ge-

---

[1] *Abbruch des Textes am Seitenende; eine Fortsetzung konnte nicht aufgefunden werden.*

setzten.) Keine[1] objektive Wissenschaft dürfen wir uns zueignen, denn das hieße ihre Theorien, ihre Gewissheiten, ihre theoretischen Wahrscheinlichkeiten, Zweifelhaftigkeiten usw. stellungnehmend akzeptieren, während wir all das ausschalten müssen.

Es[2] ist nun jenes hervorzuheben, dass auch das Möglichkeitsbewusstsein eine Form stellungnehmendes Bewusstsein für Äußeres ist, und nicht nur das mit Wirklichkeitsthesen verflochtene Möglichkeitsbewusstsein, das etwa der Naturforscher vollzieht, wenn er ganze Zusammenhänge von Wahrscheinlichkeitserwägungen, Möglichkeiten mit Möglichkeiten abwägt, zum Beispiel aufgrund statistischer Feststellungen die Möglichkeiten eines heißen Sommers für dieses Jahr bewertet. Vielmehr auch jedes reine Möglichkeitsbewusstsein, wie es der Geometer gebraucht und beständig als Unterlage seiner Betrachtungen vollzieht. Jede Stellungnahme, auch jede Stellungnahme in Form der Setzung äußerer Möglichkeiten als reiner Möglichkeiten, kommt auf den Index. Keine dieser Stellungnahmen dürfen wir mitmachen, nichts, was sie uns als wahrhaft seiend geben, und mag es noch so rechtmäßig sein, als objektive Urteilsgründe, die eben als unsere Urteilsgründe in der Phänomenologie fungieren. Die betreffenden Erlebnisse, das Bewusstsein der Gewissheit, Wahrscheinlichkeit, Möglichkeit usw. als Erlebnisse, gehören in die immanente Sphäre. Wir dürfen sie uns und müssen sie ⟨uns⟩ ansehen, sie als immanente Gegebenheiten fixieren, aus ihnen durch Analyse herausheben, was in ihnen immanent liegt; aber so, wie es etwas anderes ist, ein „ich nehme wahr" als Grund für das Wirklichsein des Wahrgenommenen ⟨zu⟩ verwenden, also äußere Erfahrungsurteile aus⟨zu⟩sprechen, und andererseits das „ich nehme wahr" als reine Bewusstseinstatsache ⟨zu⟩ setzen, so gilt dasselbe für jedes auf Äußeres bezügliche stellungnehmende Bewusstsein. Also auch, wiederhole ich, für das reine Möglichkeitsbewusstsein. Das sagt: Nicht nur äußere Wirklichkeiten werden voll bewusst und ausdrücklich aus der phänomenologischen Sphäre ausgeschaltet,

---

[1] *Spätere Randbemerkung, die sich wohl auf die Fortführung des Textes nach der Einklammerung bezieht* Hier.

[2] *Spätere Randbemerkung* Ausschaltung der ideal transzendenten Möglichkeiten. Cf. 51 ⟨S. 75,19–77,7⟩, *Wiederholung; vgl. hierzu unten die spätere Randbemerkung auf S. 76, Anm. 1.*

in der Evidenz, dass sie eben nicht hineingehören, sondern nicht minder auch alle äußeren Möglichkeiten.

Ein fingierter Zentaur gehört nicht zur wirklichen äußeren Welt, er ist aber Glied einer phantasiemäßig konstruierbaren möglichen äußeren Welt. „Er ist" besagt da, er ist ein im reinen Sinne mögliches Sein, das sich im Fortgang von Phantasie zu immer neuen einstimmigen Phantasien fortgesetzt als Möglichkeit bestätigen würde. Auch der Phantasiezentaur erscheint nur einseitig, weist auf mögliche Weitererscheinungen hin *in infinitum*, und wie sehr diese Erscheinungen, Phantasieerscheinungen, Erscheinungen im Modus des Als-ob, des Gleichsam sind, ihr Durchlaufen ist nötig, um die Einheit des Phantasieobjekts als einheitliche Möglichkeit zur Evidenz zu bringen. Immer scheidet sich da und notwendig das Immanente, die Mannigfaltigkeit[1]

Die letzte Reihe von Vorlesungen vor den Pfingstferien brachte uns schrittweise die Idee einer transzendentalen Phänomenologie als der apriorischen Wissenschaft vom reinen Ich, vom transzendentalen reinen Bewusstsein und seinen reinen Phänomenen immer näher. Noch ist unsere Untersuchung nicht völlig abgeschlossen, und doch ahnen wir schon, dass es sich hierbei einerseits um eine Wissenschaft handelt, die von allen anderen Wissenschaften sich völlig scharf sondert, und andererseits doch nicht um eine Wissenschaft, die den anderen Wissenschaften zu koordinieren ist. Was wir ahnen, soll bald zur vollen Klarheit kommen. In der Tat wird es sich zeigen, dass die Phänomenologie in gewisser Weise alle Wissenschaften umgreift und alle im echten Sinne prinzipiellen Probleme derselben, natürlich alle Probleme, die sich auf den letzten Sinn ihrer theoretischen Leistung und somit auch auf den letzten Sinn der von ihnen erforschten realen und idealen Welten beziehen, mitumspannt. Alles, was wir rechtmäßig als Philosophie der Natur und Philosophie des Geistes den nichtphilosophischen Wissenschaften von der Natur und dem Geist gegenübersetzen, betrifft entweder Stücke der transzendentalen reinen Phänomenologie oder Anwendungen dieser reinen Phänomenologie auf das gegebene Faktum der Natur- und Geisteswelt zur Erzielung dessen, was rechtmäßig Metaphysik, Metaphysik der Na-

---

[1] *Abbruch des Textes am Seitenende; zur später gestrichenen Fortsetzung vgl. unten S. 78,27, wo der Text ursprünglich weitergeführt wurde, sowie S. 78, Anm. 1.*

tur und des Geistes, zu nennen ist. Wir sind also nicht etwa von dem Thema unserer Vorlesungen irgend abgeirrt, da wir von der ersten natürlichen Reflexion über Natur und Geist oder von der ersten natürlichen Scheidung zwischen Dingen und Subjekten in die Einstellung des *ego cogito* übergingen, den Boden des reinen Bewusstseins betraten und Möglichkeiten der Forschung im reinen Bewusstsein überlegten. Vor allem nicht, da wir die mühselige und befremdliche Scheidung zwischen empirischem Ich und reinem Ich, zwischen empirischem Seelenleben, andererseits dem reinen Icherleben vollzogen und daran die Behandlung der notwendigen Methode, durch die allein reines Bewusstsein zum Forschungsthema werden kann, anschlossen: die Methode der phänomenologischen Reduktion.

Die unvergleichliche Wichtigkeit der methodischen Erörterungen, in denen wir stehen geblieben, veranlassen mich hier zu einer Bemerkung, die dazu dienen soll, unklare Missverständnisse und schädliche innere Widerstände, die da entspringen müssen, zu beseitigen. Wenn der Anfänger in eine Naturwissenschaft eingeführt zu werden beflissen ist, so ist ihm nichts langweiliger als eine abstrakte methodologische Erörterung. Und mit Recht. Man stelle ihm die Sachen selbst vor Augen, man mache ihm die nächsten theoretischen Aufgaben, zu denen sie auffordern, klar und zeige ihm in konkreter Lösung solcher Aufgaben, wie solche Sachen und Probleme ihrem eigenen Sinn nach zu behandeln sind und welche Mittel, technischen Veranstaltungen hierbei nützlich oder erforderlich sind. Erst nach der konkreten Übung und Einübung der Methode können allgemeine Rechenschaften über die Methodik der betreffenden Wissenschaftssphäre fruchtbar werden, und dafür ist dann der schon Gereifte selbstverständlich dankbar. Nun langweilt er sich nicht mehr. Aber ganz anders liegen die Verhältnisse in unserem Fall und darum, weil die Methode der phänomenologischen Reduktion einen ganz anderen Sinn, eine ganz andere Funktion hat als die Methoden vorphilosophischer Wissenschaften; zum Beispiel in der Algebra die Methoden der algebraischen oder approximativen Lösung algebraischer Gleichungen, oder in der Geometrie die Methoden der analytischen Geometrie, der Vektorenanalysis u.dgl., oder in der Naturwissenschaft die Methoden der Messung, die besonderen Methoden der Thermometrie oder die Bestimmung von Brechungsindizes, in der Biologie die Methoden mikroskopischer Technik, der

Färbungsmethoden usw., ebenso natürlich bei den historischen und philologischen Methoden.

In allen solchen Wissenschaften sind die Gebiete durch Erfahrung oder durch eidetische Intuition vorgegeben, und „Methode" ist der Titel für technische Veranstaltungen, die sich für eine theoretische Bearbeitung des jeweiligen Gebietes als nützliche Mittel erweisen lassen. In unserem Fall aber, in dem der Phänomenologie, ist gerade das Gebiet nicht vorgegeben, und es bedarf allererst der Methode, um dasselbe, um das reine Bewusstsein und seine reinen Phänomene in den theoretischen Blick zu bringen und Kriterien zu schaffen, wodurch ein prätendiertes reines Bewusstsein seine Reinheit ausweist, und aller Unterschiebung von empirisch Transzendentem und überhaupt den Rahmen der transzendental reinen Phänomene Überschreitendem einen Riegel vorzuschieben. Ja, es bedarf vorher schon einer zur Methode gehörigen Denkarbeit, um überhaupt den grundlegenden Unterschied zwischen Natürlichem und Transzendentalem zu verstehen und zu sehen. Es gibt keinen Königsweg in die Phänomenologie und damit in die Philosophie. Die phänomenologische Reduktion ist die eine und einzige Eingangspforte, die in das philosophische Reich hineinführt.

Was die phänomenologische Reduktion von uns fordert, ist evidentermaßen in unserer Freiheit; evidentermaßen können wir jede Stellungnahme zu jeder transzendenten oder, was dasselbe, äußeren Wirklichkeit außer Spiel setzen. Unsere Überzeugung von ihrem Dasein mag noch so fest, durch Erfahrung und einsichtige Begründung noch so sicher bewährt sein: Wir können jederzeit frei den Entschluss fassen, keine Stellungnahme zu vollziehen, von keiner Gebrauch zu machen, die diese Wirklichkeit und die in universalster Umspannung alle äußere Wirklichkeit betrifft. Es ist zweierlei, eine Überzeugung ⟨zu⟩ haben und innerhalb einer Urteilssphäre von dieser Überzeugung Gebrauch zu machen, sich durch sie einen Seinsboden geben zu lassen. Jede Überzeugung, jedwede erfahrende und theoretische Stellungnahmen lassen sich außer Spiel setzen. Unsere Urteilssphäre, die phänomenologische, grenzen wir also gerade dadurch ab, dass wir uns durch keine Stellungnahme zu Äußerem, weder durch Anerkennung noch durch Leugnung, weder durch Bezweiflung noch durch Vermutung usw., Wirklichkeiten geben lassen. In dieser Haltung verbleiben wir nicht vorübergehend, sondern während der gesamten phänomenologischen Forschung. Im gesamten Urteilsfeld oder Gebiet der Phänomenologie gibt es also keine Natur, keine Menschen, kein Tier, keine Wissenschaften und Künste usf. Für den Phänomenologen als Phänomenologen existiert das All der Transzendenz, das Weltall, nicht. Indem er es ausschaltet, verbleibt ihm nicht etwa nichts, sondern das Feld des reinen *cogito*, und nur durch diese Ausschaltung kann es in seiner Reinheit und Eigenwesentlichkeit hervortreten. Ihm beständig gegeben ist also sein reines Ich, sein strömendes Leben und Erleben mit all seinen dahinströmenden Erscheinungen, Meinungen, auch äußeren Überzeugungen, auf Äußeres bezogenen Wertungen und Handlungen, nur dass jede hierbei anhaftende transzendente Stellungnahme eben nur als Phänomen des Bewusstseins, als dieses strömende Erleben genommen wird. Das sagt, dass hier zugleich der Index der Phänomenologie, die phänomenologische Klammer, angeheftet wird, der Index, der sagt: Diese Überzeugung, diese Stellungnahme ist deine Privatsache, das mit ihr als äußere Wirklichkeit Gesetzte gehört n i c h t dem Urteilsfeld an.

So gehören also für mich, der ich jetzt die phänomenologische Reduktion vollziehe, alle äußeren Erfahrungen, alle objektiven Wahrnehmungen, Erinnerungen, Erwartungen, Urteile usw. als meine Erlebnisse in mein Feld: Über ihr Sein als Erlebnisse in dem Erlebniszusammenhang darf ich aussagen, ebenso darüber, dass sie zum Beispiel Wahrnehmungen von dem und dem Objekt sind, dass dies oder jenes in ihnen erscheint. Aber über die Erfahrungsobjekte schlechthin, nämlich als daseiende W i r k l i c h k e i t e n, darf ich nicht urteilen; denn das hieße, sich auf den Boden der Erfahrung stellen, die Thesis der Erfahrung anerkennend mitmachen, gelten lassen. Damit verfallen alle objektiven Wissenschaften, Physik, Chemie, Astronomie, Sprachwissenschaft, Geschichtswissenschaft usw., der phänomenologischen Reduktion. Ihnen eigentümlich ist es ja, sich auf dem Boden der Erfahrung zu bewegen, zu erfahrener Wirklichkeit a l s Wirklichkeit Stellung zu nehmen und darüber theoretisch bestimmend, anerkennend, eventuell auch verwerfend zu urteilen in verschiedenen Urteilsmodalitäten.

Ein[1] wichtiges Ergänzungsstück zu der phänomenologischen Ausschaltung aller äußeren Wirklichkeiten ist die Ausschaltung aller äußeren Möglichkeiten und die damit sich ergebende Ausschaltung
aller apriorischen Wissenschaften, die sich auf die *idealiter* möglichen äußeren Wirklichkeiten beziehen, aus dem Urteilsfeld der Phänomenologie. An dieser Stelle waren wir stehen geblieben.

Nicht nur das Bewusstsein, das wir schlechthin Erfahrung nennen,
ist ein stellungnehmendes Bewusstsein, sondern auch das Bewusstsein einer möglichen Erfahrung, ursprünglich das Bewusstsein möglicher Erfahrung von Äußerem, worin beschlossen ist die Setzung
von einer möglichen bewusstseinstranszendenten Wirklichkeit.
Dabei ist zu beachten, dass eine Art von Möglichkeiten äußeren Daseins schon durch die bisherige Reduktion ausgeschlossen ist. Sozusagen beständig vollzieht der Naturwissenschaftler und so der Forscher in allen sonstigen Tatsachenwissenschaften Wahrscheinlichkeitserwägungen. Äußere Wirklichkeiten sind prinzipiell nur vorbehaltlich gesetzte Wirklichkeiten, und damit hängt es zusammen, dass
man bei der Feststellung und näheren Bestimmung äußerer Wirklichkeiten vielfach zu Wahrscheinlichkeitserwägungen genötigt wird,
zu deren Wesen es gehört, Möglichkeiten gegen Möglichkeiten ab-
zuwägen. Wie zum Beispiel, wenn der Meteorologe aufgrund von
statistischen Feststellungen, bezogen auf die Wetterverhältnisse des
letzten Jahrhunderts, Möglichkeiten und Wahrscheinlichkeiten für
einen heißen Sommer im laufenden Jahr erwägt. Es ist leicht zu erkennen, ⟨dass⟩ alle solche Möglichkeiten sich auf die gegebene
Welt beziehen, die als wirklich daseiende und in gewissem Maße
schon bekannte hingenommen und vorausgesetzt ist. Alle solche
„realen" Möglichkeiten fallen *eo ipso* für uns weg, wenn die
ganze Welt phänomenologisch ausgeschaltet ist.

Was uns hier aber interessiert, ist das reine, durch keine Verknüp-
fung mit einer vorgegebenen Welt gebundene Möglichkeitsbewusstsein, das sich im Rahmen einer völlig freien und reinen Phantasie
bewegt. Also zum Beispiel dasjenige, das der Geometer beständig
vollzieht als Unterlage für seine theoretischen Gestaltungen ideal

---

[1] *Spätere Randbemerkung* Schon früher dargestellt, cf. 48 ⟨S. 70,20–72,14⟩; *vgl. hierzu
oben die spätere Randbemerkung auf S. 71, Anm. 2. Die folgenden fünf, evtl. auch sechs Absätze wurden später am Rand mit 0 versehen.*

möglicher Raumgestalten und zugehöriger reiner oder, was dasselbe, apriorischer Gesetze. Dasselbe gilt für die apriorische Bewegungslehre, apriorische Mechanik usw. Ausdrücklich erweitern wir nun die phänomenologische Reduktion so weit, dass auch jedwede Stellungnahme zu reinen Möglichkeiten von Äußerem, von Bewusstseinstranszendentem auf den Index gesetzt wird; der wahrhafte Bestand solcher *a priori* möglichen transzendenten Gegenständlichkeiten verbleibe also aus unserem phänomenologischen Forschungsfeld prinzipiell ausgeschaltet. Wieder ist diese Ausschaltung notwendig, wenn wir eben das reine Bewusstsein selbst, das Reich der reinen Immanenz als unser ausschließliches Thema gewinnen und rein erhalten wollen.

Zum Beispiel ein fingierter Zentaur, in reiner und klarer Phantasieanschauung fingiert, repräsentiert uns eine apriorische Möglichkeit, die Möglichkeit eines äußeren raumzeitlich-realen Daseins. Er gehört nicht zur faktischen äußeren Welt, er gehört als Glied in eine phantasiemäßig weiter auszugestaltende, ideal mögliche äußere Welt. „Er existiert in ihr" ist ein uneigentlicher Ausdruck dafür, dass er ein ideal mögliches individuelles Reales ist, das sich im Fortgang einstimmiger Phantasie als Möglichkeit bestätigen würde, wobei wir in der Tat die Evidenz haben, dass dieser den Bestand der Möglichkeit ausweisende Phantasieprozess konstruierbar ist. (Ungleich dem Fall eines runden Vierecks, von dem der Geometer sagt, dass es nicht existiere, das heißt, es ist eine prätendierte ideale Gestaltmöglichkeit, die in Wahrheit nicht besteht; reine Phantasieanschauung und darauf ruhendes Denken führen hier auf evidenten Widerstreit.) Es ist nun im Fall des möglichen Zentauren klar, dass er genau ebenso, obschon als Möglichkeit, transzendent ist wie jedes wirkliche äußere Ding. Auch er ist nur gegeben durch Erscheinungen, und prinzipiell in jeder seiner Erscheinungen nur einseitig, nur durch wechselnde Aspekte gegeben; auch bei ihm werden wir von Erscheinungen auf immer neue Erscheinungen verwiesen[1] (im parallelen Fall der wirklichen Erfahrung notwendig, damit die vorbehaltliche Setzung der Möglichkeit sich bestätige. Freilich haben wir dabei den Unterschied, dass wirkliche Erfahrung auf wirkliche Weitererfahrung warten

---

[1] *Später gestrichen* und im Fortgang in dieser grenzenlosen Unendlichkeit der Erscheinungen ist dieser Zentaur den Erscheinungen immerfort transzendent.

muss, während wir in der Phantasie die neuen Phantasien frei gestalten können und die Evidenz gewinnen, sie so gestalten zu können, dass die Möglichkeit, die wir in einer Erscheinungskontinuität
schon erfasst hatten, erhalten bleibt. Immerhin aber) haben wir auch
hier den beständigen Kontrast zwischen dem Immanenten, den
fortlaufenden Phantasieerlebnissen mit ihren darin beschlossenen
Beständen an Phantasieabschattungen, Phantasieerscheinungen und
Synthesen von Erscheinungen, und andererseits dem Transzendenten, d.i. dem fingierten Zentauren selbst, der im Modus der Fiktion, des „als ob", in der fingierten transzendenten Welt gesetzer ist.

Verbieten wir uns aber jede Stellungnahme zu transzendenten
apriorischen Möglichkeiten, so verfallen *eo ipso* der phänomenologischen Ausschaltung alle apriorischen Wissenschaften, welche theoretische und generelle Aussagen über ideale Möglichkeiten transzendenter Art machen: über eine mögliche Natur überhaupt, über möglichen Raum überhaupt, über darin mögliche Raumgestalt und Raum-
gesetze, über mögliche Bewegungen, aber auch über mögliche Geistigkeit überhaupt, über Normen und Formen möglichen Seelenlebens
in einer ideal möglichen Welt. Zwar auch die Phänomenologie urteilt
über apriorische Möglichkeiten, aber sie will ausschließlich über
Möglichkeiten reinen Bewusstseins urteilen und über apriorische
Möglichkeiten von reinen Ichakten, d.i. über mögliche Akte, die
nicht app⟨erzipiert⟩ sind als Vorkommnisse an äußeren Objekten,
genannt Leibern, als psychische Akte von möglichen Tieren und
Menschen, sondern als Akte des reinen Ich, für die jedes empirische
Ich nur Bewusstseinsphänomen ist.

Man[1] darf sich nur nicht den Blick durch Vorurteile trüben lassen, man darf im Rahmen unserer reinen Icheinstellung, in der sich ja

---

[1] *Hiervor später gestrichen die ursprüngliche Fortsetzung des auf S. 72,14 abgebroche-
nen Textes* der immanenten Phantasieerlebnisse, und das Transzendente, d.i. das Äußere, das
hier nicht als wirklich Seiendes, sondern als möglich Seiendes bewusst ist. Daraus aber ergibt
sich, dass nicht nur die Erfahrungswissenschaften von der äußeren Welt, die Wissenschaften, die ihr Gebiet haben durch die Erfahrung als Wirklichkeit setzendes Bewusstsein
(die also das Wirkliche als gesetzt und letzlich durch Erfahrung geltungsmäßig begründete
Wirklichkeit erforschen), ausgeschaltet werden, sondern auch die apriorischen Wissenschaften, sofern sie ihrem Sinn nach Wissenschaften von einer möglichen Äußerlichkeit, von
möglichen äußeren Raumgestalten, von möglichen äußeren Bewegungen, äußeren Gegenständen überhaupt sind. Wir könnten auch sagen: Wie die gesamte Wissenschaft von der wirklichen Welt, so ist auch die gesamte Wissenschaft von möglichen Welten überhaupt, und zwar

auch fortgesetzt all unsere methodischen Betrachtungen bewegen, nichts gelten lassen, als was man in absoluter Evidenz sieht. Wie nahe liegt es doch sonst zu argumentieren: Draußen ist die wirkliche Welt, darauf beziehen sich die objektiven Wissenschaften, die, weil Äußeres durch äußere Erfahrung gegeben ist, Erfahrungswissenschaften sind. Bewege ich mich statt in der Erfahrung in freien Fiktionen und spekuliere ich da über reine Möglichkeiten, so sind die fingierten Gegenstände in der wirklichen Welt draußen nicht zu finden, also sind sie drinnen in mir, in meinem Geist, in meinem Fiktionsbewusstsein, also sind sie Immanenz. Also gehören alle apriorischen Wissenschaften als Wissenschaften von reinen Möglichkeiten in die Wissenschaft vom reinen Bewusstsein. (Es gibt viele ähnliche Betrachtungs- und Schlussweisen. So z.B. ist eine Theorie doch ein gewisses Gewebe von Sätzen; jeder Satz ist, und so jede Theorie, nichts in der äußeren Wirklichkeit. Denn dort mögen zwar die Wortlaute oder Schriftzeichen sein, die Bücher aus Papier, Druckerschwärze usw., aber das sind doch nicht die Theorien. Es kommt also nur auf die Urteile an, die Bedeutungen der Sätze. Urteile sind nichts draußen, also sind sie in der urteilenden Seele, im urteilenden Bewusstsein, also ist z.B. die ganze Analyse eigentlich etwas Immanentes. Aber ist denn der Satz, dass 2 x 2 4 ist, oder der pythagoreische Satz so oft da, als es Urteilserlebnisse gibt, die ihn zum Urteilsinhalt haben? Ist er nicht evidenterweise in vielen, ja der reinen Möglichkeit nach unendlich vielen Urteilen dasselbe Urteil, derselbe Satz? Ist nicht evidenterweise zu scheiden zwischen dem Urteilen, in dem der Satz als dessen Inhalt geurteiltes Was ist, und dem Satz selbst?) Aber ist es nicht evident, dass ein möglicher Gegenstand selbst und das Bewusstsein, in dem er als Möglichkeit bewusst wird, zu scheiden ist; ist nicht sogar eine Unendlichkeit von phänomenologisch sehr verschiedenen Bewusstseinserlebnissen,

---

.. reinem Sinn möglichen, ausgeschaltet, Wissenschaften wie reine Geometrie, reine Mechanik usf.

Soll Wissenschaft vom Immanenten im reinen Sinn gewonnen werden, eine Wissenschaft der Gestaltungen des reinen Bewusstseins, so kann sie nur möglich sein, wenn wir alle Frage nach wirklicher oder möglicher Welt außer Spiel lassen. Eine Wissenschaft von möglichen Welten oder von möglichen Raum- oder Zeitformen, möglichen Kausalformen usw. dieser möglichen Welten ist niemals Wissenschaft von dem, was hier allein Thema sein soll, Wissenschaft vom reinen Bewusstsein.

z.B. denen, in welchen derselbe fingierte Gegenstand in immer neuen
Erscheinungsweisen vorschwebt und doch als derselbe, als identisch der eine und selbe Zentaur anschaulich ist, von diesem einen
evident zu scheiden; und ist es dabei nicht absolut zweifellos, dass
dieser eine nicht ein Stück, je ein immanentes Moment dieser Erlebnisse ist, sondern eben in ihnen transzendent Erscheinendes? Also,
man muss sich Bewusstsein und Bewusstes selbst ansehen und ⟨sich⟩
an die Evidenz absolut gegebener Unterschiede halten, statt Schlüsse
zu machen aufgrund von Vorurteilen, die gänzlich in der Luft stehen.

Die[1] phänomenologische Ausschaltung aller transzendenten Wirklichkeiten belässt uns als einzige Wirklichkeit den Strom des reinen
Ichlebens. Alle objektiven Erfahrungswissenschaften sind ausgeschaltet. Also scheint doch eine Erfahrungswissenschaft noch übrig
zu bleiben, die vom reinen Bewusstsein. Ferner, durch Ausschaltung
aller transzendenten Möglichkeiten verbleiben uns die immanenten
Möglichkeiten, und sind durch Ausschaltung alle transzendent apriorischen Wissenschaften betroffen, so bleibt die apriorische Wissenschaft vom reinen Bewusstsein. Also scheint unter dem Titel „Phänomenologie" zweierlei übrig zu bleiben, eine
empirische und eine apriorische Wissenschaft.

Wenn wir nun von reiner oder transzendentaler Phänomenologie sprechen, so meinen wir ausschließlich diese letztere Wissenschaft. Also nicht eine Wissenschaft, die über die Wirklichkeiten
aussagt, die im Rahmen der Immanenz, also für mich als Urteilenden
im Rahmen meines faktischen Erlebnisstromes auftreten, sondern
eine apriorische Wissenschaft, eine Wissenschaft, ⟨die⟩ keine Thesis der immanenten Wirklichkeit vollzieht, vielmehr jedes hier Gegebene nur als Exempel nimmt für einen Typus von reinen Möglichkeiten. So verfuhren wir ja auch in der Feststellung unserer Evidenzen in unseren ersten Analysen. Wir frugen ja an: Was gehört *a*

---

[1] *Dieser Absatz ersetzt den später gestrichenen Text* Wir sind also dessen sicher, wie die
phänomenologische Ausschaltung der Wirklichkeiten uns das unendliche Feld des faktischen
und des möglichen reinen Bewusstseins belässt (und wie nun kein darüber aufgrund der immanenten Erfahrung gefälltes Urteil im geringsten als Prämisse voraussetzt ein Urteil über die
äußere Welt), so bleibt uns durch Ausschaltung der reinen Möglichkeiten äußerer Wirklichkeiten und die Ausschaltung aller auf sie bezüglichen apriorischen Wissenschaften unser Im-
manenzfeld, aber auch eine apriorische Wissenschaft, nämlich diejenige, welche die reinen
Möglichkeiten immanenter Gestaltungen erforscht.

priori zum Wesen eines Immanenten überhaupt, näher einer Wahrnehmung überhaupt, noch enger z.B. einer äußeren Wahrnehmung
überhaupt; was gehört zum Wesen einer Erinnerung überhaupt, einer
Anschauung überhaupt usf.? Das „überhaupt", das besagt nicht:
„aufgrund der Erfahrung", sondern es besagt: für jedes Erdenkliche,
für jede überhaupt mögliche Wahrnehmung, Erinnerung usw.

Warum wir diese Einschränkung vollziehen, kann hier noch nicht
klar sein. Es zeigt sich, dass nicht Erfahrung und Erfahrungswissenschaft, sondern apriorische oder Wesenswissenschaft hier das Erste
ist, die erst zu erfüllende Notwendigkeit, um zu einer Wissenschaft
vom Immanenten im strengen Sinne zu kommen. Während in der
natürlichen Einstellung, derjenigen der gemeinen Erfahrung,
eine Tatsachenwissenschaft möglich ist vor einer apriorischen Wissenschaft, zeigt es sich hier im Radikalen aller Erkenntnis, dass erst
die Wesenswissenschaft und Wesensgesetze da sein müssen, ehe
überhaupt, nämlich über Immanenz, wissenschaftliche Daseinsaus-
sagen gemacht werden können.[1] Alle transzendentalphilosophischen
Probleme der Neuzeit, z.B. alle kantischen Probleme, sofern sie
sich als wissenschaftliche halten lassen, sind in Wahrheit eidetisch-
phänomenologische Fragen.

(Doch[2] nun bedarf es noch der Verständigung in folgendem hierher gehörigem Punkt, den ich nur kurz andeutend behandeln will und
der als Exempel für einige ähnliche Einwände gelten kann. Wenn ich
Bewusstsein in seiner Reinheit zum Thema machen will, so darf ich
nicht übersehen, dass jeder Satz, den ich als Wahrheit ausspreche,
dass insbesondere jedes apriorische und schlechthin gültige Gesetz
dem Bewusstsein gegenüber ein Transzendentes ist. Das äußere Sein
ist von uns oft als tranzendent bezeichnet worden, aber es befasste
uns als allgemeiner Titel alles individuelle, also zeitliche Sein, und
zwar bewusstseinstranszendentes. Ein apriorisches Gesetz[3] ist kein
Individuum, ist kein zeitlich Seiendes, vielmehr ein überzeitliches

---

[1] *Spätere Randbemerkung* Wiederholt 60² ⟨S. 86,4–29⟩ *ausführlicher; vgl. hierzu unten die
spätere Randbemerkung auf S. 86, Anm. 1.*

[2] *Spätere Randbemerkung zu den drei folgenden, später eingeklammerten Absätzen* Ausschaltung alles Apriorischen, aller idealen Gegenständlichkeiten. Ausgelassen.

[3] *An dieser Stelle befinden sich die beiden später eingelegten Blätter mit dem Text von
Beilage IV (S. 233) im Konvolut; vgl. hierzu aber unten S. 83, Anm. 1, den Hinweis auf die
ihnen gemäß einer früheren Paginierung Husserls im Konvolut zugeordnete Stelle.*

Sein, aber natürlich auch transzendent. „2 x 2 = 4" ist, wie wir vorhin besprochen, im Bewusstsein der Einsicht, dass es sich so verhält, nicht als Moment zu finden, es wäre ja sonst auch zeitlich seiend. Folglich müssen wir doch auch jedes Apriori ausschalten, jeden Satz überhaupt, und damit wäre es natürlich mit einer Phänomenologie zu Ende.

Die Antwort lautet: Unter den möglichen Phänomenen der reinen Bewusstseinssphäre gibt es auch Urteilsphänomene, gibt es auch Erlebnisse des Typus „apriorische Evidenz", das, was man einsichtiges Urteilen im Bewusstsein reiner Notwendigkeit nennt. Das in ihm Bewusste ist ein Satz, ein apriorisches Gesetz dieser oder jener Art. Selbstverständlich müssen wir, um solche Bewusstseinsarten in Reinheit zu fassen, das, was in ihnen transzendent gesetzt ist, ausschalten. Also, wenn wir das Wesen des apriorischen Anschauens und Denkens studieren und was zu solchen Akten *a priori* gehört feststellen wollen, haben wir uns nicht auf das Apriori einzulassen und es mitzusetzen, das die betreffenden Akte selbst bewusst haben und setzen, sondern wir haben nur die Akte selbst zu setzen und das Apriori aufzustellen, das sie zum Thema macht (nicht ⟨das,⟩ das sie in sich zum Thema machen). Wer über die Eigenart geometrischer Erkenntnis und Urteilsweise generelle Aussagen macht, hat sie selbst zum Thema, nicht aber geometrische Sätze zum Thema. Geometrie kann keine Prämissen geben für eine Theorie der geometrischen Erkenntnis. Andererseits urteilt doch der Phänomenologe, er will urteilen und über Immanentes urteilen, darüber apriorische Aussagen machen. Er denkt apriorisch und gewinnt dadurch apriorische Erkenntnis, die auszuschalten sinnlos wäre. Phänomenologisches Denken heißt doch nicht ein Denken, das phänomenologisches Denken selbst zum Thema macht, obschon es auch solches phänomenologisches Denken zweiter Stufe geben kann und notwendig auch gibt. Der Phänomenologe schaltet jeweils das aus, was die immanenten Phänomene, die er studiert, in sich als Transzendentes setzen. Und universell in einem einzigen Akt kann er ausschalten die äußere Welt. Hinsichtlich der immanenten Sphäre aber, die er dann behält, wird er natürlich gegebenenfalls alle die Transzendenzen ausschalten, die in dem von ihm studierten Typus von Immanenzen bewusst und gesetzt worden sind. Also, wenn er geometrisches Denken studiert, die Geometrie, und wenn er phänomenologisches Denken studiert, das in solchem Denken gedachte Phänomenologische.

Wir haben bisher die phänomenologische Reduktion geschildert als Methode der Ausschaltung aller und jeder Transzendenz aus dem Gebiet oder Urteilsfeld der Phänomenologie (abgesehen von der einen einzigen Transzendenz, die der Phänomenologe selbst sucht, nämlich die Wesensgesetzmäßigkeit des reinen Bewusstseins). Dass die Ausschaltung der äußeren Wirklichkeit, das, was wir im weitesten Sinne „Weltall", „Natur" nennen, dabei die wichtigste Rolle spielt, ergab sich gleich zu Anfang durch die Erörterung der Verwirrungen zwischen reiner und empirischer Subjektivität, deren verhängnisvolle Bedeutung für die Philosophie wir noch später weiterverfolgen werden.)

Ich gebrauchte für Ausschaltung öfters auch den Ausdruck „Einklammerung". Es ist jetzt notwendig, eine höchst wichtige Ergänzung unserer Charakterisierung der phänomenologischen Reduktion zu vollziehen, die uns zeigt, wie in gewisser Weise alles Ausgeschaltete doch im Herrschaftsbereich der phänomenologischen Bestände verbleibt und wie Bewusstseinsforschung eben dadurch transzendental ist und die universalen Probleme der Möglichkeit der Erkenntnis von Transzendentem in sich schließt.[1]

Am Schluss der letzten Vorlesung zeigte ich, dass eine Phänomenologie als Wissenschaft vom reinen Ich und ⟨von⟩ Icherlebnissen nicht nur alle äußeren Wirklichkeiten, sondern auch alle äußeren Möglichkeiten aus ihrem Urteilsfeld ausschließen muss – und zwar auch reine Möglichkeiten, wie sie in völlig freier, durch keine empirische Thesis gebundene Phantasie erschaut werden können. Da apriorische Wissenschaften nichts anderes sind als Wissenschaften von reinen Möglichkeiten, so sind damit sämtliche apriorischen Wissenschaften über ideal mögliche, äußere physische oder geistige Welten ausgeschlossen, also z.B. Kants reine Naturwissenschaft, ebenso die reine Geometrie, reine Bewegungslehre, eine apriorische Seelenlehre usw. Soll eine Wissenschaft vom reinen Bewusstsein, sei

---

[1] *Entsprechend einer früheren Paginierung Husserls, die später ersetzt wurde, sollten an dieser Stelle des Konvoluts die beiden später eingelegten Blätter mit dem Text von Beilage IV (S. 233) eingeordnet werden; vgl. hierzu oben S. 81, Anm. 3, den Hinweis auf ihre jetzige Lage im Konvolut.*

es nach Wirklichkeit oder Möglichkeit, konstituiert werden, so muss eben Transzendenz in jeder Gestalt ausgeschieden werden, und freilich ist hier, bei der Verworrenheit der üblichen Ansichten über Phantasie, die Versuchung sehr groß, Phantasiegestaltungen überhaupt und somit auch freie Möglichkeiten äußeren Seins im Bewusstsein fälschlich reell einzulagern.

(Hier[1] gilt es aber, sich nicht verwirren ⟨zu⟩ lassen durch nahe liegende verkehrte Schlussweisen, die nur möglich sind, wenn man den Boden verlässt, den wir streng erhalten, den der reinen Intuition und Evidenz. In der Tat möchte man zunächst so argumentieren: Entweder ich bewege mich auf dem Boden der äußeren Erfahrung, dann treibe ich Erfahrungswissenschaften oder, was dasselbe, Wissenschaften von der äußeren Wirklichkeit. Oder ich bewege mich im Reich meiner freien Phantasie und erwäge reine Möglichkeiten äußeren Seins, dann ist mein Feld nichts Äußeres, denn in der äußeren Welt sind Fiktionen nichts. Sind sie nichts Äußeres, so Inneres, dem Phantasierenden Bewusstseinsimmanentes. Also gehört jedes Apriori in das Reich des reinen Bewusstseins, apriorische Wissenschaften sind Wissenschaften von Möglichkeiten innerhalb des reinen Bewusstseins. Also ist es verkehrt, apriorische Wissenschaften ausschalten zu wollen, sie sind selbst nichts anderes als Phänomenologie.

Aber diese Schlussweise ist grundverkehrt. Ein frei fingierter Zentaur, ein frei fingiertes Raumgebilde, eine fingierte Bewegung usw., all dergleichen ist freilich nichts in der äußeren Wirklichkeit; es ist aber auch nichts in der immanenten Wirklichkeit, d.h. nichts Seiendes im Erlebnisstrom. Ein fingierter Zentaur ist nicht etwa in dem Phantasieren, diesem eigentümlichen Erleben, das im Erlebnisstrom in dem und dem Zusammenhang wirklich auftritt. Einen Zentauren im Phantasieren bewusst haben, heißt nicht, ihn in diesem Erleben als ein darin reell Enthaltenes haben. Ein Zentaur, ein Ding aus Fleisch und Blut verbunden mit einem fremden Seelenleben, steckt nicht in meinem Erleben; so wenig, als im Fall äußerer Wahrnehmung das Wahrnehmungsobjekt, das physische oder psychophysische Reale, im äußeren Wahrnehmen steckt. Das ist vielmehr Widersinn. Es genügt hier, darauf hinzuweisen, dass es zum Wesen ei-

---

[1] *Spätere Randbemerkung* Abermals Wiederholung!

nes äußeren Realen gehört, anschaulich bewusst nur sein zu können
durch Erscheinungen, und dass, ob wir nun wahrnehmen oder erinnern oder frei fingieren, Erscheinendes und Erscheinung notwendig
unterschieden bleiben müssen. Das erscheinende Äußere stellt sich
immerfort nur einseitig, durch Abschattungen dar, keine Erscheinung
ist die letzte, jede weist notwendig auf neue mögliche Erscheinung
hin, die, obschon eine neue und inhaltlich andere, doch in sich selbst
Erscheinung von demselben ist. Das gilt auch von der Fiktion. Einen
Zentauren fingierend haben wir immerfort eine offene Unendlichkeit
möglicher Erscheinungen und immer neuer Erscheinungen von ihm;
undenkbar, dass eine Erscheinung und selbst Erscheinungsreihe ihn
adäquat fingierte. Er selbst, der Gegenstand, kann sich evidenterweise nie mit seinen Erscheinungen, seinen wechselnden Abschattungen decken. Das gilt prinzipiell von allem Äußeren, unmittelbar,
wenn es physisch ist, mittelbar, wenn es ein psychophysisches Wesen ist. Wollen wir also eine Wissenschaft vom reinen Bewusstsein
und etwa eine Wissenschaft von Möglichkeiten reinen Bewusstseins,
dann kommt für uns das Phantasieerleben mit all seinen Phantasieerscheinungen und all dem, was davon untrennbar ist als Erleben, in
Betracht; aber nur darüber dürfen wir urteilen, nicht aber über die
äußeren Möglichkeiten selbst, über die in apriorischer Allgemeinheit
die reine Geometrie, die „reine" Naturwissenschaft und eine sonstige
apriorische Wissenschaft transzendenter Richtung urteilt.)

Nach den bisherigen doppelten Reduktionen äußerer Wirklichkeiten und äußerer Möglichkeiten scheinen nun für die Phänomenologie
zweierlei Forschungen übrig zu bleiben, einerseits die immanenten in
transzendentaler Reinheit genommenen Wirklichkeiten, also mir,
dem phänomenologisch forschenden Ich, mein rein gefasster Erlebnis-
nisstrom, andererseits die immanenten reinen Möglichkeiten. Das
scheint hinzuweisen auf eine empirische und eine apriorische Phänomenologie. Indessen, aus guten Gründen scheiden wir jetzt jede
empirische, d.h. hier auf die faktische Wirklichkeit des Erlebnis-
nisstroms und seiner Bestände bezogene Fragestellung aus; so sehr,
dass wir sogar die Frage, ob und inwieweit ich über meine faktischen
reinen Erlebnisse, über das Reich des *ego cogito*, wie ich es faktisch
vorfinde, überhaupt wissenschaftlich gültige Aussagen machen
kann⟨, ausscheiden⟩. Unter transzendentaler Phänomenologie verstehen wir ausschließlich die apriorische Wissen-

schaft vom reinen Bewusstsein; wir fordern also in ihr auch den Ausschluss jeder Behauptung über das, was der Phänomenologe faktisch in seinem reinen Bewusstsein erlebt.

Warum wir uns auf das Apriori, also Wesensgesetzliche eines reinen Bewusstseins überhaupt beschränken, also nicht wie in der natürlichen Einstellung auf Transzendenz von vornherein Tatsachenwissenschaften und apriorische Wissenschaft nebeneinander stellen, kann nach seinen tieferliegenden Gründen hier nicht erörtert werden. Nur so viel sei gesagt, dass in der natürlichen Einstellung zweifellos empirische Wissenschaft vor der apriorischen vorangehen kann, mag sie auch zu exakter Wissenschaft erst werden können durch Verbindung mit ihren apriorischen Parallelwissenschaften. Gehen wir aber in die phänomenologische Einstellung über, also machen wir reines Bewusstsein zum Thema, dann liegt die Sache umgekehrt. Da zeigt es sich, dass innerhalb dieses Radikalen aller Erkenntnis apriorische Wissenschaft vorangehen muss. Erst[1] wenn eine apriorische Wissenschaft vom reinen Bewusstsein, eine transzendentale Phänomenologie da ist, kann das reine Bewusstsein als Faktum wissenschaftliches Thema werden, und, wie sich dann weiter zeigt, nur in der Weise, dass auch erst Wissenschaften von den äußeren Wirklichkeiten vorangegangen sein müssen; denn nur durch eine phänomenologische Sinnesklärung objektiver Wissenschaften gewinnt man wirklich wissenschaftliche Aussagen über Fakta des reinen Bewusstseins. Dies zum Nachdenken für Fortgeschrittene.

Wir haben jetzt unsere Betrachtungen abzuschließen mit einer dem Anfänger der Phänomenologie erfahrungsmäßig befremdlichen Feststellung, die aber durch die bisherigen sorgsamen Erwägungen selbstverständlich sein müsste. Sie lautet: Alle transzendenten Wirklichkeiten und Möglichkeiten, die aus dem Urteilsfeld der Phänomenologie ausgeschaltet sind, sind, nachdem sie mit dem Index der Ausschaltung versehen sind, also in einer gewissen Sinnesmodifikation ein unendliches Feld phänomenologischer Arbeit. Was sagt das?

---

[1] *Spätere Randbemerkung 54 ⟨S. 80,2–81,30⟩ schon gesagt; vgl. hierzu oben die spätere Randbemerkung auf S. 81, Anm. 1.*

Das[1] Transzendente könnte, scheint es, sei es auch nur als Exempel, um daran die Wesensallgemeinheiten zu erschauen, in die Arbeitssphäre einer apriorischen Wissenschaft nur dann hineingehören, wenn es sich darum handelte, apriorische Wissenschaften von möglichen Transzendenzen, also Wissenschaften wie die Geometrie, Kants reine Naturwissenschaft usw., zu schaffen. Wir aber haben all diese Wissenschaften ausgeschaltet, da wir es nur ⟨auf⟩ eine Wissenschaft vom möglichen Bewusstsein überhaupt in transzendentaler Reinheit abgesehen haben. Trotzdem, sagen wir, gehört alles Transzendente und alle Arbeit am Transzendenten auf dem Wege des Bewusstseins, in dem es sich konstituiert, als Exempel wie als allgemeines Wesen in die Sphäre der reinen Phänomenologie hinein.

Angenommen, es handle sich um phänomenologische Wahrnehmungsforschung: Die Außerspielsetzung der in der Wahrnehmung liegenden Thesis, des Wahrnehmungsglaubens, macht, dass wir über das Wahrgenommene hinsichtlich seines wirklichen Seins oder möglichen Seins keine Urteile fällen können, also kein einziges Urteil derart, wie es die „objektiven" Wissenschaften tun; aber andererseits das Wahrgenommene als solches ist darum nicht verschwunden, es gehört ja untrennbar zum Bestand der Wahrnehmung selbst. Was von der Wahrnehmung gilt, gilt von jedem transzendent gerichteten und Transzendenz setzenden Bewusstsein. Eine Erinnerung an eine Theateraufführung hört nicht auf, Erinnerung an diese

---

[1] *Der Rest dieses Absatzes ersetzt den später gestrichenen Text* Gehen wir gleich von einem Beispiel aus. Ich nehme jetzt mannigfaltige Dinge in diesem Raum wahr. In der Wahrnehmung liegt ein Wahrnehmungsglaube. Ihn betrifft die phänomenologische Reduktion, ich darf ihn jetzt nicht mitmachen. Da ich apriorischer Forscher bin, kommt es mir nicht auf Wirklichkeit, sondern auf reine Möglichkeit an. Aber die reine Möglichkeit, die ich als Möglichkeit von Dingen aus diesen Wahrnehmungen gewinnen kann durch eine Modifikation der Wahrnehmung, die sie einer puren Dingphantasie gleichstellt, darf ich nicht nehmen. Auch die Stellungnahme zu dieser Möglichkeit als einer transzendenten ist von der phänomenologischen Reduktion betroffen. Ich urteile also weder über diese und irgendwelche wirklichen Dinge noch über mögliche Dinge, auch nicht über mögliche Dinge überhaupt in apriorischer Allgemeinheit. (Über wirkliche Dinge urteilen heißt damit anfangen, dass man sie als Wirklichkeiten hinnimmt, und das ist eine Stellungnahme. Und ebenso hinsichtlich der Urteile über Möglichkeiten.) Was mir verbleibt, ist in diesem Beispielsfall wirkliche oder modifizierte Wahrnehmung und in meiner eidetischen Einstellung die an dem Exempel erfasste reine Allgemeinheit, das intuitiv erfasste Wesen äußerer Wahrnehmung überhaupt, und näher, von Dingwahrnehmung überhaupt. Wahrnehmung ist aber in ihrem eigenen Wesen Wahrnehmung des jeweiligen Dinges, und das allgemeine Wesen „Wahrnehmung überhaupt" ist Wahrnehmung überhaupt von einem Ding überhaupt.

Aufführung zu sein, wenn ich es mir, was in meiner Freiheit ja steht, versage, die Erinnerungsthesis mitzumachen, also das Wirklichsein des Erinnerten gelten zu lassen und darüber nun natürlicherweise zu urteilen. Ebenso, wenn ich irgendeinen begrifflichen Gedanken über Welt und Menschen vollzogen habe in der natürlichen Weise, in der das Wirklichsein von dergleichen von mir mitgesetzt oder hingenommen war, ⟨und ihn⟩ der phänomenologischen Reduktion unterwerfe, so bleibt er transzendent genau so gerichtet wie vorher; er meint Welt und Menschen genau so, wie er es meinte, nur dass ich dem darin befassten Wirklichkeitsglauben, um mir einen Daseinsboden zu geben, einen Index der Nichtbenützbarkeit, der Außerspielsetzung erteilt habe.

Kurzum, die phänomenologische Reduktion gleicht einer Einklammerung, die die Weise des Urteilsgebrauchs indiziert, aber in der Klammer bleibt all das stehen, was vorher ohne Klammer dastand. Das reine Bewusstsein erforschen, das heißt also, das volle konkrete *cogito*, den Lebensstrom in seiner ganzen Fülle und Sattheit, zum Thema machen. Insofern aber zum *cogito* eigenwesentlich sein *cogitatum* gehört, sein Gegenständliches in dem und dem Modus, den die Worte „Wahrnehmung", „Erinnerung", „Denken" usw. bezeichnen, und in den jeweiligen ganz andersartigen Modi, die etwa die Worte „erscheinend durch Abschattungen", „durch perspektivische Anblicke" u.dgl. bezeichnen, insofern haben wir das All der wirklichen oder möglichen Welten trotz der phänomenologischen Reduktion in unserem Bereich. Nie wird über wirkliche oder mögliche Welten schlechthin geurteilt, denn das hieße Stellung zu ihnen nehmen, die Wirklichkeit setzen, die Möglichkeit setzen. Sondern es wird etwa über wahrgenommene Welten als solche, wahrgenommene Steine, Sterne, Menschen als solche, erinnerte als solche, gedachte, gewertete, gewollte als solche geurteilt, also rein als Korrelate des Wahrnehmens, des Erinnerns, des Denkens, sei es überhaupt, sei es des betreffenden besonderen Typus von einem Wahrnehmen, Erinnern, Denken, Werten usw., als Korrelate, wie sie in solchen Bewusstseinstypen eigenwesentlich beschlossen sind. Ein fingierter oder ein in Traumwahrnehmung wahrgenommener Gegenstand, etwa ⟨ein⟩ Zentaur, ist logisch gesprochen, also vom Standpunkt der Frage nach wirklichem Sein, ein Nichts. Aber das Traumwahrnehmen und Fingieren eines Zentauren ist ein Bewusstsein von einem Zentauren und gerade diesem, mit blonden Haaren, mit braunem Pferdeleib usw.

Fällen wir ein falsches Urteil, wie dass das moralische Niveau der Menschheit seit hundert Jahren gestiegen sei, so ist im Reich des wahrhaften Seins der geurteilte Sachverhalt nicht zu finden, er ist, wie wir sagen, nichtig. Aber im Urteil ist er geurteilter Sachverhalt, ein fälschlich Vermeintes, und als solches gehört er zum immanenten Erlebnis unabtrennbar. Dieses Vermeinte, genau wie es da Vermeintes ist, genau mit seiner Klarheit oder Unklarheit, seiner Bestimmtheit oder Unbestimmtheit, mit seiner Vorstellungsunterlage usw., ist phänomenologisches Thema, ganz selbstverständlich, da wir ja das reine Bewusstsein erforschen wollen.

Erkennen[1] wir nun, dass das Nichtseiende und Falsche ebenso wie das Seiende und Wahre in unseren Arbeitsbereich insofern hineingehöre, als es, in welchem Modus immer, Bewusstes ist, so gehört offenbar auch in gewisser Weise hinein das Nichtseiende als Nichtseiendes, das urteilsmäßig Falsche als Falsches ebenso wie das Seiende als Seiendes, nämlich in Wahrheit Seiendes, das urteilsmäßig Wahre als Wahres; in gewisser Weise, nämlich wieder von Seiten des Bewusstseins, in dem eben Wahrhaftsein und Nichtsein, Wahrheit und Falschheit als solche zur ausweisenden Gegebenheit kommen. Unter den Bewusstseinsmodi, in denen äußere Gegenstände und Gegenstände überhaupt zur Gegebenheit kommen, finden wir ja auch die Modi des so genannten Evidenzbewusstseins, jedwedes Recht ursprünglich gebendes oder mittelbar einsichtig Recht ausweisendes Bewusstsein: Recht für die Seinssetzung und Setzung jedwe-

---

[1] *Die folgenden vier Absätze ersetzen den später gestrichenen Text* (Damit erledigt sich auch eine an mich aus dem Hörerkreis gestellte Frage, wie es denn komme, dass Empfindungsdaten, also Farbenempfindung, Tonempfindung usw., in die Bewusstseinssphäre hineingehören können. Nehme ich ein Haus wahr, so habe ich nach der phänomenologischen Reduktion das Haus genau so, wie es mir da erscheint als farbiges, mit den und den sinnlichen Qualitäten ausgestattetes. Über die Farbe des Hauses als Eigenschaft eines Wirklichen darf ich nicht urteilen. Aber zum wahrgenommenen Haus als solchem gehört die rote Farbe, wenn eben in der Wahrnehmung das Haus als rotes erscheint und so weit es das tut. Achte ich dann auf die Abschattung, in der wie die Gestalt so die Farbe sich perspektivisch in dieser Wahrnehmung darbietet, so gehört offenbar zum reellen Bestand der immanent gegebenen Erscheinungsweise die Rotabschattung. Sie ist nicht wie das rote Haus ein in der Wahrnehmung als äußere Wirklichkeit Vermeintes und Gesetztes, während es vielleicht gar nicht ist, sondern sie gehört zum notwendigen Bestand, zu dem, was eigenwesentlich zur Wahrnehmung und wirklich gehört. *Zur Fortsetzung dieses später ersetzten Textes vgl. unten S. 93, Anm. 1.*

der wahrhaft bestehenden Sachverhalte. Dass wir, Erfahrungen in gewisser Weise ursprünglicher Anschaulichkeit vollziehend, Urteile in gewisser „evidenter" Weise fällend und aufeinander gründend, rechtmäßige Erkenntnis von wahrem Sein gewinnen, ist in natürlicher Einstellung unser aller Überzeugung, und naiv verfahren wir demgemäß. Als Phänomenologen unterbinden wir diese Naivität, da sie selbst mit unser Problem wird, auch jedes Evidenzbewusstsein klammern wir ein. Aber dass ein so geartetes Bewusstsein mit vielerlei Modi und bezogen auf vielerlei Regionen von möglichen Gegenständlichkeiten in sich selbst so genannte ursprüngliche Rechtsgründung, so genannte Ausweisung objektiver Wahrheit leiste, das gehört selbstverständlich in das Reich des reinen Bewusstseins; also zu den mannigfaltigen Modi, wie gegenständliches Bewusstsein ist, gehören auch diejenigen, wie es im Bewusstsein selbst als seiend bewusst ist, darunter die Modi des In-rechtmäßiger-Wahrheit-seiend, während wir doch wie überhaupt die Thesis der Wirklichkeit, so auch die Thesis der Rechtmäßigkeit der Wirklichkeit, der noch so wohl begründeten, außer Spiel setzen müssen.

Eine fundamentale Äquivokation tritt uns hier überall entgegen, die der philosophischen, ja schon vorphilosophischen Rede von „Gegenständen" notwendig anhaftet. In den Gesichtskreis der Philosophiegeschichte tritt sie eindrucksvoll mit dem ontologischen Beweis für das Dasein Gottes durch Anselmus und beirrt seitdem immerfort das philosophische Denken, ohne je zu ausreichender Klärung gekommen zu sein, der zwischen Gegenständen schlechthin und intentionalen Gegenständen als solchen. Sprechen wir schlechthin von Gegenständen, die wir erfahren, über die wir urteilen, zu denen wir theoretisch, wertend, wollend Stellung nehmen oder nehmen sollen, so sind diese Gegenstände für uns Wirklichkeiten, d.i., allen diesen Stellungnahmen liegt zugrunde ein sozusagen naiv vollzogenes Für-wirklich-Halten, etwa eine schlichte Erfahrung des uns vor Augen Stehenden, das eben dadurch für uns einfach daseiende Wirklichkeit ist. Jedes schlicht ausgesprochene kategorische Urteil wie „die Bänke dieses Hörsaals sind von gelber Farbe" hat an Subjektstelle eine uns, den Urteilenden, selbstverständlich schon als daseiend geltende Gegenständlichkeit, einen „Gegenstand schlechthin".

Vollziehen wir aber eine Reflexion auf das Bewusstsein des Urteilens mit all seinen Unterlagen, wie wir es eben selbst taten, wie

wir es aber im naiven Urteilen natürlich nicht tun, und sprechen wir
von dem Gegenstand, der Urteilssubjekt ist, seinen Merkmalen, die
ihm an Prädikatstelle zuerkannt werden u.dgl., oder reflektieren wir
auf ein sonstiges Bewusstsein und sprechen wir von dem, was in
diesem Bewusstsein bewusst ist, so springt uns eine neue
Rede von Gegenstand, die eine grundwesentliche Sinnesmodifikation mit sich führt, in die Augen. Freilich können wir in eins mit
dieser Reflexion und mit dem gegenständlichen Erfassen des Bewusstseins und seines bewussten Gegenstands zugleich die vorangegangene Wirklichkeitssetzung noch festhalten, aber wir können sie
auch außer Spiel setzen, und dann tritt der intentionale Gegenstand des Bewusstseins als solcher rein vor.[1]

Sie sehen, es handelt sich hier um eine Änderung der Urteilsweise,
um eine Einstellungsänderung genau der Art, die unsere phänomenologische Reduktion forderte. Durch Reflexion auf irgendein Bewusstsein und durch ein Außerspielsetzen einer naiv vollzogenen
Bewusstseinsstellungnahme erwächst ein direktes gewahrendes Erfassen des reinen Bewusstseins und des zu ihm selbst unabtrennbar
gehörigen intentionalen Gegenstands als solchen. Aber es braucht
sich hier nicht um eine volle phänomenologische Reinheit zu handeln. Auch wenn ich als Psychologe ein Wahrnehmen, Urteilen,
Werten, Betrübtsein, Begehren, Wollen zum Thema mache, und
wenn ich dabei also das Menschensubjekt nehme und dieses sein
Erlebnis im Zusammenhang der Welt, bin ich vor allem dafür interessiert, was zu dem jeweiligen Bewusstseinserlebnis an und für sich
gehört. Auch da habe ich also zunächst alle Stellungnahmen zur
Wirklichkeit des in dem betreffenden Bewusstsein Bewussten, alle

---

[1] *Später eingeklammert, gestrichen und mit der Randbemerkung* Nachlesen *versehen* Es
kann aber auch von vornherein die Sache leichter sein, wie wenn ein anderer ein unseres Erachtens falsches Urteil ausspricht, das wir gar nicht mitmachen, oder Wahrnehmungen hat, die
wir als Trugwahrnehmungen einschätzen, die wir also wieder nicht mitmachen. Wenn wir dann
von dem Gegenstand sprechen, über den er urteilt, von dem Sachverhalt, den er für wahrhaft
seiend vermeint, so ist es klar, dass wir seinem Bewusstsein einen Gegenstand und Sachverhalt
in modifiziertem Sinn einlegen, wobei für das eingelegte Sein es irrelevant ist, dass wir negie-
ren, wir können auch diese negative Stellungnahme außer Spiel setzen. Für den philosophisch
Erfahrenen, der etwas von den berühmten Streitigkeiten um den Sinn des Existentialurteils
gehört hat, ist es klar, dass, was hier erörtert wird, eine nahe Beziehung zu denselben hat. Das
Urteil „es existiert A, es existiert A nicht" kann unmöglich in der Weise eines kategorischen
Urteils über das A als vorgegebene Wirklichkeit urteilen, da es über Wirklichkeit erst aburtei-
len soll, und das, worüber es urteilt, kann nicht der Gegenstand schlechthin sein.

Fragen z.B. nach seiner Wirklichkeit, außer Spiel zu setzen, und insbesondere, wenn ich als Psychologe meine eigenen Seelenerlebnisse beachte und zum Urteilsthema mache, habe ich die naiven Wirklichkeitssetzungen in denselben außer Spiel zu setzen, genau so wie in der phänomenologischen Reduktion. Nur in anderer Hinsicht vollziehe ich diese nicht, da ich meine Erlebnisse fortdauernd als Naturwirklichkeiten und nicht als transzendental reine Erlebnisse fasse. Da selbstverständlich das phänomenologisch reine Erlebnis mit seinem ganz e i g e n e n Gehalt in die psychologische Auffassung desselben als menschliches Erlebnis eingeht, gilt es beiderseits, dass das Erlebnis i n sich einen so genannten intentionalen Gegenstand oder, wie ich zu sagen pflege, einen Gegenstand in Anführungszeichen hat, und dass dieser „Gegenstand" zu unterscheiden ist vom Gegenstand schlechthin. Und das ⟨gilt⟩ für jederlei Bewusstsein und nicht etwa nur für ein Bewusstsein äußerer Realitäten. Der Gegenstand in Anführungszeichen, das dem Bewusstsein als Bewusstsein von etwas immanente Etwas ist ein prinzipiell Unselbstständiges; es ist, was es ist, nur als Etwas dieses oder eines anderen Bewusstseins, ebenso wie umgekehrt ein Bewusstsein nur ist, was es ist, als Bewusstsein seines Etwas. Das ist eine Korrelation von einer unvergleichlichen Eigenartigkeit, ein Wunder, wenn man, von den Gewohnheiten der natürlich-naiven Einstellung missleitet, immerfort geneigt bleibt, von der Einstellung reiner Reflexion in die natürlich-naive Einstellung überzugleiten.

In der logischen Betrachtung gehört zu j e d e r R e l a t i o n ein Paar von korrelativen Begriffen: rechts von etwas, links von etwas; Vater – Sohn usw. Ein rechts Seiendes ist undenkbar ohne ein Links, ein Links ohne ein Rechts. Aber das schließt nicht aus, dass, was als korrelativ dasteht, auch wäre und genauso wäre ohne R e l a t i o n. Der Vater wäre nicht mehr Vater, wenn er kein Kind hätte, aber er könnte doch sein als Mensch, und das Kind als dieser Mensch könnte sein ohne Vater, wie etwa durch ein Wunder in der Welt auftretend. So möchte man auch glauben: Das Wahrgenommene, das Geurteilte und sonst wie Bewusste t r i t t in R e l a t i o n zum Wahrnehmen usw. und ist, was es ist, auch ohne Wahrnehmen, so überhaupt Bewusstes und Bewusstsein. Aber wir reden ja nicht von dem Verhältnis der W a h r n e h m u n g als einem Seienden zu einem D i n g, das zufällig wahrgenommen sei, als einem anderen Seienden. Die Stellungnahme des jeweiligen Bewusstseins haben wir ja außer Spiel gesetzt, der wahrgenommene Gegenstand als seiender Gegenstand schlechthin ist für uns jetzt also nicht da. (Wir haben ja phänomenologische Reduktion vollzogen, also ein seiendes Ding ist in unserem Urteilsfeld überhaupt nicht da.) Nur die Wahrnehmung ist da, und ihr selbst gehört zu ein „Wahrgenommenes als solches", das ihr auch nach der Reduktion notwendig verbleibt. In sich selbst ist sie wie jedes Bewusstsein Bewusstsein von etwas, und dieses Etwas ist einerseits nicht die Wahrnehmung und andererseits doch ihr „immanent" zugehörig in der einzigartigen Weise eben des Bewusstseins. Also dieses, was da bewusst ist, ist unselbstständiges Bewusstseinskorrelat, d.h. etwas, das apriorisch nur als Bewusstseinskorrelat denkbar ist, wobei aber von vornherein nicht gemeint ist Bewusstseinskorrelat nur eines individuell einzigen Bewusstseinsaktes, während vielmehr unendlich viele dasselbe Immanente haben können – worüber wir noch sprechen werden.[1]

Jeder Gegenstand ist für das Ich ursprünglich, leibhaftig da durch die Bewusstseinsart, die Wahrnehmung im weitesten Wortsinn heißt. Ein immanenter Gegenstand als solcher, dieses unselbstständige Was

---

[1] *An dieser Stelle befindet sich der Rest des später gestrichenen und ersetzten Textes von S. 89, Anm. 1.* Dahin gehört auch das wahrgenommene Haus als solches und das wahrgenommene Rot als solches. Denn dies wie alles Immanente ist davon unberührt, ob das Wahrgenommene und überhaupt das transzendent Gesetzte wirklich ist oder nicht, ob ich Stellungnahmen dazu mitmache oder nicht mitmache.)

Wir sehen hier, wie den zwei fundamental verschiedenen Einstellungen, Erfassungsrichtungen und Urteilsrichtungen, die in der Lehre von der phänomenologischen Reduktion zu schärfster Sonderung kommen, eine fundamentale Äquivokation der Rede von „Gegenstand" entspricht: Wir scheiden Gegenstand schlechthin und wahrgenommenen Gegenstand als solchen, erinnerten Gegenstand als solchen, gedachten Gegenstand als solchen usw., oder, wie ich es auch zu bezeichnen liebe, zwischen Gegenstand schlechthin und Gegenstand in Anführungszeichen. (Intentionales Erlebnis – intentionales Objekt als solches.) Denn eine Sinnesmodifikation drücken wir schriftlich bei Erhaltung des Wortes durch Anführungszeichen aus. Der Gegenstand in Anführungszeichen drückt eine immanente Eigenheit des Erlebnisses aus, das als Bewusstsein eben Bewusstsein von etwas ist. Setzen wir dieses intentionale Etwas als solches, so setzen wir ein prinzipiell Unselbstständiges, ein Etwas, das ist, was es ist, nur als Etwas dieses oder jenes Bewusstseins. Ebenso wie umgekehrt das Bewusstsein nur ist, was es ist, als Bewusstsein seines Etwas. Dies ist eine ganz einzigartige Korrelation, die eben das Wesen des Bewusstseins in sich beschließt, ein Wunder, wenn man, von den Gewohnheiten der natürlichen Einstellung missleitet, alsbald von der phänomenologischen Einstellung in die natürlich setzende übergleitet (in die dogmatische, wie wir auch sagen, gegenüber der phänomenologischen).

eines Bewusstseins, ist wahrgenommen in der Wahrnehmungsart der Reflexion und ist hier absolut evident wahrgenommen. Ein Gegenstand schlechthin, d.i. ein in einer naiven Bewusstseinssetzung für wirklich gehaltener, ist gegeben durch eine ihm entsprechende Wahrnehmung, also wenn es ein äußerer Gegenstand ist, in äußerer Wahrnehmung, die, wie wir schon wissen, Wahrnehmung unter bloßer Prätention ist. Andere Akte, die sich schlechthin auf Gegenstände beziehen, sind auf Wahrnehmung insofern zurückbezogen, als die Setzungen ihrer Gegenstände gültig oder ungültig sein können; und immer von Seiten des Bewusstseins betrachtet heißt das, dass eine evidente Begründung der vollzogenen Setzung zu leisten ist oder nicht. Dessen bedarf es also für immanente Gegenstände, für Gegenstände in Anführungszeichen, prinzipiell nicht, wo auf sie bezügliches Bewusstsein vorliegt. Sie drücken sozusagen eine aus jedem Bewusstsein durch unmittelbare Reflexion in absoluter Geltung herauszuhebende Struktur aus.

Der Gegensatz zwischen naiver Setzung, der Setzung eines Gegenstands schlechthin, und reflektiver Erfassung eines entsprechend immanenten als solchen kann auch als relativer betrachtet werden. Und es stellt sich heraus, dass die Anführungszeichen, welche die Sinnesmodifikation der Rede von „Gegenstand" andeuten, eine ins Unendliche iterierbare Operation anzeigen. Die Reflexion als Bewusstsein eines gewissen immanenten Gegenstands setzt diesen naiv und schlechthin. Wir können in einer Reflexion zweiter Stufe den immanenten Gegenstand der ersten Reflexion herausholen, dann ist der erste immanente Gegenstand, der vordem einfach gesetzt, wahrgenommen wird, modifizierend verwandelt in den wahrgenommenen Gegenstand als solchen der ersten Reflexion. Wir gewinnen einen Gegenstand mit doppelten Anführungszeichen. Und so *in infinitum*, da wir ins Unendliche und in evidenter Freiheit reflektieren können. Andererseits werden wir in umgekehrter Richtung notwendig geführt zu einem Bewusstsein, das nicht mehr Reflexion auf ein anderes Bewusstsein ist, und zu einem Gegenstand, der schlichter Gegenstand im absoluten Sinne ist, d.h. ein Gegenstand, der nicht mehr immanenter ist.

Überlegen[1] wir uns nun noch etwas näher, wie das intentionale Objekt als solches im jeweiligen Bewusstsein liegt, als was die reine Reflexion, die hierbei den Charakter eines wahrnehmungsartigen Aktes hat, es vorfindet. Exemplarisch diene uns das Bewusstsein, das wir bisher schon in einigen Richtungen phänomenologisch studiert haben, das der äußeren Wahrnehmung. Also gehen wir aus der naiven Einstellung eines äußeren Wahrnehmens, in dem das Wahrgenommene bewusst ist als wirkliches Ding, wirklicher Vorgang, in die Einstellung reiner Reflexion, so merken wir sofort, dass die Wahrnehmungserlebnisse eigentlich in beständigem Fluss und unübersehbare Mannigfaltigkeiten sind. Wir brauchen nur an schon Gesagtes zu erinnern. Während wir von demselben Objekt sprechen, das unverändert uns als wahrgenommene Wirklichkeit gegenübersteht, finden wir in der Reflexion Unendlichkeiten von Wahrnehmungserscheinungen, jede von jeder phänomenologisch klar geschieden, mit jeder eine andere perspektivische Abschattung des Gegenstands gegeben. Jede hierbei herauszuschauende Erscheinung ist in sich auf dasselbe Objekt bezogen. Jede „meint" in ihrem Eigenwesen etwas, und jede meint dasselbe. Das ist nicht erschlossen, sondern in direkter Reflexion absolut gegeben. In zweifelloser Evidenz ist zu erschauen, dass das vermeinte Etwas überall dasselbe ist. Aber ist dieses Vermeinte als Vermeintes ein reelles Datum, ein als Stück, als Teil Herauszuhebendes?

Halten wir uns nicht an das Faktum; in idealer Möglichkeit können wir von einer gegebenen und in der Reflexion zum Thema gewordenen Wahrnehmung zu möglichen neuen und immer neuen Wahrnehmungen vom Selben übergehen; *a priori* sehen wir, dass zum Wesen einer Wahrnehmung als solcher die Möglichkeit gehört, offene Unendlichkeiten von Wahrnehmungsmöglichkeiten vor sich zu haben, mit denen diese Wahrnehmung notwendig in ein gewisses Einheitsverhältnis, das der identifizierenden Deckung, kommt, und eben vermöge dieser eigentümlichen Deckung erschauen wir mit Evidenz einen beständigen Identitätspunkt, ein Etwas, ein Dies-da als Substrat von Bestimmtheiten, die ihrerseits aber selbst wieder Einheiten der Deckung sind. Und wir beobachten als *a*

---

[1] *Spätere Randbemerkung* Die nachfolgenden nummerierten Blätter, die als nächste Vorlesung gedacht waren, wurden nicht gelesen; a–g ⟨S. 95,1–102,14⟩.

priori zugehörig, dass dieses identische Substrat durchgehender Merkmale nie selbst ein reelles Datum ist im Erlebnis, sondern nur Erscheinendes, d.i. es ist nur gegeben in einem Wie des Erscheinens, in wechselnden Darstellungen oder Abschattungen, die allein wirklich und reell gegeben sind als sachhaltige Bestände im zeitlichen Strom des Erlebens, als seine reellen Bestandstücke. Das gilt auch für jedes Merkmal, das für sich herausgeschaut wird. Es ist nie anders gegeben als denn in einem Erscheinungsmodus, in Form einer Abschattung und immer neuer Abschattung, es ist immerfort nur gegeben als das x, das so und so abgeschattet ist. Die Abschattungen, die Empfindungsdaten, die etwa eine Farbe darstellen, sind in der Wahrnehmung reell gegeben; ebenso die Auffassung, in der dieses Empfindungsdatum als Erscheinung der dinglichen Farbe und ein neues als Erscheinung wieder derselben Farbe sich gibt, ist abermals direkt und reell aufweisbar im Bewusstsein. Aber die Dingfarbe selbst, die da wahrgenommen heißt, ist immerfort nur das Sichdarstellende, das bald so, bald so Erscheinende, und nie selbst reell gegeben, nie aufweisbar neben seinen Darstellungen.

Was ist da also der intentionale Gegenstand als solcher, das, was wir in der Blickwendung der Reflexion im Bewusstsein finden? Ein Irreelles, d.h. nie und nimmer ein reelles Stück im Erlebnisstrom, in dem wir andererseits so vielerlei und wundersam reelle Bestandstücke finden, wie all das, was wir Abschattungen, Auffassungen nannten, oder auch Charakter der Leibhaftigkeit oder Bildhaftigkeit, der Gegenwärtigung und Vergegenwärtigung, der Unbestimmtheiten als offene Horizonte usw. Eigentümliche Verbindungs- und Verschmelzungsweisen finden wir, die wir bildlich als „Deckung" von Bewusstsein mit Bewusstsein im Selben nennen, und vermöge der Wesenseigenheit eines Bewusstseins, sich in solche Identitätsdeckungen zu schicken, erschauen wir im Durchlaufen solcher Deckung vermeinte Einheit: das vermeinte Identische und darin wieder ein Substratidentisches und jene anderen Identitätsrichtungen, die wir Merkmalseinheiten nennen, derart, dass Substrat und Merkmal ohne einander nicht denkbar sind. Dabei sind aber alle diese Identitätsmomente irreell, jedes ein x, ein Sinnespunkt, nämlich identischer Sinn einer Erscheinung und so der unendlich vielen Erscheinungen, die im Sinn eben sich decken, ihr x ist dasselbe. Das Substrat x ist dabei immerfort das x möglicher Weiterbestimmung,

das, was die Merkmale hat, aber noch einen unbestimmten Horizont
unbekannter nicht gegebener Merkmale hat, d.h. aber leer vorge-
meinter, nur noch nicht wirklich erscheinender, in wirklichen
Erscheinungen sich nicht anschaulich darstellender. Nichts weiter als
solche Identitätspunkte, die von Seiten der Erscheinungen und ihrer
Einheitsverbindungen ihren Sinn empfangen oder ihnen als der
gemeinte bald anschaulich schon dargestellte, bald noch nicht dargestellte Sinn einwohnen, sind die immanenten Objekte.

So im Fall der Wahrnehmung, so *mutatis mutandis* im Fall jedes
und auch eines unanschaulichen Bewusstseins. Ob auch das gegenständlich Vermeinte, das Substrat irgendwelcher Bestimmungen und
dann weiter aus ihm gebaute höhere Gebilde jedweder erscheinungsmäßigen oder sonst wie anschaulichen Darstellung ermangeln,
immer ist zu scheiden zwischen dem Bewusstsein selbst nach seinem
reellen Bestand, nach den reellen Teilen, die es aufbauen, und dem in
ihm als Bewusstsein von etwas vermeinten Sinn. Eine Wahrnehmung
oder Erinnerung an eine Gruppe gesonderter Objekte ist offenbar ein
konkretes Ganzes, wir können darin reelle Teile unterscheiden,
Wahrnehmung dieses und jenes Objekts; jedes Mengenglied ist
durch eigene Erscheinungen im reellen Bestand in der Wahrnehmung
vertreten. Reelle Momente sind dann weiter alle im reinen Erlebnis
vorfindlichen Empfindungsdaten und deren Komponenten, wie Far-
bentöne, Helligkeit, Tonqualität, Tonintensität. Scheiden wir Wahrnehmung und Erinnerung, so sind die beiderseitigen Phänomene
durch reelle Momente voneinander unterschieden. Andererseits aber,
wenn wir vielerlei Wahrnehmungen, Erinnerungen, Erwartungen,
Denkakte zusammennehmen, die sich auf dasselbe Objekt beziehen,
und zwar in ihrer eigenen Sinngebung dasselbe meinen, so schreiben
wir jedem zwar mit Evidenz dasselbe Vermeinte zu vermöge der
Evidenz der identifizierenden Deckung, so ist, was da gemeinsam ist,
nur dies, dass sie alle in unendlich vielfältig unterschiedenen Modi,
in unendlich verschiedenen Sinngebungen und Richtungen der Sinngebung dasselbe meinen, Meinung, Erscheinung, Gedanke vom Selben sind.

In der Phänomenologie kommt die soeben durchgeführte fundamentale Unterscheidung zwischen reellen Bewusstseinsbeständen
und ihren intentionalen Korrelaten und deren Bestand terminologisch
zum Ausdruck durch die relativen Begriffe von N o e s i s und

Noema. „Noesis" besagt in dieser relativen Unterscheidung das Bewusstsein selbst, den Erlebnisstrom in seiner ganzen Fülle und Konkretion, und zwar betrachtet nach allem, was eine reelle Analyse, eine Scheidung in Teile, in Stücke und abstrakte Momente zu ergeben vermag. „Noema" ist dagegen Titel für alle ebenfalls in evidenten Reflexionen herauszuholenden Bestände, aber auf Seiten des Vermeinten, des im Bewusstsein Bewussten als solchen, also dessen, wovon das Bewusstsein eben Bewusstsein ist. Jedes Bewusstsein kann ich in der Reflexion befragen nach dem, was darin gemeint war, nach dem Sinn, mit dem ein Gegenständliches darin bewusst war, z.B. als Ding, als der bestimmte individuelle Tisch, als so gefärbt, als von der Seite gegeben, nach anderen Seiten dem Sinn nach unbestimmt, aber *a priori* in gewissen Erscheinungsreihen vorgezeichneten Stils näher bestimmbar, als so und so im Erscheinungsraum orientiert, als wirklich oder illusionär usw. Es zeigt sich dabei, dass alle noetischen Momente noematische Funktion haben; nichts ist im reellen Bestand eines Bewusstseins, was sich nicht für das noematische x nach irgendwelchen Richtungen als sinngebend erweist. Bewusstsein ist durch und durch Bewusstsein von etwas; nach allen seinen Schichten, Teilen, Momenten sondernd finden wir immer das „von etwas".

Noematisches ist also immer Identisches, in seiner Weise Seiendes, aber seiend rein als das in jeweiligen Noesen als ihr Identisches Aufweisbare. Wir sagen auch, sie sind, was sie sind, nämlich eben Bewusstsein von etwas, sofern sie in sich ein Vermeintes, ein Noema konstituieren; und wieder dasselbe besagt, Bewusstsein als Bewusstsein ist eine sinngebende Funktion; es ist, das sagt, es vollzieht durch sein eigentümliches Wesen als Bewusstsein die Leistung, ein x, ein Etwas als Etwas eines gewissen Sinnes bewusst und dem Sinn einfügbar zu machen.

Wie steht es nun aber gegenüber dem Gegenstand als Noema, dem wahrgenommenen Gegenstand z.B. als solchem, mit dem Gegenstand schlechthin? Wenn wir schlechthin über Himmel und Erde, über Dinge unserer Umgebung, über Menschen unseres Verkehrs sprechen, so ist die Meinung die, dass sie wirklich sind, an sich seiende Wirklichkeiten. Es ist klar, dass diese prätendierten Wirklichkeiten nicht die bloßen Vermeintheiten, die erscheinenden Dinge als solche, geurteilten als solche, die Noemata sind. Wenn eine Wahr-

nehmung uns einen Gegenstand gibt, so gehört zu dieser Wahrnehmung in absoluter Evidenz ihr Noema, dieser in ihr vermeinte, als
wirklich gesetzte Gegenstand. Niemand kann ihr den absprechen, ihn
von ihr ablösen. Sie verliert ihn nicht, wenn der Fortgang der Erfahrung dahin führt, dass die Wahrnehmung eine trügende war, dass der
vermeinte Gegenstand nicht „in Wahrheit" existiert. Um in Bezug
auf den Gegenstand trügen zu können, muss sie schon Wahrnehmung
von diesem Gegenstand sein.

Was ist nun der Gegenstand-an-sich-selbst in seiner um unser
Bewusstsein, unsere Gegebenheitsweisen unbekümmerten Existenz-
an-sich? Und was sagt das, ein Gegenstand erscheine nicht bloß, sei
nicht bloß vorgestellt, gedacht etc., sondern sei in Wirklichkeit?
Überlegen wir: In natürlicher Einstellung erfahren wir, und erfahrend
stehen wir auf dem Boden der Erfahrungssetzung, d.i., nach unseren
Analysen, wir leben in der Präsumtion, wir vollziehen sie beständig,
im Wahrnehmungsglauben lebend setzen wir das Wahrgenommene
nicht im Wie der Gegebenheit, nicht als so und so Erscheinendes, so
und so Unbestimmtes, sondern wir setzen es schlechthin, und das
sagt, die Setzung des Wahrnehmungsglaubens greift so vor, setzt das
relativ Unbestimmte so, dass wir fortlaufend erwarten, dass die
künftig kommenden oder möglicherweise kommenden Wahrnehmungen immerfort im Sinne der Bestätigung und in eins damit
Näherbestimmung fortgehen würden, nicht als ob wir uns davon, wie
hier reflektierend, Vorstellungen machten, sondern das ist eben das
Wesen der natürlichen Erfahrungseinstellung. Was erfahrungsmäßig
kommt, kommt als erwartet, wir sind vorgerichtet und die Erwartung
geht auf einstimmige Bestätigung und ein bloßes Näherkennen-
lernen. Solange diese Einstellung verbleibt und die Erwartung sich
bestätigt, sagen wir, der Gegenstand existiert, und wenn die Erwartung sich enttäuscht, wenn der Wirklichkeitsglaube im Sinne der
Durchstreichung des Gesetzten preisgegeben werden muss, sagen
wir, der Gegenstand existiert nicht, er war bloß illusionär.

Existenz besagt aber nicht das zufällige Vorkommnis, dass wir so
eingestellt waren und erwarteten. Auch ist sie gar nicht ein Prädikat,
das sich auf das Subjekt bezieht, das Existenz prädiziert. Vielmehr
rein in der Richtung auf das im Wirklichkeitsbewusstsein noematisch
Bewusste bezieht es sich, die Wirklichkeitssetzung. Sie setzt das Noema als Identisches eines unendlich offenen Horizonts fortgehend

einstimmiger Erfahrung. Mit anderen Worten, Existenz oder Wirklichsein drückt eine Idee aus, die Idee eines x als Thema einer sich durchgängig ungebrochen bestätigenden Setzung unter bloßer Näherbestimmung oder höchstens Umbestimmung, die das Identische als wirklich gesetzt immerfort in bestätigter Setzung durchzuhalten gestattet. Mit dem Vollzug jeder transzendierenden Wirklichkeitssetzung ist also *a priori* diese Idee verknüpft. Die Existenz eines Gegenstands bejahen heißt also nichts anderes als von einem Noema, von einem intentionalen Korrelat einer aktuellen Wirklichkeitsmeinung, etwa in Form soeben verlaufener Wahrnehmungen oder Erinnerungen ausgehen und nicht dieses intentionale Korrelat für sich setzen, sondern durch es hindurch seine Identitätsfortsetzung in einem unendlichen Horizont der einstimmigen Erfahrung setzen, wie man etwa den Anfang einer Strecke sich *in infinitum* fortstrecken lässt, und zwar des Korrelats eines unendlichen Systems möglicher Erfahrungen, die das bisher Erfahrene bestätigen würden. Das Ding existiert, die Weitererfahrung kann nur bestätigend sein, ich kann in die Erfahrung eingehen, von Wahrnehmung zu Wahrnehmung übergehen, ich würde das Ding nur näher kennen lernen, nie es aufgeben müssen; die Präsumtion geht immerfort auf das als wirklich gesetzte x mit den nicht nur schon erfassten, sondern im Eintreten in den noch unbestimmten Erfahrungshorizont sich bestimmenden Merkmalen.

Nach dieser Darstellung ist uns ein immanenter Gegenstand als solcher und im Wie im Original völlig direkt gegeben in einer gewahrenden Reflexion auf das Bewusste eines Bewusstseins. Wo immer ein Bewusstsein, ein relativ einfaches oder ein Gebilde aus vielerlei Bewusstseinsakten, die sich zur Einheit eines Bewusstseins-von zusammenschließen, Erlebnis ist, kann sich Reflexion darauf richten und nach Ausschaltung der Thesis des Bewusstseins das Bewusste als solches entnommen werden. Wo das Ich ein Bewusstsein vollzieht, ohne diese reflexive Operation zu vollziehen, da ist für es ein Gegenstand schlechthin da, ein schlechthin als seiend Geltendes. Freilich der Gegenstand braucht nicht zu existieren; „er existiert in Wahrheit" besagt, dass das Bewusstsein in eine rechtmäßige Begründung einzuordnen, dass das Wirklichsein nicht nur, wie es das Wesen des unreflektierten Seinsbewusstseins ist, einfach vermeint, sondern rechtmäßig vermeint, also ausweisbar ist. Ursprünglich gegeben ist ein Gegenstand schlechthin in einer Wahrnehmung, ein äußerer in einer äußeren Wahrnehmung, während die Reflexion auf die Wahrnehmung den wahrgenommenen Gegenstand als solchen, den als ursprünglich gegeben vermeinten als solchen, ursprünglich erfasst.

Aber Doppelsinn des Gegenstands schlechthin:

1) Das aktuelle Ich, im Akt lebend, erfährt einen Gegenstand oder urteilt über ihn, den erfahrenen oder sonst wie für seiend gehaltenen, „gesetzten". Ihm „gilt" der Gegenstand als Wirklichkeit.

2) In der phänomenologischen Einstellung, wo das aktuelle Ich das phänomenologisch schauende und urteilende ist, wird auf das jeweilig aktuell gewesene Bewusstsein oder auf ein (sonst wie) „vorgestelltes" Bewusstsein reflektiert. (Diese Vorstellung ist dann selbst quasi-aktuelles Bewusstsein, das eine Wandlung in reflektiertes und dadurch zum Thema gewordenes erfährt.) Damit wird für das phänomenologisch reflektierende aktuelle Ich das Ich, das aktuelles jenes Bewusstseins ist, reflektiertes und vergegenständlichtes, nicht mehr aktuelles Ich; das Bewusstsein wird Thema und darin sein Vorgestelltes, Erfahrenes, Gedachtes.

Gegenstand schlechthin ist dann das Identische und in seiner Identität Gesetzte als solches, das Substrat von Merkmalen, das Vermeintes ist und in mannigfaltigen weiteren Bewusstseinserlebnissen, die in Reflexion thematisch werden können, dasselbe sich bestätigend oder Durchstreichung erfahrend usw.

Dem „Gegenstand schlechthin" entsprechen dann im Kontrast Gegenstände im Wie der Vermeintheit und Gegebenheit. Der Gegenstand schlechthin hat alle Merkmale, die weiteres bestimmendes Bewusstsein in Einstimmigkeit sich an das Gegebene schließend vorfindet, erkennt etc. Der „Gegenstand im Wie" hat nur die dem Vermeinten zugewiesenen Merkmale des betreffenden Aktes, im Modus ihrer Unbestimmtheit etc., die bloß jeweilig vermeinten als solche in der Weise der Vermeintheit.

Der Unterschied zwischen wirklichem Gegenstand und dem als jeweils so und so erscheinenden vermeinten geht in die phänomenologische Einstellung ein und ist selbst durch sie eigentlich gewonnen. Das alles ist aber hier nicht zu Ende gedacht; vgl. die Untersuchung über Erscheinendes als solches etc.

Unser Satz von der Unselbstständigkeit des immanenten Gegenstands gegenüber dem Bewusstsein ist von einer größeren philosophischen Bedeutung, als hier ersichtlich sein kann. Denn wenn es sich herausstellen sollte, dass jeder mögliche wahre Gegenstand und speziell jeder transzendente Gegenstand Korrelat einer ideellen Mannigfaltigkeit von Vernunftsetzungen ist, deren Möglichkeit notwendig in einem wirklich seienden Bewusstsein verankert sein muss, wenn sich also zeigen sollte, dass das „An-sich-Sein" eines transzendenten und in Wahrheit existierenden Gegenstands seine Beziehung zum aktuellen Bewusstsein nicht aufhebt und dass somit das wahrhafte Sein von Seiten möglichen Bewusstseins nur ein Index der Auszeichnung ist für eine Regel der Identität eines ausgezeichneten charakterisierten immanenten Gegenstands, immanente Bewusstseinsakte einer offenen Vielheit zueinander in Beziehung stehender Bewusstseinsströme, so würde es sich ergeben, dass kein Gegenstand überhaupt denkbar ist denn als Bewusstseinsgegenstand.

Da uns die Samstagdiskussionen die erwünschte Möglichkeit geben, verschiedene Seiten der phänomenologischen Methode, die dem Anfänger erfahrungsmäßig Schwierigkeiten zu bereiten pflegen, und die zu ihnen gehörigen fundamentalen Unterscheidungen in persönlicher Aussprache ergänzend zu behandeln, kann ich nun wagen, nur das Fazit der zuletzt angefangenen Erörterung zu ziehen, um dann schneller vorwärtszugehen.

In der natürlich-naiven, philosophisch gesprochen in der dogmatischen Einstellung ist für uns eine so genannte Welt, ein unendliches Reich transzendenter Wirklichkeiten da, auf sie bezogen vielerlei Wissenschaften, Naturwissenschaften, Geisteswissenschaften, darunter alle Kulturwissenschaften. Neben ihnen haben wir mancherlei apriorische Wissenschaften (abgesehen von den analytischen Wissenschaften wie die reine Logik und die Disziplin der *mathesis universalis*, reine Mengen-, Zahlen- und Größenlehre, reine Mannigfaltigkeitslehre usw.) schon ausgebildet oder noch auszubildend, die sich auf mögliche transzendente Objektivität überhaupt beziehen, also auf mögliche Natur, auf mögliche individuelle und soziale Geistigkeit, auf mögliche Kultur.

Durch die phänomenologische Reduktion scheidet alles bewusstseinsäußere Sein nach Wirklichkeit und Möglichkeit aus unserem wissenschaftlichen Forschungsgebiet aus, und damit all diese Tatsachenwissenschaften und apriorischen Wissenschaften, die auf Transzendentes gehen. Das Reich eines möglichen reinen Bewusstseins überhaupt wird unser eigentümliches und völlig auf sich beruhendes Gebiet. Keine Erkenntnis, die wir als Phänomenologen gewinnen, kann abhängig sein von irgendeiner Erkenntnis der ausgeschalteten Sphäre. (Die absolute Independenz des reinen Bewusstseins nach seinen Wesensgestaltungen von irgendwelchen wissenschaftlichen Urteilen der dogmatischen Wissenschaften möglicher Äußerlichkeit ist festgestellt worden.) Die Änderung unserer Einstellung ließ das Äußere, das im gewöhnlichen Sinn so genannte Objektive, nicht verschwinden, kurz gesagt verwandelte sich die Welt schlechthin in das Weltphänomen, die Weltwissenschaften in Wissenschaftsphänomene. Wir selbst, d.h. jeder reduziert als das phänomenologisch forschende Ich, verwandeln uns zunächst sozusagen in rein augenhafte Subjekte oder, wie wir auch sagen können, in radikal unbeteiligte Zuschauer der Welt und aller sich uns geistig darbietenden möglichen Welten mit all den einzelnen Dingen, Kulturobjekten, Kunstwerken, Büchern, Menschen, Vereinen, Staaten, Kirchen, Sprachen, Sitten usw. und aller darauf bezüglichen Wissenschaften, wie selbstverständlich.

Die Rede vom uninteressierten Verhalten wird in verschiedenem Zusammenhang gebraucht. So heißt das wahrhaft ethische Verhalten uninteressiert, nämlich sofern in ihm jedes egoistische Interesse ausgeschaltet ist. Wieder heißt das ästhetische Verhalten uninteressiert, sofern für die spezifisch ästhetische Stellungnahme, wie die passive des Wohlgefallens am Schönen, jedes Gemütsinteresse an der Wirklichkeit außer Spiel bleiben muss, also jedes Begehren und jede praktische Zwecksetzung. Aber wie sehr die ästhetische Einstellung in ihrer Art die Wirklichkeit ausschaltet, so geschieht das eben doch nur zu dem Ende, um überzuleiten in eine besondere Gemütsstellungnahme, die einem gewissen Phänomen, einem so und so Erscheinenden, von solchen und solchen anklingenden Gedanken, Gleichnissen, Phantasiegefühlen usw. als solchem Umwobenen zugehört.

Das alles betrifft also gewisse bestimmt gerichtete Uninteressiertheiten des jeweiligen Ich, Ausschaltungen gewisser besonderer stellungnehmender Akte, während es gilt, nach gewissen anderen Richtungen gerade Stellungnahmen zu vollziehen, Interesse zu nehmen. Wie verhält es sich nun aber mit demjenigen uninteressierten Erschauer, den wir Phänomenologen nennen? Auch er kann nicht

in jedem Sinne uninteressiert sein, und in der Tat, er will ja eben
forschen, wissenschaftlich forschen, also theoretisch bestimmen, was
ihm durch eine Anschauungsart gegeben ist, gegeben als seiend.
Diese Anschauung ist ein seinssetzender, einen Seinsboden gebender
Akt, die reine Reflexion, das Universum möglichen reinen Bewusstseins gibt sie ihm als Thema, während zugleich alle äußere Anschauung, äußere Wahrnehmung und äußere Phantasie hinsichtlich ihrer
Stellungnahme außer Spiel gesetzt bleibt. Darin liegt seine Uninteressiertheit. Im reinen Bewusstsein liegt aber als sein intentionales Was, als der Gehalt des darin äußerlich Vermeinten, des
Erscheinenden, in der und der Weise sich Darstellenden, gegeben die
gesamte äußere wirkliche und mögliche Welt als pures Phänomen. Mit ausgeschaltet sind alle aktuellen Stellungnahmen zu ihr,
auch die ästhetischen wie die ethischen und wie alle übrigen. Für
mich als Phänomenologen sind die Dinge mit allen ihren Wertprädikaten, Schönheiten, Zweckhaftigkeiten, wissenschaftlichen Nütz-
lichkeiten usw. keine Wirklichkeiten, sondern reine Phänomene. Als
Phänomene haben sie einen gegenständlichen Gehalt an Merkmalen
mit zugehörigen Erscheinungsweisen, mit denen sie im einzelnen
Bewusstsein oder in weiteren wirklichen und möglichen Bewusstseinserlebnissen bewusste sind, und dazu auch mit dem Charakter
„wirklich" oder einer sonstigen Seinsmodalität; denn gibt sich ein
Ding als Wirklichkeit, so finde ich in der Reflexion diesen Charakter
des „wirklich" vor, obschon ich als phänomenologisch reflektierendes Ich für Wirklichkeit nicht „interessiert" bin, d.h. nicht selbst zu
ihr glaubend Stellung nehme. Dasselbe gilt für modalen Charakter
des Gemüts und Willens. Das Ding sei Kunstwerk. Werk, d.i.
nach Zwecken Gestaltetes, das weist zurück auf poietische Akte,
die wieder voraussetzen mögen gewisse wertende Stellungnahmen,
Begehrungen usw. Zu all dem nehme ich keine mitwertende, mit-
wünschende, mitwollende, die Willensrichtung billigende Stellung:
Das Werk ist für mich Phänomen als Werk, ich nehme es uninteressiert im Charakter des Erstrebten, in solchen und solchen Typen des
Handelns Erwirkten als solchen. Ferner, sofern es Kunstwerk ist,
versetze ich mich in alle zugehörigen ästhetischen Akte, aber ich
stelle mich wieder nicht auf ihren Boden, ich habe nicht das Kunstwerk zu genießen oder über den Kunstwert zu urteilen, sondern das
Kunstwerk ist für mich wie als Werk so als Substrat schön zu wer-

tender Erscheinungen bloß Phänomen. So für alle Wirklichkeits-
und Wertgestaltungen, Werke und Handlungen, für alle Natur und
Kultur.

Ich als phänomenologisches Ich mache alles und jedes im reinen
Sinn Phänomenale nach seiner Typik, nach seinen Wesensgestaltungen zum Thema: Unter „Phänomen" in diesem Sinn gibt es keine
Naturwirklichkeiten schlechthin, keine ethischen, ästhetischen, reli-
giösen Wirklichkeiten, keine Wirklichkeiten der Kultur, aber auch
keine entsprechenden reinen Möglichkeiten schlechthin. Den Charakter des Phänomens gibt ihnen die beschriebene Uninteressiertheit.
Das All der möglichen Phänomene ist also Korrelat des
Alls möglichen Bewusstseins und ist zugleich als Phänomen,
was es ist, nur als im möglichen Bewusstsein Bewusstes, also ihm
gegenüber unselbstständig. Bewusstsein kann man nicht studieren, ohne sein Bewusstes in Rücksicht zu ziehen; das Bewusste ist
andererseits als solches nur denkbar als Bewusstes dieses oder jenes
möglichen Bewusstseins.

Man kann aber im reinen Bewusstsein nach zwei Seiten Studien
machen. Es sollen die Wesensartungen möglichen Bewusstseins
überhaupt, die einen möglichen Erlebnisstrom ausmachen, studiert
werden, die Wesenstypen der Wahrnehmung, der Erinnerung, der
Phantasie, des Abbildungsbewusstseins, des signitiven Bewusstseins,
die Akte des Explizierens, des kolligierenden Zusammenfassens, des
Herausnehmens, des Beziehens, des Begreifens, des Prädizierens,
des Wertens, des Wünschens, Begehrens usw. Das Studium ist mor-
phologisch, aber nicht empirische Fakta, sondern in eidetischer Intuition Wesenstypen werden abgegrenzt, geordnet, beschrieben, rein,
wie sie sind. Es kann dabei rein das Absehen darauf gehen, die
reellen Strukturen solcher Erlebnistypen zu studieren, die Bestandstücke, die abstrakten Momente, die Verbindungsformen, durch
die sie sich aufbauen, durch die typisch aus Elementen immer höhere
Gebilde erwachsen.

Man kann andererseits auf das intentionale Was, das im Bewusstsein bewusst ist, auf das Angeschaute, leer Vorgestellte, Gedachte, Gewertete, Gewollte und Gehandelte als solches den theoretischen Blick richten, auf das Gegenständliche selbst, seine Merkmale, Gestaltungen usw., aber eben als Gegenständliches solcher
Bewusstseinsarten, und dann wieder im wechselnden Modus seines

Bewusstseins, also genommen mit den von daher kommenden Setzungscharakteren, wirklich, möglich, wahrscheinlich, wertvoll, lieblich, nützlich usw., oder betrachtet nach den Modi der Klarheit oder Unklarheit, Anschaulichkeit oder Unanschaulichkeit, Leibhaftigkeit oder Bildhaftigkeit, Scheinhaftigkeit usw., in denen es sich gibt. Nach all diesen und noch vielen anderen Richtungen sind die „Phänomene" zu betrachten, und während vorhin reelle Bewusstseinsanalyse betrieben wurde, d.i. Deskription der Erlebnisse nach ihren wirklichen Teilen, Bestandstücken, wird jetzt intentionale Analyse und Durchforschung intentionaler Aufeinanderbezogenheiten und Einheiten betrieben. Das eine heißt noetische Forschung (Titel „Noesis"), das andere noematische („Noema"). Mit beidem sind natürlich zwei untrennbar aufeinander bezogene Betrachtungsrichtungen bezeichnet, denn Bewusstsein ist ja nichts, ohne etwas in irgendeinem Modus bewusst zu haben, und das Bewusste als solches nichts ohne Bewusstsein.

Blickt man von hier aus auf die transzendentalen Erkenntnisprobleme („Erkenntnistheorie", „Vernunftkritik"), die der Menschheit in ihren primitivsten Formen schon durch den antiken Solipsismus aufgedrängt worden sind und die seit Descartes zur Haupttriebkraft der neuzeitlichen Philosophie geworden sind, so überzeugt man sich bald unter Bestätigung meiner früheren Behauptungen, dass sie im Kreis der Problematik liegen, die wir soeben beschrieben haben, und dass sie zu reinen Problemen mit reinen Lösungen nur im phänomenologischen Feld werden können (und eben damit ist gesagt, dass alle „metaphysischen" Probleme, alle Fragen nach der letzten erreichbaren Wahrheit bzw. nach dem letzten erreichbaren Sinn der gegebenen Welt, obschon nicht selbst transzendental-phänomenologisch, doch auf die transzendentale Phänomenologie zurückbezogen sind, also für ihre Inangriffnahme einer solchen Phänomenologie bedürfen). Eben darum nennen wir die eidetische Phänomenologie unseres Sinnes transzendentale Phänomenologie. In primitivster Form können wir etwa ausführen: Die Welt ist für mich, den Erkennenden, da durch Zusammenhänge meiner Erlebnisse, die der Titel „Erkenntnis der Welt" umspannt, durch meine Erfahrungen, also Wahrnehmungen und Erinnerungen usw., durch meine in diesen fundierten Erfahrungsurteile mit allen in sie eingehenden Akten der Explikation, Kollektion,

Disjunktion, Beziehung, Abstraktion, Ideation, Prädikation, Beziehung usw., die sie voraussetzen, Prozesse, die sich im mittelbar begründenden Induzieren, Deduzieren usw. immer höher gestalten. Vor der Erfahrung ist keine Welt da, und was in der Welt in Wahrheit ist und wie sie ist, ist für uns nur da durch solche Prozesse. Diese Prozesse, meinen wir, müssen eine besondere Gestaltung haben, die einer von Evidenz durchleuchteten Begründung, wenn wir des wahrhaften Seins versichert sein sollen. Aber ist nicht die Welt an sich und dieser ganze Prozess Lebensgestaltung des Erkennenden? Wie kümmert sich eine an sich seiende Welt um unsere Erkenntnisgestaltungen und selbst um die eventuell ihr immanente Evidenz?

Am Ende läuft in meinem Erlebnisstrom ein Prozess der Erfahrung und so genannten evidenten oder vernünftigen Erfahrungsdenkens über eine erfahrene Welt ab, und trotz aller Evidenz oder Vernünftigkeit ist gar keine Welt oder ist sie total anders, als ich in Evidenz meinte? Hat nicht am Ende ein cartesianischer Lügengeist das Ich so gestaltet, dass alles Transzendente trotz aller inneren Evidenz, noch so exakter wissenschaftlicher Evidenz, bloße Illusion ist? Die Frage ist nicht: „Wie sollen wir die Existenz der Welt beweisen?", sondern: „Wie sollen wir die Erkenntnis einer erkenntnistranszendenten Welt verstehen?" Wie sollen solche Probleme anders behandelt werden als dadurch, dass man die Wirklichkeit der gesamten transzendenten Welt eben in Frage stellt, also von dieser Wirklichkeit prinzipiell in einer universellen Urteilsenthaltung keinen Gebrauch macht und auf das reine Bewusstsein und näher auf Erkenntnisbewusstsein zurückgeht? Es ist dabei zu beachten, dass keine einzelne Wirklichkeit hinsichtlich der Möglichkeit ihrer Erkenntnis ausgenommen ist und jedwede in gleicher Weise das Problem mit sich führt. Wie könnten wir also anders vorgehen denn phänomenologische Reduktion ⟨zu⟩ üben und dann ⟨zu⟩ fragen: Wie sieht überhaupt Erkenntnis aus und speziell transzendente Erkenntnis, was gehört zu ihrem Wesen nach allen Gestaltungen, wie macht sie transzendente Wirklichkeit in sich bewusst, wie setzt sie das Bewusste als wirklich, und wie sieht „Bewährung der Wirklichkeit" aus? Ist die Erkenntnis es, durch welche äußeres Dasein überhaupt erst bewusst wird, dann muss sie doch in ihrem eigenen Wesensgehalt dem Begriff Transzendenz Sinn geben: Das äußere Sein

überhaupt und darin zum Beispiel das Sein eines physischen Dinges und der Sinnesgehalt physischer Dinge selbst muss erst in der
eigenen Sinngebung des Bewusstseins entspringen, und darauf müssen wir zurückgehen, um uns zur Klarheit zu bringen, was das Ding
und das An-sich-Sein des Dinges gegenüber dem Subjekt bedeutet, was dabei Evidenz ist und leistet usw. Alle Objektivität ist nur zu
verstehen aus der eigenen Leistung der reinen Subjektivität und ist
nur zu verstehen in der Einstellung phänomenologischer Reduktion
und in der eidetischen Einstellung, in der Einsicht in die wesensnot-
wendige Leistung, die doch nur aus der immanenten Artung des
jeweiligen reinen Erkenntnisbewusstseins nach den zusammengehörigen verbundenen Gestalten verständlich werden kann.

Alle Verwirrungen der Erkenntnistheorie (oder besser ausgedrückt
Transzendentalphilosophie) beruhen in erster Linie darauf, dass man
sich von der natürlichen Einstellung nicht freigemacht, nicht radikal
alle transzendenten Wirklichkeiten ausgeschaltet hat, oder, was dasselbe, dass man den vollen Sinn der Probleme überhaupt nicht verstanden hat. Aber noch ein anderes hat die frühere Erkenntnistheorie
unfruchtbar gemacht. In ihrem echten Sinn liegt es, dass sie objektiv
wahres Sein und Bewusstsein nicht nur überhaupt in leerer variabler
Allgemeinheit, sondern in konkreter Weise in Beziehung setzen
muss unter dem Gesichtspunkt all der zur Idee der Erkenntnis überhaupt gehörigen Aktarten und dann unter dem Gesichtspunkt aller
die logische Idee „Gegenstand" materiell besondernden Gegen-
standsregionen und der auf sie bezüglichen Wesenstypen von
Wissenschaften. Man muss das Bewusstsein selbst in all seinen
Funktionen konkret studieren! Aber als reines Bewusstsein.

Sowie man diesen echten Boden hat, also zur Erkenntnis der Notwendigkeit einer methodischen phänomenologischen Reduktion
durchgedrungen ist, ohne die man keinen Boden transzendental reiner Anschauung haben kann, sieht man, dass wahrhaft Seiendes
nichts anderes sein kann als das Wesenskorrelat desjenigen Typus
von Vernunftbewusstsein oder Evidenzbewusstsein, von dem es
in natürlicher Einstellung heißt, dass dadurch der Mensch der (im
Voraus geglaubten) Wirklichkeit sich versichere. Das ist aber nicht
ein einzelnes Erlebnis, eine einzelne Erfahrung, sondern zum Beispiel in Bezug auf die physische Natur der ideell unendliche Prozess
einstimmiger Erfahrungen und darauf sich gründenden wissenschaft-

lichen Denkens, in deren mannigfaltigen Akten zwar jeder sein eigenes immanentes Objekt hat, aber so, dass in diesem fortschreitenden Erkenntniszusammenhang, in allen zusammengehörigen und bewusstseinsmäßig verbundenen Gliedern, das immanente Was als dasselbe, als immer näher und vollkommener begründetes und in Originalität oder Evidenz begründetes bewusst ist. Daher ist das Absehen der transzendentalen Erkenntnistheorie, so weit sie, wie traditionell, ausschließlich auf die Möglichkeit der Erkenntnis einer realen Welt gerichtet ist, in erster Linie auf die transzendentale Erforschung der Erfahrung gerichtet gewesen. Aber was hier notwendig ist, ist das Studium in voll lebendiger Anschauung, das Studium nicht nur einzelner Gestalten, sondern aller Zusammenhangsgestalten, und dann weiter muss das Studium gehen auf die darauf zu gründenden Wesensgestaltungen wissenschaftlicher, in theoretisch-logischen Formen verlaufender Begründungen.

All das aber ist nur ein kleiner Ausschnitt des Bewusstseins überhaupt und kann nicht in seiner Isolierung betrachtet ⟨werden⟩; es muss der ganze Zusammenhang möglicher Erkenntnis und schließlich der ganze Zusammenhang möglichen Bewusstseins genommen werden. Alle Erkenntnistheorie, die in leeren Allgemeinheiten sich bewegt, statt daran zu gehen, die fast unglaublich mannigfaltigen und verwirklichten Wesenstypen des anschauenden und denkenden Bewusstseinslebens konkret-anschaulich in phänomenologischer Reduktion zu studieren, muss notwendig ohne wirkliche und endgültige wissenschaftliche Frucht bleiben. So wie natürlich-dogmatische Wissenschaft wirkliche Wissenschaft nur dadurch ist, dass die Natur selbst in konkreter Erfahrung in Beobachtung und Experiment studiert und alle Theorie nach dieser empirischen Anschauung orientiert wird, so wie auch apriorische Wissenschaft derart, dass Geometrie nur fruchtbar sein kann dadurch, dass sie ihre Begriffe aus konkreter eidetischer Intuition schöpft und nicht mit leeren anschauungsfremden Wortbegriffen spekuliert, so kann auch Erkenntnistheorie nur wirkliche und echte Wissenschaft sein dadurch, dass sie Erkenntnis in sich selbst studiert und dem Sinn ihrer Problematik entsprechend als reines Bewusstsein studiert in der originär gebenden Anschauungsart, die hier eben in Frage kommt, die der eidetischen und transzendentalen Reflexion. Eine Erkenntnistheorie zum Beispiel ohne Phänomenologie der Wahrnehmung, der Erinnerung, der Phantasie und all der oben beispielsmäßig bezeichneten Akte ist ein Nonsens. Und jeder solche Titel führt zu Deskriptionen von einer zunächst ganz überwältigenden Vielfältigkeit.

Hierbei[1] ist Folgendes zu erwägen: I) Wenn wir mit erkenntnistheoretischer Reflexion anheben, so finden wir als bereits exemplarisches Material mancherlei vorwissenschaftliche und auch wissenschaftliche Erkenntnisakte vor, die wir in Wesenseinstellung und in der methodischen Haltung der phänomenologischen Reduktion studieren können, oder korrelativ mancherlei Erkenntnisobjekte, die wir in noematischer Wendung rein als Gegenstände der jeweiligen Erkenntniserlebnisse und möglicher weiterer Erkenntniserlebnisse studieren können, die sich uns als zu denselben Gegenständen möglicherweise gehörig darbieten. Man kann und muss das wissenschaftliche Erkenntnisbewusstsein, so weit es über das vorwissenschaftliche hinausgeht, zunächst ausschließen und sich in der vortheoretischen Sphäre umtun und dann an das wissenschaftliche herantreten. Dabei sind allgemeine und besondere Betrachtungsweisen zu unterscheiden. In der vortheoretischen Sphäre finden wir mancherlei Typen von Gegenständen, physische Dinge, organische Wesen, Tiere und Menschen, menschliche Gesellschaften, Staat, Kirche usw., Kulturobjekte wie Waffen, Werkzeuge, Kunstwerke usw., vorgegeben.

1) Wir können irgendwelche Beispiele herausgreifend und die Gegenstände noematisch als Gegenstände der Erkenntnis überhaupt betrachtend (d.i. hier der vortheoretischen Erkenntnis, vor allem der anschaulichen Erfahrung), phänomenologisch das Formal-Allgemeine im Auge haben. Das heißt, wir sind auf die Frage eingestellt: Wie sind Gegenstände überhaupt vortheoretisch gegeben, in welchen Modi sind sie symbolisch und unmittelbar anschaulich bewusst; was für Modi symbolischer und anschaulicher Gegebenheit sind zu unterscheiden, gleichgültig um was für gegenständliche Regionen es sich handelt; in welchen phänomenologischen Beziehungen stehen *a priori* diese Modi; wie sind alle anschaulichen Gegenstände, genommen im Modus ihrer Anschaulichkeit und ⟨in⟩ dem Sinn, den sie ihnen verleihen, aufeinander bezogen; wie weist alles

---

[1] *Randbemerkung* Die ⟨*später gestrichen* transzendentalen⟩ Leitfäden. *Dazu spätere Ergänzung* Oder die noematisch-ontischen Leitfäden der transzendentalen Untersuchungen.

symbolische Bewussthaben auf ein Anschauliches, wie alles Anschauliche auf die Wahrnehmung als leibhaftiges Bewusstsein zurück usw.? Man kann sagen, der transzendentale Leitfaden der Untersuchung ist hier die formale Idee „Gegenstand überhaupt".

2) Man kann und muss aber auch nach Regionen verfahren, also weitere Betrachtungen anstellen, die transzendental geleitet sind von jeder sachhaltigen Region von Gegenständlichkeiten, um die sich besondernden Problemgruppen einzeln zu behandeln. Zum Beispiel „physisches Ding" bezeichnet eine besondere Region von Gegenständen, und zwar äußeren Gegenständen überhaupt. Wie sehen vortheoretisch bewusste Dinge und später dann anschauliche als Dinge aus, in welchen Gegebenheitsmodi sind sie als solche Dinge gegeben? Wie sehen die dinglichen Bewusstseinsweisen aus? Und da treten die Abschattungen, die Aspekte auf, deren Strukturen dem Sinn des Erscheinenden parallel gehen. Ebenso für andere Grundklassen von vortheoretisch gegebenen Objekten. Also da handelt es sich um eine Morphologie vor allem der den gegenständlichen Regionen entsprechenden Anschauungen nach Noesis und Noema.

In dieser vortheoretischen Bewusstseinssphäre bilden also, können wir sagen, die Idee „Gegenstand überhaupt" mit ihren kategorialen Abwandlungen und die sämtlichen Regionen als die obersten Gattungen in sachhaltiger Anschauung zu belegender Gegenständlichkeiten die transzendentalen Leitfäden.

II) Ziehen wir nun die Wissenschaften heran, die uns als Menschen dieser höchst gerühmten Kultur vorgegeben sind und vorgegeben als Korrelat seines komplexe Gestalten theoretisch gestaltenden und Wahrheit begründenden Bewusstseins, das in jeder Wissenschaftsgruppe seine besondere Typik hat:

Wir finden dann wieder 1) eine Sphäre allgemeinster phänomenologischer Fragestellungen, nämlich solcher, die auf Wissenschaft überhaupt und wissenschaftliches Denken überhaupt und damit auf Gegenständlichkeit überhaupt als Thema wissenschaftlicher Bestimmung überhaupt gerichtet sind. In Verbindung mit der allgemeinen Theorie der Erkenntnisstufe vortheoretischer Gegenständlichkeit überhaupt ergibt diese eine formal-allgemeine Theorie der wissenschaftlichen Erkenntnis von Gegenständlichkeiten überhaupt. (Denn es ist ja früh einzusehen, dass wissenschaftliche

Erkenntnis von Gegenständlichkeit überhaupt die höhere und ab-
schließende Erkenntnisstufe ist, die ohne die untere Stufe vortheoretischer und später unmittelbar anschaulicher Erkenntnis nicht
denkbar ist.)[1]

Nun haben wir als Ergebnis der Geschichte eine von Platon und
Aristoteles bis zur Gegenwart hin in immer reicheren Disziplinen
ausgestaltete formale Wissenschaftstheorie und korrelativ
formale Wissenschaft von Gegenständen überhaupt: Ihr gehören die
freilich noch zu reinigenden und klärenden Disziplinen formale Logik, reine Arithmetik, reine Mengenlehre, reine Analysis mit vielen
Sonderdisziplinen ⟨zu⟩. In Anlehnung an einen leibnizschen Terminus gebrauche ich für die Gesamtheit dieser durchaus einheitlich
zusammengehörigen Disziplinen den Ausdruck „*mathesis universalis*". Sie ist wie jede apriorische Disziplin, die nicht auf das
reine Bewusstsein geht, keine Phänomenologie. Aber offenbar sind
die beschriebenen formal-allgemeinen phänomenologischen Untersuchungen wesentlich auf sie bezogen, auf ihre Grundbegriffe und
Grundsätze. Hat man sie also schon in irgendeiner erträglichen Ausbildung, so können die Grundbegriffe und Grundsätze in
phänomenologischer Reduktion als Leitfäden der Untersuchung dienen. Also die logischen Begriffe, die sich auf den *logos*, auf die Wesenskonstituentien der Idee des Satzes beziehen, wie
kategorialer Satz, Existentialsatz usw., und die korrelativen allgemeinsten formalen Kategorien, die sich um die Idee des „Gegenstands überhaupt" gruppieren, wie Gegenstandsbeschaffenheit, Relation, Ganzes, Teil, Mehrheit, Einheit, Anzahl, Gattung, Art usw.
Natürlich: Ist die formale *mathesis* wirklich entwickelt, so ist sie
jederzeit in Einsicht zu verstehen und in ihrer Geltung gegeben, also
jeder Terminus vertritt dann einen in einsichtiger Wesenserschauung
zu erfassenden Typus, und im Vollzug solch einer Einsicht ist das
ganze Spiel von Erkenntnisakten am Werk, die das formale Wesen
des Gegenstands hinsichtlich der jeweiligen Kategorien wie Eigenschaft, Beschaffenheit, Ganzes usw. und zugehörige wesensgesetzliche Zusammenhänge zur originären Gegebenheit bringen, es sozusagen selbst und absolut greifbar machen.

---

[1] *Spätere Randbemerkung* 2) Das Entsprechende für besondere Regionen.

Aber hier ist Verschiedenes zu bedenken. Einerseits ist es offenbar etwas anderes als logisch und mathematisch denkend die Einsichtsakte ⟨zu⟩ vollziehen und von ihnen selbst ein Wissen ⟨zu⟩ haben. Die Probleme der Möglichkeit einer Erkenntnis überhaupt in formaler Allgemeinheit betreffen ein gesuchtes klareres Verstehen, wie Gegenstände überhaupt zur Erkenntnis von ihnen stehen, wie Erkenntnis leistet, was sie leistet, und welchen Sinn Gegenständlichkeit als Gegenständlichkeit, d.i. die solcher Leistung entspringt, haben kann. Während also der wissenschaftlich-theoretisch Denkende und Lehrende, z.B. der Arithmetiker, naiv mathematisiert, muss der Erkenntnistheoretiker reflektieren und in phänomenologischer Reduktion sich das Wesen der Erkenntnisleistung und der Erkenntnisgegenständlichkeit als Gegenständlichkeit in solcher Leistung zum Thema seiner ganz andersartigen Erkenntnis machen. Mathematik ist nicht transzendentale Theorie der mathematischen Erkenntnis. Aber alles, was der Mathematiker nach Grundbegriffen, Grundsätzen einfach gegeben hat, wird nun zum Leitfaden transzendentaler theoretischer Untersuchung, und zwar so, dass das Mathematische in vollkommenster Einsicht vollzogen und dann eben diese Einsicht selbst, das ursprüngliche Bewusstsein, in dem das Mathematische voll eigentlich gegeben ist, nach Noesis und Noema zum Forschungsthema wird. Die Grundbegriffe der formalen *mathesis* sind aber nichts anderes als Ausdrücke für die formal-allgemeinsten Wesensgestaltungen möglicher theoretischer Gestaltungsweisen von Gegenständlichkeit überhaupt. So sind also formale Erkenntnistheorie, welche die allerallgemeinsten Probleme von möglicher Erkenntnis und Erkenntnisgegenständlichkeit behandelt, und *mathesis universalis* aufeinander korrelativ bezogen.

Es ist ferner zu beachten, dass hier der Grund ist, warum jede radikale Klärung der Grundbegriffe und Methoden der Wissenschaft (und was für die *mathesis* gilt, gilt dann ebenso für jede andere Wissenschaft) so innig mit transzendentaler Erkenntnistheorie zusammenhängt. Keine Wissenschaft, wie sie natürlich erwächst, hält sich im Rahmen reiner Evidenz. Manche Verunreinigungen können in erheblichem Umfang für Erkenntniserfolge unwirksam sein, während sie doch einmal zu Verirrungen führen. Zudem ist alles höherdrängende wissenschaftliche Erkennen symbolisch. Einmal Erkanntes wird sprachlich fixiert, angelernt in äußerlicher sprachlicher Gestalt, während die Evidenz, die ursprünglich und urzeugend fungierte, im mechanisierten Denken fehlt. Man vertraut darauf, dass man sich sie wieder verschaffen, von den Symbolen und symbolischen Urteilen zurückgehen kann in die Einsicht gebenden Denkprozesse. Aber eben dadurch entspringen Mängel für den Wissenschaftsbetrieb selbst. Da die Einsicht fehlt, mengen sich in die symbolischen Begriffe leicht unzugehörige begriffliche Bestände, oder Verwechslungen werden möglich, die in der Evidenz unmöglich waren. Es erwächst also das beständige Bedürfnis nach immer neuer Klärung der Grundbegriffe und Grundmethoden.

Diese Klärung aber, die zugleich eine Kritik ist, eine Scheidung des zum Sinnesgehalt rechtmäßig Gehörigen, also in den wissenschaftlichen Urevidenzen wirklich Fungierenden, und des Überschüssigen, sich etwa assoziativ Mitschleppenden und eventuell den Sinn der symbolisch benützten Begriffe und Axiome sehr Schädigenden, eine solche Kritik aber fordert Reflexion und fordert die Vergleichung von Meinung und Gemeintem, Bewusstseinsintentionen und darin Intendiertem. Daher ist die Phänomenologie die große Schule der Klärung, auch wo kein transzendentalphilosophisches Interesse maßgebend ist.

II 2) Was wir hinsichtlich der wesentlichen Aufeinanderbezogenheit ⟨der⟩ formalen Logik und *mathesis* und der formalen Erkenntnistheorie ausgeführt haben, überträgt sich auf die materialen apriorischen und empirischen Wissenschaften und die zugehörigen transzendentalen Erkenntnistheorien. Auch hier besteht eine wesentliche Aufeinanderbezogenheit. (Zunächst ist es wichtig, immer wieder zu betonen, dass es nicht genug ist, in formaler Allgemeinheit über wissenschaftliche Erkenntnis und wissenschaftliche Gegenständlichkeit nachzudenken und in dieser Allgemeinheit die transzendentalen Probleme zu lösen. So überreich sie schon sind, so viele Untersuchungen sie erfordern, sie reichen nichts weniger als aus.)

Jede sachhaltige Region bezeichnet ideal gesprochen das Gebiet einer apriorischen Wissenschaft. So ist zum Beispiel physische Natur das Gebiet der apriorischen Naturwissenschaft. (Kants reine Naturwissenschaft.) Mit[1] ihren Grundbegriffen und Grundsätzen bietet sie naturgemäß Leitfäden für sachhaltige transzendentale Untersuchungen. Eine transzendentale Theorie von Erkenntnis und Gegenständlichkeit überhaupt betrifft, wie schon gesagt, nur das, was für Gegenständlichkeiten welchen sachhaltigen Typus immer gilt. Es bedarf einer besonderen Theorie der theoretischen Erkenntnis für jede Region in ihrer Eigenwesentlichkeit. Und da das wahrhafte Sein von Gegenständen überhaupt Korrelat nicht bloß schlichter Anschauung, sondern theoretischen Denkens ist, so haben wir zum Beispiel der reinen Geometrie eingereiht eine Theorie, und zwar transzendentale Theorie der geometrischen Erkenntnis, die phänomenologisch die Wesensgestaltungen der geometrischen Intuition und ihre Korrelate Raum, Raumgestalt usw. studiert und in höherer Stufe die Eigenart theoretisch-geometrischer Leistungen. Eine Phänomenologie der Räumlichkeit und Raumzeitlichkeit ist ein eigenes ganz gewaltiges Thema, von dem eine formal-allgemeine Erkenntnistheorie nichts weiß. Ebenso die Phänomenologie der Physik und physischen Dinglichkeit im vollen Sinn, die also nicht nur erforscht, wie ein materielles Ding überhaupt vortheoretisch nach allen seinen Wesensmomenten und nach allen spezifisch dinglichen Besonderungen der Kategorien in Bewusstseinsgestaltungen zur Gegebenheit kommt, durch welche Erscheinungsmannigfaltigkeiten und Wesensschichten in diesen Mannigfaltigkeiten, sondern auch in welcher Weise sich dann Theorie, und nicht Theorie überhaupt, sondern naturwissenschaftliche Theorie etabliert, nicht Wissenschaft überhaupt, sondern mögliche Naturwissenschaft. Deren Korrelat ist das Ding der Physik, das nun erst als Korrelat einer phänomenologisch studierten naturwissenschaftlichen Erkenntnis verständlich wird, und zwar in eidetischer Allgemeinheit. So für alle Regionen. Zum Beispiel für all das, was der vage Titel „Geist" als Thema der Geisteswissenschaften umspannt.

Wir ersehen da den philosophisch fundamentalen Zusammenhang zwischen apriorischen Disziplinen und phänomenologischen Disziplinen. Wir erkennen, wie viel für eine Transzendentalphilosophie eine vorangegangene Ausbildung apriori-

---

[1] *Dieser Satz wurde später eingefügt.*

scher Disziplinen bedeutet. Ohne dass der Phänomenologe selbst
diese Disziplinen treibt, ohne dass er Geometer, Naturwissenschaftler wäre, benützt er doch die prinzipiellen Grundlagen und methodischen Leistungen in diesen Disziplinen als Leitfäden seiner transzendentalen Untersuchungen. Sind solche apriorischen Wissenschaften noch nicht da, so wird er dazu gedrängt, sie nach allgemeiner Idee und nach Grundbegriffen zu entwerfen, also um der
Phänomenologie willen dogmatische Wissenschaft zu begründen.
Sind empirische Wissenschaften da, so dienen sie ihm als singuläre
Möglichkeiten, wie korrelativ die gegebene Welt für ihn Exempel
der Idee „Welt überhaupt" wird. Und von da aus erwägt er
mögliche empirische Wissenschaft überhaupt des betreffenden Wesenstypus – womit er schon in apriorischen Betrachtungen und in der
Schöpfung entsprechender Ontologien steht. Doch selbst so weit
natürlich entwickelte apriorische oder mindest empirische Wissenschaften vorliegen, dürfen sie von dem Transzendentalphilosophen
nicht als fertige Vorgegebenheiten hingenommen werden. Hinsichtlich ihrer prinzipiellen Grundbegriffe und Grundsätze muss er an
ihnen eine ontologische Arbeit tun. Er muss bis ans Letzte gehen,
an die letzten, nicht mehr auflöslichen, absolut primitiven Grundbegriffe und Begriffe von Wesenselementen und primitiven Verbindungsformen, auf die allerletzten, nicht mehr erwiesenen, also absolut unmittelbaren Axiome, die absolut letzte Wesensgesetze ausdrücken; denn nur dadurch gewinnt der Phänomenologe die wahren
Leitfäden für die korrelativen Bewusstseinsstrukturen. Das Mittel-
bare entstammt der Schlussfolgerung, die ihre formale, in allen Ge-
bieten gleiche Typik hat. So versteht sich zum Beispiel das ungeheure Interesse, das der Philosoph zum Beispiel an den modernen
Untersuchungen der Mathematik ⟨hat⟩, die auf eine absolut primitive
axiomatische Begründung der Mathematik gerichtet sind, und warum
die Philosophen selbst sich an solcher Arbeit beteiligen. Sie bildet
den notwendigen Vorhof philosophischer Arbeit.[1]

---

[1] *Später gestrichen* Freilich, eine Phänomenologie und phänomenologische Erkenntnistheorie kann anfangen ohne all das, aber sie schwebt dann im Beschränkten oder Zufälligen,
und um darüber hinauszukommen, bedarf es der „transzendentalen Leitfäden". Also in
einem anderen und tieferen Sinn als bei Kant werden die logischen Formen und die
ont⟨ischen⟩ Gegenständlichkeiten Wesensgestalten oder zu transzendentalen Leitfäden für eine
formale Transzendentalphilosophie. Ebenso die mit regionalem, also sachhaltigem Gehalt er-

Die Tendenz der neuen Phänomenologie und phänomenologisch fundierten Philosophie geht hier in ihrem Radikalismus auf letzte und noetisch-noematische Klarheit mit der cartesianischen Tendenz auf absolut sichere Wissenschaften *eo ipso* Hand in Hand und mit der Tendenz, die Allheit überhaupt möglicher Wissenschaften in vollkommenster Evidenz und systematisch aus dem einen Urgrund der Vernunft entquellen zu lassen, um so der Idee der absoluten Erkenntnis, d.i. eben der philosophischen, genugzutun. Natürliche dogmatische Wissenschaft haben wir vor der Philosophie, aber vollkommen objektive Wissenschaft ist nur möglich im Rahmen einer Philosophie und unter methodischer Arbeit der Philosophie. Sie ist dann aber nicht mehr bloß dogmatisch. Die Naivität, in der das Objektive erforscht wird, ohne dass auch die Wesensbeziehungen zwischen Bewusstsein und Objektivität transzendental erforscht werden, ist aufgehoben. Die letzte dogmatische Wissenschaft ist diejenige, an der die letzte klärende Arbeit schon getan ist und die neben sich hat eine zugehörige Phänomenologie. Mit ruhigem logischem Gewissen steht oder stand eine solche objektive Wissenschaft auf dem natürlichen Boden; sie kann in natürlicher Einstellung forschen, ohne die Reflexion fürchten zu müssen; sie weiß, dass neben ihr alle transzendentalen Probleme in einer transzendentalen Phänomenologie bearbeitet werden; so ist der Mensch jederzeit in der Lage, reflektiv Sinnesfragen und transzendentalphilosophische Fragen unverwirrt zu beantworten und vor aller verkehrten Metaphysik sicher zu sein.

---

füllten Formen, mit anderen Worten, die Kategorien jeder Region und die Grundsätze jeder Region, werden zu transzendentalen Leitfäden der regionalen Phänomenologien und Erkenntnistheorien. Überall gilt dann, dass die transzendentale Leistung unendlich fruchtbar wird für die empirischen und apriorischen Disziplinen selbst, für die radikale Klärung ihrer Grundbegriffe und Methoden.

⟨II. Teil
Überlegungen zu einer transzendentalen
Theorie von Natur und Geist⟩

⟨Die Gliederung in Dinge und Subjekte gemäß
der Unterscheidung von Natur und Geist⟩

Nach der durchaus unentbehrlichen allgemeinen Einleitung in die Phänomenologie und transzendentale Erkenntnistheorie überhaupt und im Besonderen in die transzendentale Theorie auf äußere Wirklichkeiten und Möglichkeiten gerichteter Erkenntnis, also in die Natur- und Geisteserkenntnis, nehmen wir die früher angesprochenen Themen wieder auf.

. Wir hatten ja schon, aber in ganz naiver Weise, angefangen, uns erste Gedanken über die Scheidung von Natur und Geist zu machen. Wir hatten schon die Welt als die Welt unseres erkennenden Bewusstseins gefasst, hatten uns schon entschlossen, zunächst alle Einschläge, die das wissenschaftliche Erkennen in das Weltphänomen hineinbringt, auszuschalten und die Welt als Welt des vortheoretischen Bewusstseins zu betrachten. Als erste roheste hierher gehörige Scheidung für Natur und Geist hatte sich die zwischen Subjekten und Dingen ergeben. Das alles halten wir fest, nur dass es in unserer jetzigen phänomenologischen Einstellung eine neue Wertung, seine bestimmte eidetisch-phänomenologische Bedeutung erhält. Im Sinne der letzten, auf Erkenntnistheoretisches bezogenen Ausführungen haben wir der Rückbeziehung alles vortheoretischen Erkenntnisbewusstseins auf ursprünglich gebende Anschauung nachzugehen, also wenn wir den rechtmäßigen Sinn von Natur und Geist suchen (so weit er sich vortheoretisch gibt), diesen eben aus der ursprünglichen Erfahrung, aus der Wahrnehmung und Erinnerung, und zwar der möglichst vollkommenen, sich möglichst allseitig bestätigenden Wahrnehmung oder Erinnerung zu schöpfen und von da aus zunächst eine ontologische Analyse zu vollziehen, so weit eine solche nicht schon in den eventuell apriorischen Wissenschaften von Natur und Geist als Vorarbeit geleistet ist. Das soll ja den transzendentalen Leitfaden für die erforderlichen ersten erkenntnistheoretischen Untersuchungen, und zwar die erfahrungstheoretischen, abgeben, worauf sich dann die weiteren Fragen der Leistung der na-

turwissenschaftlichen und geisteswissenschaftlichen Erkenntnis zu
gründen hätten.

Wir können aber nicht das Ziel einer ganzen und vollen transzendentalen Theorie für Natur und Geist bzw. die Leistungen vorwis-
senschaftlicher und wissenschaftlicher Naturerkenntnis und Geisteserkenntnis stellen, schon darum nicht, weil eine allgemeine Phänomenologie der vor den Vernunftproblemen liegenden Bewusstseinsstrukturen hier nicht vorausgesetzt und nicht gegeben
werden kann, und ebenso nicht eine allgemeine formale Erkenntnistheorie, die äquivalent ist einer transzendentalen Theorie der for-
mallogischen und formal-mathematischen Erkenntnis.

Aber eine zusammenhängende Reihe phänomenologischer und
ontologischer Theorien wollen wir gemeinsam entwerfen, die ohne
größere Voraussetzungen, als wir sie uns bisher scheinbar ohne
Zusammenhang mit unseren eigentlichen Themen erarbeitet haben,
zugänglich sind, Theorien, die allen, welche von Natur- oder Geisteswissenschaften herkommen und das so wenig gestellte Bedürfnis
nach Klarheit über den Sinn und 〈die〉 Leistung dieser Wissenschaften 〈haben〉, neue Perspektiven eröffnen können. Immerfort festzuhalten ist im Weiteren, auch wo wir es nicht mehr ausdrücklich
sagen, die phänomenologische Reduktion mit ihrer der natürlichen Einstellung gegenüber sinnmodifizierenden Leistung und
ebenso der philosophische Zweck ontologischer Analyse, also
einer Analyse, die bezogen ist auf die durch Natur und Geist bezeichneten Typen möglicher transzendenter Wirklichkeiten.

(Die Grundfrage ist also hier: Wie ist transzendente Gegenständlichkeit (für die wir die noch völlig unklaren Titel „Natur" und
„Geist" haben) als Korrelat äußerer Anschauungen *a priori* gegeben?
Die Grundarten äußerer Gegenständlichkeiten nehmen wir nicht als
Grundarten äußerer Wirklichkeiten und äußerer Möglichkeiten
schlechthin, sondern als Leitfäden für noematisch-noetische phänomenologische Forschungen. Das ist immerfort festzuhalten; wir können nicht immer von neuem wiederholen, dass, wenn wir von Dingen
und sonstigen transzendenten Gegenständen sprechen, die Rede in
Anführungszeichen zu setzen ist, dass wir nicht ontologische Untersuchungen, sondern noematische meinen.)

Überblicken wir vom Empirischen ausgehend die äußeren Anschauungen und ihre angeschauten Gegenstände als solche, so sind

uns zwar als Korrelate äußerer raumdinglicher Wahrnehmungen und Phantasieanschauungen eben Dinge, deutlicher Raumdinge, als ein Typus gegeben, aber nicht so, dass wir schon etwas Richtiges damit anfangen könnten. Und ebenso für Subjekte. Um die radikalen noematischen Unterschiede in den gegenständlichen Regionen ursprünglich gewinnen und in ihrer Eigenheit und Aufeinanderbezogenheit verstehen zu können, bedarf es gewisser *a priori* vorgezeichneter noematischer Analysen oder noematischer Operationen. Wir wissen alle, was das Ding und ⟨das⟩ Subjekt nach der klaren Gegebenheit möglicher Erfahrung sind, und dass Dinge nicht Subjekte sind und Subjekte nicht Dinge. In „ontologischer Einstellung" (also in äußerer Wesensintuition) können wir anfangen auseinander zu legen, was *a priori* zu Dingen als solchen gehört.

Für den Anfang brauchen wir nur wenig, es genügen zunächst ganz rohe Hinweise auf ursprünglich zu schöpfende Selbstverständlichkeiten. Jedes mögliche äußere konkrete Individuum, das wir an der Hand exemplarischer äußerer Erfahrung oder möglicher Erfahrung anschaulich gegeben haben oder haben können, ist Zeitobjekt und hat notwendig Zeitprädikate. Ferner, nach idealer Möglichkeit ist zu jedem konkreten Individuum ein anderes und wieder anderes als mitdaseiend zu denken, so *in infinitum*. Also ist eine Unendlichkeit von kompossiblen, d.i. möglicherweise zusammen existierenden, Individuen in jedes mögliche konkrete Individuum eingeordnet zu denken auf unendlich vielfältige Weise.

Wir müssen dabei Existenz in weitestem Sinn verstehen. Setzen wir an, dass die beiden Objekte A und B in ihrer vollen Individualität genommen, also jedes mit seiner Zeitlage, existieren, so haben wir sie als existierend angesetzt. Existenz besagt dann also nicht Gleichzeitigkeit. Nehmen wir nun eine Welt, d.h. also einen Gesamtinbegriff von koexistierenden konkreten Individuen, so gilt das ontologische Gesetz, dass alle diese Individuen sich ihrer Zeit nach in eine einzige Zeit, die also Grundform alles Zusammendaseins ist, einordnen. Denken wir die Allheit des mit einem beliebigen Individuum A Mitdaseienden und die Allheit des mit einem anderen Individuum B Mitdaseienden, so gilt axiomatisch, dass beide Allheiten eine und dieselbe Allheit sind, wofür wir A und B beide als wirklich existierend ansetzen, und beide haben zueinander und zu allen mit-

daseienden Gegenständen eine bestimmte Zeitstellung innerhalb einer unendlichen Zeit. Das ist vor aller wie immer sonst sich vollzie-
henden Theorie und Wissenschaft für äußere Gegenstände, ja für
individuelle Gegenstände überhaupt einzusehen, also unmittelbar aus
den vortheoretischen Gegebenheiten, näher den Gegebenheiten ursprünglich gebender möglicher Erfahrung zu schöpfen. Die Zeit ist
nicht reine Form des Anschauens, sondern des Angeschauten
als solchen, aber in dem angegebenen Sinn, wozu gehört, dass es
sich in einstimmiger Anschauung als wirklich durchhält, was für
äußere Gegenstände nicht selbstverständlich ist.

Wieder gilt von Gegenständen, und zwar äußeren Gegenständen
überhaupt (im Rahmen der durch regionale Verallgemeinerung aus
exemplarischen Gegebenheiten äußerer Erfahrung geschöpften Region), dass alle konkreten Individuen sich der Raumform als einer
universellen und einzigen Daseinsform einfügen in einer näher zu
beschreibenden besonderen Weise, die sich in ontologischen Wahrheiten ausspricht, den Urwahrheiten aller apriorischen Naturwissenschaft. Dinge gegenübergestellt Subjekten sind *res extensae*, sie
haben selbst eine „Ausdehnung" im Raum, d.i. eine „Gestalt", die
sich dem Raum in jedem Zeitpunkt in der Weise der Ruhe oder kon-
tinuierlicher Bewegung einfügt. Subjekte, sofern sie Leiber haben,
die ihrerseits zu den *res extensae* gehören, haben mittelbar eine
Raumbezogenheit, durch den Leib Stellung im Raum. Wieder gilt
der Satz, es gibt nur einen Raum für die raumdingliche Welt bzw.
jede mögliche Welt hat einen einzigen Raum, welches die Form ist,
die alles mögliche existierende extensive Sein umspannt. Das genüge uns hier.

A priori können wir Dinge denken, ohne dass sie Leiber für Subjekte sind, und selbst wenn wir Leiber vor Augen haben, können wir
es denken, dass diese Leiber in Wahrheit nicht Leiber, sondern wie
vielerlei andere Dinge wären, ohne verbunden zu sein mit Subjekten.
Wir verfügen also, wenn wir innerhalb der in der universellen Zeitform gegebenen konkreten Gegenstände uns auf diejenigen beschränken, die durch ihren eigenwesentlichen Inhalt sich der Raumform einfügen, also durch Beschränkung auf die *res extensae*, über
eine klare Scheidung zwischen Natur und Geist. Natur im spezifischen Sinn, das Thema der Naturwissenschaft, sind die bloßen
Dinge, die Dinge als bloße Natur, d.i. die *res extensae*, wobei abge-

sehen wird von der eventuellen Mitverflechtung mit Subjekten, die den betreffenden Dingen den Charakter von Leibern verleiht. Ergänzend hätten wir vortheoretisch das Thema einer Wissenschaft von Subjekten, das Thema einer Psychologie, einer Geisterlehre und einer Psychophysik, das letztere, sofern eventuell die Leiblichkeit als Untergrund des geistigen Lebens nach Wirklichkeit und nach idealer Möglichkeit ebenfalls nur ⟨unter⟩ theoretisch zu erkennenden Gesetzmäßigkeiten, Tatsachengesetzen und Wesensgesetzen stehen sollte.

Indessen, so schnell ist der Begriff der bloßen Natur, der *physis*, die eine physische Naturwissenschaft erforscht, nicht zu schöpfen und die Region zu reinlicher Abgrenzung zu bringen, die allen neuzeitlichen Naturwissenschaften radikale Einheit gibt. Danach wären ja in gleicher Weise Himmelskörper, Steine, Tische und Bänke, Werkzeuge, Bilder, Kunstwerke, Tempel und Kirchen, Waffen, Hundertmarkscheine usw. physische Objekte. Sie sind es alle auch und ihrem Wesen nach, die meisten sind aber noch mehr.

Um das klarzumachen, überlegen wir Folgendes: Die Gegenstände, die irgendein Ich bewusstseinsmäßig vorgegeben hat, nehmen dann weiter, indem es sich ihnen zuwendet und sie zu Themen neuer und neuer Akte macht, z.B. wertender und praktischer Akte, neue Prädikate an, z.B. Wertprädikate, bleibende Bestimmtheiten, die den Gegenständen zuwachsen, mit denen sie in dem künftigen Bewusstsein dann vorgegeben sind. Im Wechselverkehr der Subjekte miteinander gehen solche Prädikate der Schönheit, Nützlichkeit, Zweckmäßigkeit in der Weise der Tradition (in einem weitest zu fassenden Sinn) von Subjekt zu Subjekt über. Wie äußere Gegenstände überhaupt nicht nur Gegenstände für ein Subjekt sind, sondern in einer für jedes Subjekt verständlichen Weise zugleich für die Gesamtheit miteinander möglicherweise sich verständigender Subjekte da sind, so sind sie das auch als vorgegebene Gegenstände hinsichtlich jener immer neuen Prädikate. Solche Prädikate, die den Gegenständen ursprünglich zuwachsen durch die Leistung von Subjektakten, Akten im früher beschriebenen ausgezeichneten Sinn, nannte ich in Ermangelung eines besser passenden Ausdrucks Prädikate der Bedeutung. Äußere Objekte sind (für uns, was sie sind, vermöge der wechselnden Sinngebung des erfahrenden und sonstigen Bewusstseins. Als was sie für uns gegeben sind, sind sie) in beständigem Wandel. Das aber nicht bloß in der Art der Veränderung, sondern auch in der Art, dass sie nach dem ihnen in Wahrheit ⟨zu⟩-kommenden Bestimmungsgehalt identisch und unverändert bleiben und doch vermöge einer sinnschaffenden Leistung auf sie bezogener Akte Schichten neuer Prädikate annehmen, die ihnen verbleiben können, auch nachdem die Akte vorüber sind: Also objektive Prädikate sind gemeint, und auch nicht nur Reflexionsprädikate, die bloß ausdrücken, dass auf die betreffenden Gegenstände die oder jene Akte sich gerichtet hätten. Beispiele werden das konkret klarmachen.

Wenn ich unter herumliegenden Steinen in der Gefahr eines feindlichen Überfalls einige geeignet finde als Wurfwaffen, unter Stücken Holz einige als Keulen oder als Hämmer, und ich sie in den betreffenden wertenden und zwecksetzenden Willensakten dazu bestimme, dann hat sich an den Dingen selbst nichts geändert und doch haben sie für mich eine bleibende Bedeutung, und das sagt, neue Prädikate angenommen: eben diejenigen, die die Worte „Wurfgeschoss", „Keule", „Hammer" speziell und unterscheidend bezeichnen. Ich sehe sie von nun an anders an, bzw. sie selbst geben sich mir, so oft ich auf sie hinsehe, als andere und doch nicht als dinglich geänderte. Ich kann mir ein Holz auch meinen Zwecken gemäß passend zurichten, es bearbeiten, so dass es zu einem Pfahl, einem Brett, einer Lanze, einer Keule wird, als Tischler zu einem Sessel oder Tisch usw. Dann ändert sich das Ding freilich. Aber es steht vermöge meiner Handlung (Handlung = nicht nur ein objektiver Vorgang überhaupt, sondern ein durch ein Wollen, ein zweckmäßig gerichtetes Intendieren und Realisieren beseelter Vorgang) und vermöge meiner bleibenden praktischen Stellungnahme einer Zweckbestimmung in einer geistigen Bedeutung da, als ein Werk, als eine Zweckgestaltung und zudem als ein Objekt, das bleibend bestimmt und geeignet ist, gewissen mir künftigen Zwecken dienlich zu sein.

Allgemein gilt: Geistige Bedeutung, bestehend in gewissen dem Objekt zugehörigen Prädikaten, ist ursprünglich das Leistungskorrelat gewisser vorgegebenen Gegenständen Bedeutung zuerteilender Subjektakte. Damit hängt zusammen, dass solche Prädikate voll anschaulich nur verstanden werden können, wenn man auf eine tätige Subjektivität zurückgeht, und voll anschaulich verständlich werden sie, wenn man diese explizit als solche Akte vollziehende Subjektivität denkt, als deren Korrelat und Leistung dann an den Objekten die betreffenden Prädikate ursprünglich sich konstituieren. Die von irgendwelchen Subjekten erteilte, in der Bedeutungsverleihung geschaffene Bedeutung wird nicht bloß verstanden, sondern aktiv übernommen, wenn andere Subjekte die in den verständnismäßig aufgenommenen Akten enthaltenen praktischen Stellungnahmen mitmachen und so die Bedeutung gelten lassen. Dabei ist es sofort klar, dass alle solche Akte bzw. alle solche Bedeutungsprädikate fundiert, also höherstufig sind, dass Objekte schon ursprünglich für irgendein Subjekt da, vorgegeben sein müssen, damit es sich zu ihnen in tätigen Akten verhalten und ihnen die Bedeutung eines Zweckobjekts, einer Waffe, eines Werkes, eines Werkzeugs, einer Maschine, eines Wegweisers usw., zuteilen kann.

Klar scheidet sich dabei jede Veränderung, die den vorgegebenen Gegenstand als realen Gegenstand verändert (und selbst wenn das Subjekt eingreift, die von ihm erwirkte reale Veränderung), von der Schöpfung oder Wandlung jener ganz anderen Prädikate, die als Prädikate dem Realen in Wahrheit zugeschrieben werden und die doch nicht reale Prädikate sind und die daher in ihrem Neuauftreten und Sichwandeln durchaus nicht überall mit realer Veränderung Hand in Hand gehen müssen. Das zeigten schon die ersten Beispiele, und andere sind leicht zu finden: Ich kann mir auf der Wanderschaft durch einen weglosen Wald irgendeinen auffällig gestalteten Baum als Kennzeichen merken und ihn dazu bestimmen. Das ändert an ihm real gar nichts und doch ist er für mich weiterhin eben Kennzeichen, eine Bedeutung, die sich dann auch auf beliebig viele andere Subjekte durch Tradition übermitteln lässt.

Unsere alltägliche Umwelt ist fast ganz erfüllt von Gegenständen, die von uns und von allen in der Einheit einer Tradition Verbundenen apperzipiert sind mit mannigfachen Bedeutungsprädikaten – so unmittelbar apperzipiert, dass diese Prädikate so gut wie die realen und in unmittelbarster sinnlicher Erfahrung gegeben geradezu als wahrgenommen, als gesehen, gehört usw. bezeichnet werden. Wie gewöhnlich ist doch die Rede: „Ich sehe, dass dies ein Hammer ist", „ich höre, dass eine Geige ertönt" usw. Natürlich handelt es sich nicht um ein bloß sinnliches Sehen, Hören, sondern neben einem solchen als fundierender Erfahrung um ein Verstehen der Bedeutungsprädikate und eventuell eine Anerkennung ihrer allgemeinen Geltung.[1]

Indem sich uns nun kontrastiert „reales Prädikat" und „Bedeutungsprädikat", gewinnen wir auch einen bestimmten Begriff von Realität. Es bedarf nur der Ausschaltung der noch möglichen Relativität der aufeinander bezogenen Begriffe „reales Prädikat" und „Bedeutungsprädikat". Es ist ohne weiteres klar, dass zwar vorgegebene Objekte, die neue Bedeutung erhalten, schon Bedeutung haben konnten (Uhr – teures Andenken), aber auch andererseits klar, dass wir im Rückgang von Bedeutungsprädikaten zu ihren Substratgegenständen auf letzte Substrate kommen, die schon volle Gegenstände sind und die noch völlig frei sind von Bedeutung. Auf diese Weise muss sich reduktiv uns aussondern ein Gegenstand, der in absolutem und nicht bloß relativem Sinn reale Prädikate hat. Explizieren wir also den Sinn irgendeines vorgegebenen Objekts, oder, was einerlei ist, befragen wir das Bewusstsein, das uns ein Objekt gibt, nach dem, als was dieses Objekt als Noema des Bewusstseins Vermeintes sei, so werden wir im Allgemeinen auf neue intentionale Erlebnisse und darunter eventuell auf Ichakte verwiesen, in denen sich vermöge identifizierender Deckung mit dem Ausgangsbewusstsein der Sinn aktualisiert, veranschaulicht in seiner Ursprünglichkeit. Mit anderen Worten: Vom verdeckten oder auch unklaren Bewussthaben des Objekts werden wir verwiesen auf entsprechende klare, das gegenständliche Wesen ursprünglich gebende Anschauungen. Hierbei müssen sich alle Prädikate, die subjektiv[2] entsprungene Bedeutungen sind, herausstellen. Wir sehen von ihnen ab, wir gehen von ihnen auf ihr Substrat zurück, und schließlich bleibt uns als anschaulicher Kern übrig das pure Reale, das, was in all den Bedeutungsgebungen von Seiten der Subjektakte letztlich vorausgesetzt war als Gegenstand vor allen Akten, vor allen tätigen Subjektleistungen.

Hier möchte Ihnen ein Bedenken kommen. Wie kann ein Gegenstand anders dem Subjekt zur Gegebenheit kommen, als Gegen-

---

[1] *Später gestrichen* Und, wie gesagt, um dieses Verstehen voll zu aktualisieren, um diese Prädikate wirklich „anschaulich", evident, klar zu machen, bedarf es des Rückgangs auf Subjekt und Subjektakte, in denen diese Prädikate als Leistungskorrelate ursprünglich sich konstituieren.

[2] *Stenogramm nicht eindeutig, möglicherweise auch als* aktiv *oder anders lesbar.*

stand von ihm erfasst werden, denn durch Akte, in ursprünglicher Weise durch anschauende Akte? Und wenn wir von seinen Prädikaten sprechen, so prädizieren wir ja, und ist nicht Prädikation und somit auch Prädikat als Produkt Korrelat tätiger Akte, der Akte logischer Sphäre? Das ist sicher richtig. Aber was das Erste anlangt, dass anschauende Akte, etwa gewahrende Wahrnehmungen, uns Gegenstände ursprünglich geben, so ist zu antworten, dass nicht alle Akte eben zum Wesensgehalt des Gegenstands, zu seinem prädikablen Sachgehalt, eine konstitutive Beziehung haben. Die Form „Gegenstand" mag das Korrelat der Erfassung eines Identischen sein, die als Erfassung eines Identischen überall gleich ist, wie Gegenstand überall Gegenstand ist. Aber das, was Gehalt des Gegenstands, das, was sich in der prädikativen Explikation in den auf Prädikatseite stehenden Merkmalen auslegt, ist darum nicht Leistungskorrelat des Aktes und irgendeines Aktes sonst. Das gilt vielmehr nur bei besonderen Prädikaten wie Wert des Gegenstands, Schönheit, Nützlichkeit usw., Prädikaten, die inhaltlich auf Akte zurückweisen, die ihrerseits aber schon erfasste Gegenstände voraussetzen.

Ähnliches gilt für den gleichstimmigen weiteren Einwand. Natürlich sind die logischen Begriffe, Urteile, Urteilsgewebe Leistungskorrelate von Akten; sie sind keine realen Gegenstände. Aber es ist nun zu beachten, dass, was wir logisches Denken nennen – Begriffsbildung, Auseinanderlegung der Merkmale eines Subjekts, Beziehung eines Gegenstands auf einen anderen usw. –, eine geschlossene Reihe von Akten bezeichnet, die in identischer Form auf alle erdenklichen und vorgegebenen Gegenstände bezogen werden können, wodurch aus denselben neue, selbst nicht mehr reale Gegenstände als Leistungskorrelate entspringen, die auf diese Gegenstände bezogenen Prädikate als Prädikate, Sätze als Sätze usw. Verstehen wir Satz als Aussage, so haben wir sogar noch eine zweite Schicht, eben die sprachliche, das, was den Lauten oder Schriftzeichen den Sinn von Worten und Aussagen gibt, das sind Bedeutungsgebungen eigener Art, eben diejenigen, die sie zum Zeichen machen. Das alles ist von formaler Gleichartigkeit, was für Gegenstände in unterliegenden Akten vorgegeben sind und zu Substraten des *logos* gemacht werden. Wieder haben wir nach Erkenntnis dieser *a priori* formalen Sachlage zurückzugehen eben auf den Inhalt der jeweiligen Prädikate, Sätze, Satzzusammenhänge, und das führt auf die Akte zurück, die eben Substratakte der geistigen Leistungen sind, die wir als logisch bezeichnen.

Durch diese Betrachtung haben wir einen ursprünglichen und offenbar durchaus notwendigen Begriff von Realität, und speziell von Natur gewonnen. Vollziehen wir den vorhin beschriebenen Reduktionsprozess, tun wir von einem individuellen Objekt alle Bedeutungsprädikate ab, so erhalten wir das pure Reale, und verfahren wir so bei einem Raumding, so erhalten wir das bloße Naturobjekt, d.i. das bloße Raumding als reales. Gegebene Objekte als bloße Realitäten, Dinge als bloße Natur betrachten, das heißt also, sie unter Absehen von aller Bedeutung, von allen Prädikaten betrachten, die ihre apperzeptive Quelle in Subjektakten haben.

Offenbar besagt dieses Absehen nicht ein Abstrahieren in einem gewöhnlichen prägnanten Sinn. Wir können an einem konkreten Ding ausschließlich seine Raumgestalt beachten, genauer, zu unserem theoretischen Thema machen, also unangesehen aller diese Gestalt qualifizierenden Momente, etwa der Farbe usw. Die Gestalt wird zum Thema für sich, aber sie ist unselbstständig, ein bloß „abstraktes Moment", sie ist nur im Dasein denkbar mit irgendwelcher Qualifizierung. Ganz anders in unserem Fall. Was wir bloße Realität, bloßes Naturobjekt nennen, ist ein Konkretes, ein vollkommen Selbstständiges, etwas, das, auch wenn es Bedeutungsprädikate hat, doch auch ohne sie als konkret-vollständiges Objekt sein könnte. Wir erkennen dies daran, dass es sehr wohl vorstellbar ist, dass ein Ding ist, auch ohne dass es je von aktiv leistender Subjektivität mit Bedeutungsprädikaten versehen worden war, und auch daran, dass, wenn ein Objekt schon Bedeutungsprädikate hat, es für jedes andere Subjekt als konkret-volles Objekt erfahrbar ist, das von seiner Bedeutung nichts weiß. Wer nicht als Anthropologe einen Steinpfeil als Pfeil versteht, sieht doch ein konkretes Ding, das bloße Naturobjekt, den Stein.

Wir fügen folgende Bemerkung bei: Als wir letzthin damit anfingen, ontologisch das Wesen der vortheoretisch anschaulichen Dinge auseinander zu legen, hatten wir die Bedeutungsprädikate, mit denen sie jeweils apperzipiert waren, nicht abgezogen. Es ist nun klar, dass die ontologischen Bestimmungen des Dinges als res extensa ihm verbleiben, wenn wir es als bloßes Naturding nehmen. Ja, genauer besehen gehört die *extensio* eigentlich und ursprünglich nur dem Realen als Realem ⟨an⟩ und drückt seine Wesensform aus. Alle Prädikate des bloßen Naturobjekts sind wesensmäßig auf die Ausdehnung bezogen, die Bedeutungsprädikate aber nur uneigentlich, nämlich nur sofern sie ein Naturobjekt als Substrat haben. Eine Fahne hat Extension und extensionale Prädikate als Naturobjekt; die Bedeutungsprädikate, die den Sinn „Fahne" ausmachen, sind irreal, in sich haben sie keine Wesensbeziehung zum Raum.

Ich habe die Begriffe R e a l i t ä t und N a t u r so fixiert, dass sie nicht etwa zusammenfallen. Realität ist der weitere Begriff; denn auch Subjekte, genommen als vortheoretische Gegenstände unserer äußeren Welt, sind als Realitäten zu betrachten, auch sie können haben und haben in der Regel mannigfache Bedeutungsprädikate; auch für diese Gruppe von Gegenständen möglicher äußerer Anschauung können wir die Bedeutungsschichten, die ihnen in empirischer Apperzeption anhaften, sozusagen ausschließen, und wir erhalten dann übrig die Subjekte als bloße Realitäten. Zur Illustration genüge es, darauf hinzuweisen, dass wir im gewöhnlichen Leben beständig unsere Nebenmenschen apperzipieren als Diener, Soldaten, Generäle, Professoren, Gendarmen, Arbeiter usw. Wir apperzipieren sie sozusagen mit einer ihnen bleibend zugehörigen geistigen Livree, und die eventuelle physische Livree selbst ist ein Symbol für eine solche Bedeutungsfunktion, etwa für Kutscher, Portier usw. Doch ist es gut, auch andere Beispiele, und in erkennbarer Weise einfachere, zu geben. Bewerte ich jemanden durch Einfühlung in seine habituellen praktischen Stellungnahmen zu seinen Nebenmenschen als lieblosen Egoisten, wieder einen anderen als ungeschickten und unpraktischen Menschen oder als wissenschaftlich unbegabten usw., so hat es nicht bei den flüchtig vorübergehenden bewertenden Akten sein Bewenden, sondern sie begründen im bewertenden Subjekt eine habituelle Apperzeption. Die bewerteten Personen haben für dieses Subjekt sozusagen eine bleibende Wertmarke. Sie ist für das betreffende Subjekt, so oft es ihrer bewusst ist, mit den entsprechenden Wertprädikaten als bleibenden Bestandstücken des Sinnes vorgegeben – es sei denn, dass jenes Subjekt seine wertende Stellungnahme preisgibt, seine Überzeugung ändert, die erinnerungsmäßig zu reproduzierende frühere Stellungnahme durchstreicht.

Dass solche Prädikate von anderem Charakter sind als die der ersten Beispielgruppe, in denen sich soziale Funktionen von Gliedern eines sozialen Verbandes ausdrücken, fühlen Sie ohne weiteres heraus. Ehe wir aber in die tieferen Analysen eintreten, genüge es uns, dass es sich beiderseits um Bedeutungsprädikate handelt, die nicht nur ein Verhalten des zufälligen Subjekts ausdrücken, sondern den Gegenständen selbst, hier den Personen, „objektiv", d.i. in einer von „jedermann" nachzuprüfenden Gültigkeit, zukommen – wenn die bedeutunggebende Leistung eben eine gültige ist und nicht eine bloß vermeinte Leistung.[1]

(Was[2] hat an der Ausdehnung wesensmäßig seinen Anteil? Halten wir uns an die Arten von Prädikaten, die, als zum regionalen Gattungswesen des Dinges ⟨gehörig⟩, in jeder ursprünglich gebenden Anschauung eines Dinges notwendig vertreten sein müssen, und darin an die, ⟨die⟩ in erster Linie gegeben sein müssen, gleichgültig, ob noch andere Dinge mit in Betrachtung gezogen werden oder nicht. Das sind die traditionell so genannten „sekundären" Merkmale. Deutlicher gegliedert hat jedes Ding seinem regionalen Wesen gemäß fürs erste formale Prädikate der Zeit wie die Dauer. Fürs 2)te Prädikate der Räumlichkeit, die räumlicher Form und zunächst die räumliche Gestalt, die ihrerseits wechselnde Lage im Raum hat, was weitere Raumbestimmungen für das Ding ergibt. Alle Prädikate räumlicher Form sind hinsichtlich der zeitformalen Merkmale Prädikate des Zeitinhalts, und das gilt ebenso für alle weiteren Prädikate. 3) Raumgestalt, als die bei allem Lagewechsel identische *extensio* verstanden, ist ein unselbstständiges Moment, wie das schon im Be-

---

[1] *Später gestrichen* Ehe wir aber weitergehen, kehren wir zurück auf die rohen, im wesentlichen nur Zeit- und Raumform betreffenden ontologischen Wesensbestimmungen für Dinge und Subjekte. Wir erkennen ohne weiteres, dass die Bestimmung des Dinges als *res extensa* den Dingen verbleibt, wenn wir die bloßen Realitäten, die bloßen Naturdinge betrachten. Ja, noch mehr. Die *extensio* gehört eigentlich und ursprünglich nur zur Realität und macht ihren ersten Wesenscharakter als ihre Wesensform aus. Und nur darum kommen jedem Ding, auch wo es wie gewöhnlich mit seinen Bedeutungsprädikaten apperzipiert wird, die Prädikate der Realität zu, weil sie dem notwendigen realen Kern zukommen. Die jeweiligen Bedeutungsprädikate haben auf die Extension und so auf alle räumliche Bestimmtheit nur uneigentlich, nämlich nur aufgrund der räumlichen Bestimmtheit des realen Substrats Beziehung. Eine Fahne oder ein Wegweiser ist als Naturobjekt ausgedehnt, hat also eine Gestalt, eine Ruhe oder Bewegung im Raum, damit eine wechselnde Lage.

[2] *Der Text der später eingeklammerten folgenden drei Absätze wurde ebenfalls später am Rand mit 0 versehen.*

griff der Form ausgedrückt ist. Sie ist undenkbar ohne einen Raum-
inhalt, ein inhaltliches Was der Gestaltung. Jedes Ding an und für
sich genommen, also nach dem betrachtet, was von ihm zu ursprünglicher Anschauung kommt, auch wenn jedes andere Ding aus
dem Anschauungsfeld verschwunden wäre, hat rauminhaltliche
Merkmale, sei es Farbe, sei es Rauheit oder Glätte u.dgl. Das Typische dieser Merkmale ist, dass sie *a priori* nur denkbar sind
als sich über die Gestalt breitend, dehnend, als ausgedehnt, also undenkbar ohne Ausdehnung, ohne Gestalt, wie umgekehrt eine Ausdehnung undenkbar ist ohne Ausgedehntes.

Das Ding selbst als identisches Substrat ihm zukommender
Merkmale heißt ausgedehntes, sofern es Qualitäten hat, die nur als
Qualitäten einer Ausdehnung, nur ⟨als⟩ räumliche Gestalt in unserem
Sinn denkbar sind. Das ergibt einen spezifischen Begriff von Qualität
im Gegensatz zu dinglichem Prädikat überhaupt, Beschaffenheit
überhaupt. Die Dauer ist keine Qualität, die räumliche Ausdehnung
als Gestalt und erst recht als Lage ist keine Qualität, aber Farbe,
Rauheit, Wärme sind Qualitäten. Wie immer wir aber die Terminologie fixieren und eventuell weitere mögliche Scheidungen in der
letzten Gruppe vollziehen, eine erste notwendige Struktur und Stu-
fenfolge von Strukturen tritt uns im regionalen Wesen eines Dinges
überhaupt entgegen. Wir erkennen alsbald, dass 4) nun noch eine
ganz andersartige Gruppe von Bestimmtheiten des Dinges zu nennen
wäre, nämlich solche des realen Zusammenhangs, die substantial-
kausalen Beschaffenheiten, deren eigentümliche und höherstufige
Eigenheit sich evident darin zeigt, dass sie nicht im vereinzelten
Ding zu ursprünglicher Gegebenheit kommen können, sondern eine
Mehrheit von Dingen in anschaulicher Gegebenheit voraussetzen.

Alle diese Strukturen gehören zum regionalen Wesen des Dinges
als Naturdinges, also z.B. auch zur Fahne, zum Wegweiser, zur
Waffe, zum Möbelstück, eben sofern sie Dinge sind. Was sie aber als
Gegenstände von Bedeutung charakterisiert, als Fahne z.B., das sind
Bestimmungen, die Raumbeziehung nur haben durch das Reale; es
sind keine Qualitäten, die sich dehnen, die im eigentlichen Sinne mit
dem Ding ihre Raumlage wechseln oder wie die kausalen Notwen-

digkeiten in der zeiträumlichen Verteilung hinsichtlich des nach qualifizierter Gestalt bestimmten Soseins ausdrücken.)[1]

Wie bei Dingen sind bei den äußeren Objekten, die wir Subjekte nennen, die Bedeutungsprädikate ihnen außerwesentlich; es sind eben Prädikate, die in ihrem Sinn einen Bezug auf eine andere, in Akten sich auf diese Objekte beziehende Subjektivität, auf eine ihnen Bedeutung verleihende Subjektivität einschließen. Nach idealer Möglichkeit können sich immer wieder neue Subjektakte auf andere Subjekte als äußere Objekte beziehen, und mit Rücksicht auf diese bloß ideale Möglichkeit mögen ihnen an sich gültige Prädikate wie Schönheit, ethischer Wert u.dgl. zukommen. Aber weder ist es notwendig, dass sie wirklich Themen solcher Akte werden, noch müssen sie unter dem Gesichtspunkt der Möglichkeit solcher Akte betrachtet werden. Jedenfalls: Völlig abgesehen von aller möglichen und wirklichen Bedeutung haben sie als Subjekte ihr eigenes konkretes Sein, sie haben im Sinne des jetzt leitenden Begriffs von Realität an und für sich ihr reales Sein, das anschaulich vorzufinden und auszuweisen ist ohne Rücksicht auf Subjekte, die sich auf das Reale (das hier selbst Subjekt ist) in ihren Akten beziehen.

Das Eigentümliche dieser Realitäten, der psychischen, subjektiven, ist freilich ein total anderes als ⟨das⟩ der *res extensae*. Sie gehören eben total verschiedenen Regionen an, wofern wir die bloßen Subjekte nehmen und nicht etwa ihre Leiber mitnehmen. Zu ihrer realen Artung als Subjekte gehört es, zu sein in der Weise des

---

[1] *Später gestrichen* Alle realen Prädikate haben in verschiedener Stufe ursprüngliche Zugehörigkeit zum Ding als *res extensa*, sie sind für dieses außerwesentlich, also in gewissem Sinne zufällig, was sich ja auch darin zeigt, dass für ein Ding Bedeutungsprädikate in keiner Weise anschaulich oder sonst wie bewusstseinsmäßig konstituiert sein müssen, während doch das Reale zu vollkommener anschaulicher Ausweisung gebracht wird. Was wir hier bei einer relativ leicht, einer schnell zum Verständnis zu bringenden Regionsstruktur der realen Dinglichkeit gezeigt haben, wäre auch für reale Subjekte zu zeigen, deren Struktur nicht so leicht aufzuweisen ist, nämlich dass wir jedes Subjekt als Realität betrachten und ursprünglich anschaulich finden können, wobei uns unter dem Titel „reales Subjekt als Reales" ausschließlich individuelle Prädikate entgegentreten würden, die artmäßig zusammengehören, absolute oder relative Prädikate, und die sich, wenn wir die absoluten zusammennehmen, zu einem Eigenwesen zusammenschließen, dem alle Bedeutungsprädikate fremd, außerwesentlich sind. Die Bedeutungsprädikate verweisen uns zwar auf mögliche Subjekte, die gewisse Akte vollziehen, aber sie sind nicht selbst Akte, als dingliche Prädikate sind sie nicht Prädikate der Subjekte, ihnen entsprechen nur korrelativ an den Subjekten Prädikate, nämlich dass sie so und so durch Akte solche Prädikate konstituieren können oder wirklich konstituieren.

Bewusstseins, worin wieder liegt Bewussthaben und seiner selbst bewusst zu sein, aktiv tätiges Ich zu sein oder sein zu können und damit auf anderes und sich selbst aktiv gerichtet sein zu können in der Weise des Erfassens, des so und so Stellungnehmens usw. Bewussthaben, das beschließt die Möglichkeit, äußeres Sein bewusst haben zu können, ja, der idealen Möglichkeit nach jedwedes äußere Sein bewusst haben zu können. Das dingliche Reale ist, weiß aber nichts von sich und von anderem, sein Wesen schließt das Erleben, das Bewussthaben, das Bewussthaben von anderem und von dem Bewussthaben selbst aus. Sollte es sogar richtig sein, dass, wie ein Bruno oder Leibniz glaubte, jedes Ding beseelt ist, so hieße das nur, dass jedes Ding Leib ist für ein Subjekt. Das Leibesding aber als bloße *res extensa* mit all den extensionalen Bestimmtheiten der Materialität schließt darum doch in seinem dingrealen Wesen das Seelische, alles, was die Titel „Bewussthaben" und „Seiner bewusst sein" besagen, aus. Eben das gehört dann zum Wesen der mit dem Ding als Leib nur verbundenen, auf der Leiblichkeit sozusagen aufgestuften Seele. Das reale Ding, das bloße Naturobjekt, ist zudem, wie schon früher bemerkt, keine bloße Abstraktion, es besteht keine einsehbare Notwendigkeit, dass mit ihm noch eine Seele verbunden sei, es ist also jedenfalls ein Konkretum für sich.

In umgekehrter Richtung mag es sein, dass ein Subjekt als Glied der äußeren Welt, also einer raumzeitlichen Welt, nur in Verbindung mit Leiblichkeit möglich ist, aber, wie wir sagen müssen, dass sich doch das Eigenwesen der psychischen Realität in sich als ein *toto coelo* verschiedenes gegenüber allem physisch Realen abschließt und eben eine eigene Realität ausmacht, deren Wesen Erleben, Bewusstsein ist mit all dem, was dazu gehört, wozu natürlich die Bewusstseinsbeziehung anderer Subjekte auf dieses Subjekt nicht gehört. Weiß ein Subjekt von anderen Subjekten und ihren Akten, weiß es von den ihm selbst von da aus zuerteilten Bedeutungsprädikaten, so gehören dieselben darum doch nicht zu seinem eigenen realen Wesen, zu seiner Subjektrealität; sie sind von ihr keine reellen Bestandstücke, sondern bloße intentionale Gegenständlichkeiten. Nicht sie selbst, sondern nur das Bewusstsein von ihnen, bestenfalls die Anschauung von ihnen gehört zum realen Gehalt des betreffenden Subjekts, zu dem, was es in sich selbst ist als Glied der realen Welt.

Unsere regionalen Scheidungen in der in vortheoretischer Anschaulichkeit gegebenen Welt (wir können auch sagen, in der am
Exempel unserer faktischen, anschaulichen Umwelt zu erschauenden
Idee einer Umwelt überhaupt) gewinnen noch eine wesentliche Ergänzung und weitere Gliederung, wenn wir in Bezug auf die Subjektsphäre einen fundamentalen Unterschied einführen, nämlich
zwischen singulären Subjekten und Subjektverbänden, speziellen Einzelpersonen und Personalitäten höherer Ordnung, sozialen
Gemeinschaften. Unter Subjektverbänden verstehen wir nicht bloße
Mengen, bloße Vielheiten von Subjekten, sondern aus Subjekten
gebildete Einheiten höherer Ordnung, gegliederte Subjektganze, an
denen zwar die physischen Leiber der Subjekte beteiligt sind, aber
so, dass nicht sie als physische Objekte Verbindung und Gliederung
bestimmen, sondern ausschließlich die Subjekte, die in ihrer Einzelheit die letzten Glieder sind. Die „Verbindung" ist dabei eine „geistige", sie ist eine durch die Wechselbeziehung der Subjekte aufeinander in Subjektakten sich konstituierende und sich im Wechsel
entscheidender und auswertender Subjekte möglicherweise fort-
pflanzende und selbsterhaltende Leistung. Es[1] sind Einheiten eines
geistigen Stoffwechsels, die Stoffe sind die Subjekte als Realitäten.

Nennen wir Subjekte als Subjekte leistender Ichakte „Personen"
oder „geistige Subjekte", so ist ein Subjektverband ein Verband von Subjekten als Personen, als geistigen Subjekten, und ⟨er⟩
ist konstituiert durch ihre fortgehende geistige Leistung als eine personale Einheit höherer Ordnung. In einem verallgemeinerten und
grundwesentlichen Sinn haben die personalen Verbände selbst den
Charakter eines Subjekts und eventuell sogar einer Person. In naher
oder ferner Analogie kann von ihm selbst als Subjekt von Akten
gesprochen werden. Schon was wir im gewöhnlichen gesellígen
Zusammenleben eine „Gesellschaft", etwa eine Teegesellschaft,
nennen, ist mehr als eine Vielheit von Subjekten und mehr sogar als
eine Vielheit von Personen; ein übergreifender „Gemeingeist",
eine, wenn schon andere Stufe sozialer Subjektivität ist damit, allerdings nur vorübergehend, konstituiert. Ebenso wenn wir eine ehe-
liche Verbindung betrachten oder gar irgendeinen Verein als eine

---

[1] *Dieser Satz wurde später eingefügt.*

Zweckgenossenschaft mannigfacher Art, weiter eine Gemeinde, einen Staat, ein Volk.

Innerhalb eines solchen Personenverbands hat jede einzelne Person ihr Eigenleben und der Verband selbst sein Verbandsleben, ein Gemeinschaftsleben, das nicht eine bloße Summe der Einzelleben ist. Jede Einzelperson fungiert darin als Verbandsglied und hat als das seine funktionalen Prädikate neben seinen eigenen realen Prädikaten. Selbstverständlich handelt es sich da um eine eigene Art von Bedeutungsprädikaten; denn alles am Gemeinschaftsverband, was über die Einzelrealitäten seiner personalen Glieder hinaus Einheit schafft, also den Verband als Verband konstituiert, ist nach dem schon Gesagten Leistung personaler Akte, Akte, in denen sich die Einzelpersonen aufeinander beziehen und so einander und eventuell in bewusstseinsmäßiger Umspannung aller zumal Bedeutung verleihen. Wir können auch sagen: Die personale Vielheit wird zur sozialen Einheit durch eine Einheit der Bedeutung, die ihr aber nicht von beliebigen äußeren Personen zuzuerteilen ist, sondern die die Glieder der Gemeinschaft sich selbst und einander wechselseitig und einander als eine Allheit zuerteilen.

Ich brauche nicht zu sagen, dass die früher an der ersten Stelle gegebenen Beispiele für Bedeutungsprädikate an Einzelpersonen, Diener, Beamter, General, Geheimrat, Arbeiter usw., Prädikate sozialer Funktion sind. Hinsichtlich der Akte, die hier als ursprünglich Bedeutung begründend fungieren, die also für alle Sozialität ursprünglich konstitutiv sind, so mag schon hier darauf hingewiesen werden, dass sie einer ausgezeichneten Gruppe von Ichakten angehören, die „soziale Ichakte" heißen. Es sind Akte, die sozusagen eine Adresse haben, in denen ein Ich sich an ein oder mehrere andere Ichsubjekte wendet, eventuell sich selbst miteingeschlossen, woraus die Abwandlungen der Personalpronomen ihren Sinn schöpfen: du, er, wir, ihr usw. Das Ich wendet sich an andere mit der Intention, sie zu bestimmen; darin liegt, sie verstehen, sie sind sich dessen bewusst, Adressaten zu sein, sie verstehen den Adressierenden als Adressierenden, erfassen ihn als Subjekt der betreffenden Akte, und die zu denselben gehörige Intention ist durch dieses Verstehen zu bestimmen. Diese „Bestimmung" aber hat den Sinn, der allein aus der Subjektsphäre zu schöpfen ist, den Sinn der Motivation. Bloße Suggestionen, gleichgültig, ob sie von der einen Seite beabsichtigt sind und von der anderen Seite sogar als suggestive, unbeabsichtigte Einwirkungen erkannt sind, sind keine sozialen Akte und konstituieren noch keine soziale Verbindung.

Was die Wesensanalogie zwischen Einzelsubjekt und Verband betrifft, so liegt sie offenbar darin, dass in beiderseits analoger Weise von Leben, eventuell im Sinne der Personalität von Akten gesprochen werden kann. Wie ein Einzelsubjekt seine privaten Überzeugungen hat, seine privaten Anschauungen, Wertungen, Wollungen, so hat ein Verband, z.B. ein Verein, ein Parlament, eine Fakultät u.dgl., seine Verbindungsüberzeugungen, Verbandsanschauungen, -entschlüsse, -anordnungen, -befehle, -wünsche usw. Beiderseits handelt es sich sowohl um momentane Akte als auch um bleibende, habituelle Aktrichtungen. Voll ausgeprägt ist der personale Charakter da, wo durch Akte sozialer Wollung sich ein einheitlicher habitueller Verbandswille konstituiert.

Parallel mit der Scheidung der erweiterten Begriffe von Subjekt und Subjektakt und des Näheren der Begriffe personales Subjekt und personaler Akt in einzelnen Personen und personalen Sozialitäten, in einzelpersonale Akte und Akte der personalen Sozialitäten selbst, ergibt sich nun auch eine Scheidung der Bedeutungsprädikate. Sie können sich konstituieren durch personale Akte im gewöhnlichen Sinn und nicht minder durch personale Aktion von Sozialitäten. Auch Sozialitäten vollziehen „geistige Leistungen" in Form von bleibenden Bedeutungen, auch sie schaffen durch solche Leistungen aus vorgegebenen Gegenständlichkeiten, sei es physisch, sei es psychisch und psychophysisch, Gegenständlichkeiten von Bedeutung, und dann von sozialer Bedeutung. Jedes Gemeinschaftswerk ist ein Beispiel dafür. Gegenständlichkeiten, die Prädikate sozialer Bedeutung haben, weisen in dieser Hinsicht zurück auf eine soziale Subjektivität und speziell Personalität als das bedeutungverleihende Subjekt höherer Ordnung.

Wir haben früher einen radikalen, einen grundwesentlichen Begriff von Realität und später von Natur gewonnen, den von physischer Natur. Er umspannt alle realen Gegenstände, deren Wesensmerkmale sich darin aussprechen, dass sie *res extensae* sind und nur das, also unter Absehen von aller Bedeutung. Verstehen wir Natur im Sinne des natürlichen Weltalls, so sagt das Allheit koexistenter extensiver Realitäten, und wie schon berührt wurde, handelt es sich da, und zwar vermöge des Wesens extensiver Realität, nicht um eine Allheit im kollektiven Sinn, sondern die kollektive Gesamtheit koexistierender physischer Realitäten bildet zugleich eine verbundene Einheit, eine Einheit wechselseitiger Abhängigkeiten. Eine Welt ist kein bloßer Haufen.

Wir hatten ferner Subjekte als Realitäten kennen gelernt. Vereinheitlicht sind sie, sofern sie Subjekte an Leibern sind, dadurch, dass die Leiber physische Dinge sind und diese sich einordnen einer vereinheitlichten Natur oder, was dasselbe, einer physischen Welt. Eine zweite Vereinheitlichung trat uns aber hier auch entgegen in der Form sozialer Gemeinschaft, eine spezifisch geistige Vereinheitlichung. Im Übrigen können auch Gemeinschaften zu Gemeinschaften höherer Ordnung verbunden sein, wie die personalen Einheiten der Dörfer und Städte in der Einheit des Staates. Andere und höhere personale Einheiten können abgesehen von allen ihnen beizumessenden Bedeutungsprädikaten betrachtet werden. Das heißt dann, sie als Realitäten betrachten. Wir sehen dabei, dass, sowie wir Bedeutung überhaupt ausschließen, die Subjektwelten sich reduzieren auf die vereinzelten absoluten Subjekte, die Subjekte bzw. Personen im gewöhnlichen Sinn, die dann verurteilt sind zur geistigen Isolierung.

Nahe liegt es übrigens, dem Begriff der Natur im prägnanten Sinn physischer Realität und physischer Welt an die Seite zu setzen einen erweiterten Begriff von Natur, der oft genug auch in Gebrauch ist, wobei Natur und Realität sich decken. Fragen wir zum Beispiel, was die „Natur“ des Geistes ausmacht, so meinen wir offenbar den Geist als Realität, wir wollen von seinen Bedeutungsprädikaten abgesehen haben. Ebenso wenn wir von der „Natur des Staates“ sprechen usw. Aber auch wenn wir Natur und äußere Welt identifizieren und die Allheit aller Realitäten, der physischen und der Subjekt-Realitäten, in eins nehmen, und zwar der eigentlichen Realitäten im absoluten Sinn; wir fassen dabei Völker, Staaten, Religionsgenossenschaften etc. nicht als eigene Realitäten, sondern sehen sie als psychische Gebilde an. Dieser das All der Realitäten umspannende Naturbegriff ist unentbehrlich, insbesondere im Sinn „natürliche Welt“ – wir haben da ja wieder eine verbundene Einheit, da mit der physischen Allnatur auch alle Einzelsubjekte vereinheitlicht sind.

Wir halten diese nun radikal abgegrenzten Begriffe fest unter den Titeln Natur im engeren und weiteren Sinne. Oder physische und psychophysische Natur.

Wo von Natur die Rede ist, ist vermöge einer nahe liegenden Ideenassoziation auch die von Kultur nahe. Ich erinnere auch an die übliche Gegenübersetzung von Natur- und Kulturwissenschaft.

Durch unsere Untersuchung haben wir nun auch den radikalen Begriff von Kultur gewonnen, der ebenso wie der Naturbegriff wesentlich bezogen ist auf die von uns jetzt studierte Idee eines möglichen Weltalls (eines Alls möglicher äußerer Gegenständlichkeiten für ein Ich, und zwar individueller und miteinander möglicherweise existierender. Jede dieser Bestimmungen ist notwendig, denn der weiteste Gegenstandsbegriff umspannt auch Gegenstände, die nicht individuelles Sein haben, also in der Zeit nach Dauer und Lage sich einordnen. Und weiter, nicht jede Allheit möglicher Zeitgegenstände ist eine kompossible).

Machen wir uns von unten auf alles klar. In einem möglichen Weltall, der Umwelt eines möglichen Ich, können neben Dingen möglich personale Subjekte sein, und diese personalen Subjekte können miteinander in Beziehungen des Wechselverständnisses und den dadurch zu fundierenden Aktbeziehungen stehen, die wir soziale nennen. In eins damit haben sie notwendig eine gemeinsame Umwelt, womit gesagt ist, dass sie notwendig Leiber haben, also menschenartige Subjekte sind, und ein Bewusstsein haben, in dem sie sich wechselseitig und jeder sich selbst als Menschen dieser gemeinsamen Umwelt apperzipieren. Das alles erfordert freilich nach den darin sich ausdrückenden Wesensnotwendigkeiten genauere ontologische Analysen. Aber im jetzigen Stadium allgemeiner Linienführungen genüge das. Es sei also dieser Typus eines Weltalls mit einer Vielheit sich ihm selbst einordnender Ichpole zugrunde gelegt, so ist es zunächst ein All von Realitäten, das heißt, wir finden es wesensmäßig gebaut aus konkreten Gegenständen als Gliedern, deren jeder seine Realität hat, seine Natur. Zudem haben die Glieder wechselnde Bedeutungsprädikate mit Beziehung auf Subjekte, die selbst in der Welt sind und in sich selbst ihre Realität haben. In eins mit der bedeutungschaffenden Leistung von Subjekten vollzieht sich die Konstitution von Subjektivitäten und Personalitäten höherer Ordnung, die in Realitäten fundiert ihre Verbandseinheit aus Be-

deutungsgebungen schöpfen, aber so, dass der Verband selbst
eine Vielheit von personalen Subjekten ist, deren jedes, wie das z.B.
für ein Staatsvolk ist, seine Bedeutungsprädikate erhält, aber nicht
jedes für sich und unangesehen der anderen, sondern so, dass damit
in der Wechselverknüpfung, die die Einzelnen oder Gruppen von
Einzelnen, und wieder die Gruppen und Gruppen miteinander in
Beziehung setzt, alle Verbandsglieder eine verbindende
Einheitsform erhalten, die eine Einheit der Bedeutungsleistung ist, eine im prägnanten Sinne geistige Einheit. Im Stufenbau
der Verbandsbildung nehmen dann auch Verbände selbst immer
wieder Bedeutungsprädikate an, sie werden zu relativen Realitäten
mit Bedeutungen höherer Stufe. Zuletzt führt aber alles zurück auf
Realitäten schlechthin als unterstem Substrat von Bedeutungsgebungen.

Nicht alle bedeutunggebenden Akte sind aber soziale Akte, nicht
alle Bedeutungsprädikate von Gegenständen, von Realitäten
schlechthin oder schon sozialen Verbänden sind soziale Prädikate.
Das Merkzeichen, das ich mir als solches bestimme, ist, selbst wenn
es ein anderer von mir übernimmt, noch ohne jede soziale Bedeutung. Ein primitiver Anfang einer sozialen Bedeutung wäre es erst,
wenn wir uns verständigten, es wechselseitig füreinander zur Marke
zu machen, etwa so, dass sie anzeigt und anzeigen soll für den anderen, ich war da, oder von ihm aus und für mich, dass er da gewesen sei.

Wir bilden nun einen allerweitesten Begriff von Kultur, in einer
Weise, die freilich über das Sprachübliche hinausgeht, dadurch, dass
wir damit alle mit Bedeutung einzeln oder gruppenweise behafteten,
eventuell durch Bedeutungsleistung synthetisch verknüpften realen
Gegenständlichkeiten zusammennehmen, eben alle realen Gegenständlichkeiten, die nicht nur bloße Realitäten sind oder nicht nur als
solche von uns betrachtet sind, sondern die oder sofern sie von
Bedeutung schaffenden Subjektivitäten mit Bedeutung
ausgestattet sind. Es ist uns gleich, ob es sich um einzelne Realitäten oder Realitätsgruppen handelt, Dinge oder Subjekte, die von
irgendeinem einzelnen asozial fungierenden Subjekt Bedeutungsprädikate erhalten haben, oder ob es sich um solche handelt, denen in
verschiedensten möglichen Formen sozial fungierende Subjekte

einzeln und in gemeinsamer Beteiligung Bedeutung verschafft haben.

Kultur wäre also überhaupt das Korrelat leistender Subjektivität; speziell alle Sozialität ist Korrelat leistender Subjektivität. Was sie einigt, zur Sozialität macht, ist Leistung von Subjektakten; die Einheitsform ist eine Bedeutungsform und ist von den Subjekten, die da geeinigt sind, prädikabel in Form von Bedeutungsprädikaten eines eigenen Typus: z.B. Bürger, das ist eine in der Einheitsform „Staat" mit anderen Personen sozial verbundene Person. Danach scheidet sich dann innerhalb dieses weitesten ⟨Begriffs⟩ von Kultur ab der Begriff der Kultur im engeren Sinne als der sozialen Kultur. Sie reicht also so weit, als soziale Akte für Bedeutungsgebungen von Gegenständen konstitutiv sind. Wo aber Bedeutungsbildung statthat von Seiten asozial fungierender Subjekte, mögen sie auch in anderer Hinsicht soziale Funktionäre sein, da sind die betreffenden bedeutungsbehafteten Dinge oder Personen in unserem weitesten Sinne zwar Kulturgegenstände, aber eben asoziale. Dahin würden gehören all die Bedeutungen, die ein Subjekt in seiner Umwelt schafft und dann an seinen Gegenständen vorfindet, das als ein Robinson von aller Sozialität abgeschnitten ist. Diese Abstraktion zeigt zugleich an, was für asoziale Sphären auch für ein sozial fungierendes Subjekt übrig bleiben, wobei natürlich nicht ausgeschlossen ist, dass sich der Begriff des Asozialen relativiert, sofern nämlich gewisse Bedeutungsgebungen sozialer Art geschaffen sind, die, wie die juristisch-rechtlichen, positiv oder negativ alle Lebensgebiete umspannen und nur nicht immer mitapperzipiert werden.

In der bisherigen Gegenübersetzung haben wir auf der einen Seite die Natur als die Welt bloßer Realitäten, als die bedeutungslos betrachtete Welt, als die Welt, die betrachtet ist unbekümmert um alle Bedeutung. Auf der anderen Seite die bedeutungsvolle Welt, die Welt in ihrer von einzelner Subjektivität oder Gemeinschaftssubjektivität erteilten oder von einer eventuell sogar möglichen Subjektivität zu erteilender Bedeutung, und zwar betrachtet in dieser Bedeutung, um ihrer Art willen. Nichts anderes besagt die Gegenüberstellung von Natur und Geist, wenn wir in letzter Hinsicht insbesondere an die „Geisteswissenschaften" denken und den Sinn, den da das Wort „Geist" allein hat und haben kann. Sprechen wir von Kultur, so haben wir die Gebilde bedeutungverleihender,

durch Bedeutungsleistungen vergeistigender und geistig auch ver-
knüpfender Subjektivität im Auge. Natürlich erfordert die Klarlegung eines Kulturgebildes den Übergang auf die personale Subjektivität als bedeutungleistender. Umgekehrt bei der Rede von Geist
steht dieses Glied der Korrelation an erster und betonter Stelle.
Denn in der Hauptsache war das wohl die herrschende Intention der
vom deutschen Idealismus und unseren Klassikern so geliebten Rede
von Geist, die Subjektivität unter dem Gesichtspunkt jener tätigen
Leistung zu betrachten, und zwar sowohl die einzelne Person als
auch und vor allem die Gemeinschaft, die wir als Bedeutungsleistung, geistige, Kulturleistung andeutend zu fassen suchten. Hatte der
vorkantische Naturalismus vorwiegend oder einseitig nur Realitäten und auch hinsichtlich der Subjektivität nur Realität im Auge,
oder trübte er alle Betrachtung von.Geistigem dadurch, dass er es
unter dem Gesichtspunkt der Realitätsbetrachtung behandeln zu können vermeinte, so geht das einseitige Interesse der nachkantischen
Epoche, die wesentlich eine Epoche des Geistes war, auf die Subjektivität nur, sofern sie geistig leistende Subjektivität ist, und in eins
damit auf die Welt als eine Welt geistigen Sinnes und nach allen
ihren geistigen Gestaltungen.

So angesehen ist es ein Wortstreit, ob die wahre Scheidung Natur und Kultur oder Natur und Geist sei. Worauf es aber ankommt,
die Herausarbeitung der radikalen ontologischen und phänomenologischen Scheidungen, auf welche die Terminologie zurückbezogen
sein muss und an die beständig wissenschaftlich app⟨elliert⟩ werden
muss, fehlte vollständig.[1]

Ich habe vorweg gesagt, dass unsere Unterscheidungen sich auf
die Welt beziehen, auf das Reich vorgegebenen individuellen
Daseins. Wir hatten am Anfang alle Wissenschaft ausgeschlossen,
um eine vorwissenschaftliche Welt zu gewinnen. Aber offen gelassen hatten wir doch allerlei Leistung, Bedeutungsprädikate, mit denen das jeweilige Subjekt seine Umwelt umkleidet vorfindet. Zu den
Bedeutungsschichten gehören aber offenbar auch die theoretischen
Schichten, und alle theoretischen Leistungen der Menschen sind
Bedeutungsgebilde, so gut wie irgend andere. Sofern sie als das

---

[1] *Spätere Randbemerkung* Bis hier. *Die folgenden drei, evtl. auch fünf Absätze wurden
später am Rand mit 0 und der Randbemerkung* Nicht gelesen *versehen.*

schon da, dem Subjekt in seiner Umwelt vorgegeben sind, wie uns etwa verschiedene Wissenschaften, gehören sie selbst eben zu der Welt, die für das Subjekt in Hinsicht auf sie insofern vortheoretisch ist, als sie zwar selbst theoretisch sind, aber nicht selbst Themen für wissenschaftliche Forschungen sind. Die Ausscheidung des Theoretischen hatte den Zweck und konnte keinen anderen haben, als für den Anfang die Schwierigkeit auszuscheiden, die darin liegt, dass Wissenschaften einerseits irgendwelche Gebiete zur theoretischen Erkenntnis bringen, und andererseits selbst wieder als geistige Gebilde vortheoretisch sind, nämlich in das Reich einer ganz andersartigen Wissenschaft hineingehören als Themen, als zu erforschende Gegenstände, nämlich ⟨in⟩ die Wissenschaft von den Geistesgestaltungen als solchen.

Die Sachlage ist also die: Wir haben ein Stufensystem in der uns jederzeit und jedem möglichen Subjekt gegebenen Umwelt im vollsten und weitesten Sinne einer Welt von Vorgegebenheiten. Für jedes mögliche Subjekt ist die Umwelt etwas nach idealer Möglichkeit sich immer neu Gestaltendes, durch geistige Leistung des Subjekts immer neue Gehalte Annehmendes. Die ideell unterste Stufe ist dabei bloße Natur, die eine beständig durchgehende Struktur auch in der geistig gestalteten Welt ist. Darüber bauen sich je nach Art und Richtung der Konstitution von Geistigkeiten vielerlei Schichten; insbesondere können dabei auch Wissenschaften auftreten, die, so weit sie ausgebildet und für die jeweiligen Subjekte zugängliche Vorgegebenheiten sind, nun auch zur Umwelt gehören und in einer möglichen Umwelt überhaupt also eine wesentlich eigentümliche Schicht ausmachen.

Wir haben danach jetzt die vollste allgemeine Vorstellung der Idee einer möglichen Umwelt überhaupt als Korrelat eines Subjekts überhaupt, und zwar nach allen seinen möglichen Vermögen: Einerseits ist es Subjekt möglicher passiv sinnlicher Apperzeptionen, d.h. solcher, die ohne Mitbeteiligung geistiger Leistung ihren Sinnesgehalt gewinnen. Anders ausgedrückt, es ist Subjekt einer bloßen Natur. Und andererseits ist es geistiges Subjekt, Subjekt möglicher geistiger Leistungen, also Subjekt einer geistig bedeutsamen Welt.

Und nun können wir aufgrund dieser Einsicht in die Struktur einer Umwelt überhaupt die Frage nach den möglichen

Wissenschaften aufwerfen,[1] die sich auf die Gegebenheiten der möglichen Umwelten beziehen können. Die geistige Leistung, die wir Theorie, Wissenschaft nennen, hat eine Universalität, die nach idealer Möglichkeit alles Umweltliche, auch alle geistige Leistung, auch die geistige Leistung „Theorie und Wissenschaft" selbst, umspannt, da ja jede geistige Gegenständlichkeit zum Substrat geistiger theoretischer Leistungen werden, in theoretische Themata einbezogen werden kann. Die Frage ist also, was sich durch die Rücksicht auf die strukturelle Gliederung der Welt hinsichtlich der Typik wissenschaftlicher Leistung ergibt, also welche möglichen Wissenschaften zu scheiden sind.

Selbstverständlich ergibt sich fürs erste die Gruppe der Naturwissenschaften, die Wissenschaft von den bloßen Realitäten als den *ex definitione* bedeutungsfreien oder unter Absehung von aller Bedeutung betrachteten außerweltlichen Objekten, die ja nach dem früher Dargestellten eine konkrete Welt in sich bilden. Hier steht an erster Stelle, und zwar wieder nicht zufällig, sondern aus Wesensgründen, die Wissenschaft von der Natur im engeren Sinne der physischen Natur.

Ein mögliches, eine beliebige als wirklich angesetzte Welt einsichtig erkennendes Ich ist notwendig in erster Linie ein die Welt zunächst anschauendes und dann theoretisch bestimmendes. Es gehört zu den Ergebnissen der formalen Phänomenologie, dass einsichtiges Denken unmöglich ist ohne Anschauen, was Sie übrigens ohne weiteres zugestehen werden und wir auch schon früher benützt haben. Und Ähnliches benützen wir beständig weiterhin. Verstehen wir also dieses Ich zunächst als ein Ich, das die Welt (d.h. die als wirklich angesetzte) anschaut in der Vollkommenheit, die da heißt, die Welt weist sich in bloßer Erfahrung aus, während wir fingieren, dass es sich aller theoretischen Denkleistung noch enthält. Dann findet dieses Ich die Welt in den von uns festgestellten Strukturen Natur – Geist vor, einsichtig, wie wir es doch wohl taten: Wir selbst waren dabei in der Funktion dieses Ich. Dann wäre die phänomenologische oder transzendentale Aufgabe, das diese Welt nach ihrer Typik ursprünglich ausweisende Bewusstsein selbst re-

---

[1] *Spätere Randbemerkung* Erst 104₂ ⟨S. 144,1–24⟩.

flektiv zu studieren. Diese Welttypik hat aber ihren Aufbau von unten nach oben.

Es ist offenbar notwendig, diesem Aufbau, der seine innere Ordnung der Fundierung hat, nachzugehen, also mit der untersten Stufe anzufangen und dann empor zu schreiten, da selbstverständlich das ursprünglich gebende Bewusstsein umso komplizierter sein wird, je höhere Stufen wir nehmen. Zum Beispiel das Bewusstsein von geistigen Leistungen setzt natürlich das Bewusstsein voraus, in dem Realitäten sich ursprünglich geben.

⟨Die Grundarten möglicher Wissenschaften gemäß der
Gliederung nach Natur und Geist⟩

Die Betrachtungen, die wir in der letzten Vorlesung abgeschlossen haben, ergaben uns eine aus den phänomenologischen Quellen geschöpfte Gliederung und Schichtung der Idee einer möglichen Umwelt, die für irgendein Ich vorgegeben sein kann. Sie ist dem Ich gegenüber äußere, transzendente Welt, obschon das Ich selbst sich ihr insofern einordnet, als es sich in der Selbstapperzeption, wie wir sie alle von uns selbst als Menschen in der Welt vollziehen, dieser Welt einordnet. Ursprünglich wollten wir nur die vortheoretische Umwelt fassen und gliedern. Aber wir sehen jetzt, dass diese Beschränkung nicht notwendig ist und nicht festgehalten werden darf; denn jede Theoretisierung, bezogen auf vorgegebene umweltliche Gegenständlichkeiten, ist selbst eine geistige oder Kulturleistung, und der erste Ausschluss dieser Leistungen hatte nur die Funktion für uns, immerfort mit wissenschaftlichen Apperzeptionen operierend zunächst einmal den Weg frei zu machen zu den anschaulichen Gegebenheiten vor der Wissenschaft. Aber auch da mussten wir mancherlei andere Gebilde spontaner Aktivität und zugehörige Bedeutungsschichten erst abtun, um den Weg zum Kern aller geistigen Formungen, zu dem, was wir die Realität nannten, freizulegen und damit den reinen Kontrast zwischen Natur und eben dieser geistigen Formung, die da durch Kultur und Geist bezeichnet wird, zu gewinnen.

Zudem aber gilt es, eine Verwirrung fernzuhalten, die leicht dadurch erwächst, dass in der vollständigen Umwelt Wissenschaften

als geistige Gebilde auftreten, während sie doch, sobald wir zur
Frage übergehen, was für Grundtypen von Wissenschaften *idealiter*
vorgezeichnet sind, durch die von uns ausgearbeitete radikale Struktur einer möglichen Umwelt überhaupt selbst als umweltliche Objektitäten neben anderen auftreten, also auch berufen sein sollen,
Themen für Wissenschaften zu werden. Diese merkwürdige Doppel-
stellung der Wissenschaften ist ein wichtiges philosophisches Thema. Wissenschaften mit all ihren theoretischen Gegenständlichkeiten
sollen ihre Stellung in der Umwelt als Bestandstücke der Kultur und
Geschichte haben. Andererseits wollen sie systemtheoretische
Wahrheiten bieten, die das wahrhafte Sein der Welt bestimmen, und
darunter auch der Kulturwelt und darin wieder der Wissenschaften
selbst als Kulturgebilde. Darüber werden wir noch zu sprechen
haben.

Jetzt beginnen wir mit einer neuen Stufe unserer Untersuchung,
nämlich: Die Korrelation „ein Ich bezogen auf eine ihm äußere Umwelt" bezeichnet ein Schema für mannigfache primitive oder kom-
pliziertere Typen, die übrigens auch vom Gesichtspunkt der Entwicklung als Entwicklungsstufen angesehen werden könnten. All
diese Möglichkeiten können wir jetzt überschauen, und wir könnten
sie auch stufenweise konstruieren. Begnügen wir uns mit der vorgezeichneten radikalen Gliederung und fragen wir uns, welche
Grundarten von Wissenschaften sind, bezogen auf diese umweltliche Gliederung, vorgezeichnet?

Es kann die Frage aber doppelt verstanden werden gemäß der
doppelten möglichen Einstellung, die wir vollziehen können. Fürs
erste die ontologische Einstellung. Wir nehmen die Möglichkeit
einer natürlichen und geistig gestalteten Welt mit all den *a priori*
darin beschlossenen Strukturen hin, wir stellen uns auf den Boden
dieser eidetisch gegebenen Möglichkeiten. Die Frage ist dann: Welche möglichen Wissenschaften und zunächst möglichen Tatsachenwissenschaften gehören zu jeder derart möglichen Welt? Und
ebenso: Welche apriorischen oder „eidetischen" Wissenschaften gehören zum Eidos einer möglichen Welt überhaupt bzw. zu jedem
speziellen apriorischen Typus einer möglichen Welt? Also zunächst:
Jede individuell einzelne Möglichkeit einer Welt kann hypothetisch
als Wirklichkeit angesetzt werden, als Faktum. Dann würden zu ihr
Tatsachenwissenschaften gehören, die, was für diese Welt faktisch

statthat, an einzelnen Tatsachen und Tatsachengesetzen behandeln. Sofern aber die als Faktum angesetzte Welt nur eine Möglichkeit unter einer Unendlichkeit von anderen Möglichkeiten verwirklicht und diese Unendlichkeit unter eidetischen Gesetzen steht, Gesetzen, die aussprechen, was zum generellen Wesen einer Welt überhaupt, also jeder *a priori* möglichen Welt gehört, so gibt es für jede als Faktum zu bevorzugende Welt eben zweierlei Wahrheiten: Wesenswahrheiten (Leibniz würde sagen: rationale Wahrheiten) und Tatsachenwahrheiten (oder auch empirische). Jede rationale Wahrheit lässt einen unbestimmten Spielraum für mögliche Faktizitäten offen. Zum Beispiel eine mögliche materielle Natur des Typus, den unsere Welt realisiert, kann nie das Apriori der Geometrie verletzen, da Räumlichkeit zu ihrer Wesensform gehört, und doch kann die Geometrie allein nie ein Faktum bestimmen. Dazu bedarf es der Empirie und empirischen Methode, und sie stellt das einzelne Tatsächliche und die allgemeinen nicht-apriorischen Regeln der Tatsachen fest. Jedenfalls aber ist es Sache rein apriorischer Erwägung, nach Sonderung von apriorischen Typen möglicher Welten für einen jeden solchen Typus (eine Differenz des reinen Genus Welt) die Typen zugehöriger empirischer und apriorischer Disziplinen zu entwerfen.

Ist diese Aufgabe apriorischer Ontologie in dieser Bestimmtheit formuliert und eingesehen, so ist es auch klar, dass wir schon Grundlinien haben, um an ihre Lösung in einem gewissen Grad heranzutreten. Wir sind ja im Besitz eines wesensmäßig schon gegliederten Typus einer möglichen Welt überhaupt, wir haben die Gliederung oder Wesensschichtung nach Natur und Geist (oder, wenn Sie wollen, Kultur). Auf Seiten der Natur, die hier in weiterem Sinne verstanden ist, haben wir die Scheidung von physischer Natur und psychischer Natur, wobei der letztere Titel alle Subjekte als bloße Realitäten umfasst. Sofern wir schon im Voraus sehen, dass psychische Natur nicht isoliert, sondern nur mit physischer Leiblichkeit verbunden auftreten kann, also nur eine Aufstufung auf physische Natur möglich ist, haben wir Psychisches notwendig als Schicht an psychophysischen Doppelrealitäten. Das ergibt also im Voraus mögliche Wissenschaften, empirische und apriorische.

Zunächst A) Naturwissenschaften. 1) Das Wort im gewöhnlichen Sinn meint Tatsachenwissenschaften oder, was dasselbe ist, nur nach der *a priori* hierbei erforderlichen Erkenntnismethode bezeichnet, empirische Naturwissenschaften. Solcher hätten wir a) empirische Wissenschaften von der physischen Natur als empirische Physik in einem erweiterten Wortsinn, b) empirische Wissenschaften von der psychischen und psychophysischen Natur. 2) Andererseits hätten wir aber auch im Voraus als notwendige Postulate apriorische Wissenschaften, Wissenschaften, die das eidetische Wesen physischer, psychischer und psychophysischer Natur nach apriorischen Grundsätzen (Axiomen) und allen darin theoretisch-deduktiv beschlossenen Konsequenzen in Disziplinen auseinander legen, wie das, mindest nach Seiten der Raum- und Zeitform der Natur, die Geometrie und die reine Zeit- und reine Bewegungslehre tun. Selbstverständlich gehen die Grundbegriffe der apriorischen Wissenschaften in die entsprechenden empirischen Wissenschaften ein und bilden in diesen das beständige, unentbehrliche Gerüst, sie drücken die universelle Wesensform des empirischen Gebiets aus, ob der Empiriker sich dessen nun bewusst ist oder nicht; eine Bemerkung, die natürlich nicht nur für die Sphäre physischer Natur gilt.

B) Dann käme der Titel „Kultur", die Subjektivität als Geist, als geistige Leistungen vollziehend, und geistige Leistung selbst, als objektives Gebilde und nach allen seinen möglichen Gestaltungen in Frage. ⟨1⟩ Wieder eröffnet sich dabei als Postulat ein Horizont von Typen möglicher empirischer Geisteswissenschaften, angelehnt an die zu entwerfende spezifische Typik möglicher Geistigkeit nach Personalitäten und personalen Gebilden. Und fürs zweite natürlich wieder das Postulat apriorischer Geisteswissenschaften, die wieder das entsprechende Apriori in Disziplinen auseinander legen, also all das, ohne was geistige Subjektivität und geistige Gebilde nicht gedacht werden können und was also den apriorischen Rahmen bezeichnet, innerhalb dessen alle geisteswissenschaftliche Empirie sich notwendig hält, oder, was ein Gleiches besagt, ein Normensystem bezeichnet, unter das sich alle empirische Wissenschaft beugen muss.

Selbstverständlich ist dieser im Voraus entworfene Rahmen von größtem Wert für die voll bewusste Ausführung der als notwendig erkannten Wissenschaften. Höchste wissenschaftliche Zielstellung weist immer auf ein Apriori zurück. Oberste Zielgebungen sind solche, die dazu berufen sind, allem wissenschaftlichen Streben vorzuleuchten und ihm den Geist höchster Rationalität einzuhauchen, ⟨und sie⟩ können nur in apriorischer Erkenntnis gewonnen werden, und sie müssen wirklich gewonnen werden, wenn Erkenntnis nicht etwas Zufälliges, Begrenztes und auch inhaltlich Unvollkommenes bleiben, sondern dem Erkenntnisideal entsprechen soll.

Indessen, so wertvoll der erste Anschlag sein mag, er reicht nicht hin. Zunächst ergänzen wir das bisher Erschaute durch Übergang von der objektiv-ontologischen Einstellung in die phänomenologische Einstellung, die Einstellung auf die transzendental reine Subjektivität. Dann verwandeln sich alle möglichen Welten und Welttypen in „Phänomene"; sie verfallen, nicht nur die wirklichen, sondern auch die möglichen Welten, in unserem beschriebenen Sinn der phänomenologischen Einklammerung. Was uns verbleibt, ist nichts anderes als das Reich der Möglichkeiten eines reinen Ich und Ichbewusstseins und darunter all jener Bewusstseinsstrukturen, Bewusstseinszusammenhänge, in denen sich jene Möglichkeiten als Geltungseinheiten konstituieren mussten. Es ergibt sich dann die Aufgabe der Wesenslehre oder Eidetik des reinen Bewusstseins und spezieller des ursprünglich konstituierenden Bewusstseins, d.h. desjenigen Bewusstseins, in dem mögliche Objektivitäten, mögliche Welten als „wahrhaft seiende" Einheiten sich ausweisen und damit im Rahmen der reinen Subjektivität konstituieren. Im Sinne unserer vorausgeschickten Lehre von den transzendentalen Leitfäden fungieren dann die entworfenen Ontologien, obschon sie jetzt den Index der Einklammerung haben, nach ihren Grundbegriffen als Leitfäden der phänomenologischen Untersuchung und speziell der für mögliche Welten konstitutiven Phänomenologien.

Wir sehen hier selbstverständlich ab von den formal-allgemeinsten und schon als geleistet vorauszusetzenden phänomenologischen Untersuchungen, die ihren transzendentalen Leitfaden in der formalen Logik und der übrigen *mathesis universalis* haben, Untersuchungen, die also das Formal-Allgemeine der Konstitution jeder Gegenständlichkeit überhaupt als Gegenständlichkeit möglicher Erkenntnis überhaupt betreffen, aber unempfindlich sind gegenüber den regionalen Besonderheiten, die Gegenständlichkeiten als solche einer möglichen Welt und näher als physische Natur usw. auszeichnen. Gerade dies soll aber jetzt unser Interesse sein. Fragen wir, was hierfür zu leisten ist, so hätten wir folgende Erwägung anzustellen. Die

Idee einer möglichen Welt ist bezogen auf ein mögliches Ich, als dessen noematisches Korrelat, und zwar Vernunftkorrelat, sie sich konstituiert. „Sie ist mögliche Welt" besagt ja, sie ist einstimmig vorstellbar, in möglichen, sich wechselseitig bestätigenden Wahrnehmungen wahrnehmbar, überhaupt in möglichen Ausweisungen ausweisbar, in möglichen Denkakten nach ihrem wahrhaften Sein theoretisch zu bestimmen; also auf ein mögliches Subjekt solcher intentionalen Erlebnisse und Erlebniszusammenhänge werden wir verwiesen.

Die Ergebnisse der letzten Vorlesung können wir so fassen: Wir bilden die Idee eines e r k e n n e n d e n Ich, eines Ich, das, von rein theoretischen Interessen geleitet, von Erkenntnis zu Erkenntnis fortschreitet in allen möglichen Stufen und nach allen möglichen Richtungen. Es ist dann Subjekt aller möglichen Wissenschaften. Erkenntnis nehmen wir dabei im prägnanten Sinne theoretischer Vernunft, also ausschließlich bezogen auf Akte, in denen das Ich sich eines wahrhaften Seins in Evidenz versichert, so dass also auch Wissenschaften „echte", d.i. gültige Wissenschaften sind, ihre Grundsätze, Lehrsätze, Theorien nicht bloße Vermeintheiten, sondern einsehbare Wahrheiten. Ist das erkennende Ich bezogen auf eine ihm vorgegebene äußere Welt, so wie das für uns und unsere aktuelle Erfahrungswelt der Fall ist, so ergibt die *a priori* zu entwerfende regionale Gliederung der vorgegebenen Welt *eo ipso* die prinzipielle Gliederung aller möglichen Wissenschaften, die ein solches Erkenntnissubjekt in Bezug auf seine Welt entwickeln kann. Wir haben damit ein Grundstück einer aus philosophischen Prinzipien geschöpften Klassifikation der Wissenschaften – ich erinnere an die Titel „Naturwissenschaften" und „Geisteswissenschaften" – und für die Naturwissenschaften die Gliederung in Physik im erweiterten Sinne, Psychologie und Psychophysik, während für die Geisteswissenschaften die weiteren prinzipiellen Gliederungen erst zu suchen wären.

Die Klassifikation gehört nicht zu uns Menschen und zu dieser Welt, als ob sie an dieses Faktum gebunden wäre, sie gehört *a priori* zur Idee eines erkennenden Ich überhaupt, bezogen auf eine äußere Umwelt überhaupt. Sie vervollständigt sich, wenn wir daran denken, dass es nicht nur regionale, sachhaltig gebundene Wissenschaften geben kann, dass vielmehr ein erkennendes Ich als solches auch im

Besitz formaler Logik und überhaupt formaler *mathesis* sein muss. Gehören zur Idee eines „Gegenstands überhaupt", unangesehen seiner regionalen Bestimmtheit, Wahrheiten, ja ganze Wissenschaften, so ist ein erkennendes Subjekt nicht denkbar, das doch Gegenstände erkennt, ohne als Erkenntnissubjekt dieser formalen Wissenschaften gedacht zu sein. Damit ergänzt sich die allgemeinste Klassifikation der Wissenschaften um den Teil der formalen *mathesis universalis* mit all ihren Einzeldisziplinen: formale Logik, formale Analysis, Mannigfaltigkeitslehre usw.

Dazu kommt dann das System der phänomenologischen Disziplinen, der Disziplinen vom reinen Bewusstsein überhaupt; jedes Erkenntnissubjekt kann als solches phänomenologische Reduktion üben, es kann Gegenstände gegeben und gedacht nur haben in gewissen *a priori* diesen nach Form und Gehalt entsprechenden Akten, und des Näheren Einsichten, das wahrhafte Sein konstituierenden Akten. Das eidetische Studium all dieser Akte und ihrer wesensmäßigen Zusammenhänge ist für jedes Erkenntnissubjekt eine notwendige Aufgabe, wenn es, wie wir es hier tun, gedacht ist ⟨als⟩ auf größtmögliche Erfüllung seines theoretischen Interesses gerichtet. Also die selben Akte, die es ins Spiel setzt, um ontologische Disziplinen, formale und regionale, zu etablieren, macht es in der Reflexion, aber in Wesensallgemeinheit zum Thema einer neuen Wissenschaftsgruppe, derjenigen der Phänomenologie und näher Erkenntnisphänomenologie. Noch spezieller ergibt sich die Aufgabe der konstitutiven Phänomenologien, d.h. der Disziplinen, die am Leitfaden der Ontologie das für wahrhaft seiende Gegenständlichkeit jeder möglichen Art konstituierende Bewusstsein, das ursprünglich gebende und allseitig begründete Bewusstsein studieren und damit alle Beziehungen von Sein und Bewusstsein bestimmt und in allen Stufen der Konkretion zur Klarheit bringen. Somit hat die prinzipiell allgemeinste Klassifikation möglicher Wissenschaften einen neuen Grundteil erhalten und zugleich ihren abschließenden Teil.

⟨Grundlinien einer Ontologie und Phänomenologie
der physischen Natur⟩

Unser besonderes Interesse sind jetzt die den regionalen Gliederungen einer äußeren Welt entsprechenden Ontologien und Phänomenologien. Die transzendentale Aufgabe, der vorgezeichneten Typik in der Gliederung einer Welt folgend das sie erkenntnismäßig
konstituierende Bewusstsein nach seinem Wesen zu studieren, ist nur
in einem gewissen Progressus zu lösen. Die Welt hat ja ihren apriorischen Stufenbau, und es ist offenbar notwendig, diesem Aufbau auf
ontischer Seite in der phänomenologisch konstitutiven Untersuchung
zu folgen, also mit der untersten Stufe zu beginnen und dann den
sich aufstufenden Schichten nachzugehen. Selbstverständlich ist ja
das ursprünglich gebende Bewusstsein einer fundierten Gegenständlichkeit komplizierter als das der fundierenden. Selbstverständlich setzt zum Beispiel jedes durch bedeutungsmäßige Ver-
geistigung aus bloßen Naturgegenständlichkeiten erwachsende Kulturgebilde, um erkenntnismäßig gegeben zu sein, schon die erkennt-
nismäßige Gegebenheit, also letztlich die Erfahrung von Natur voraus als eine Bewusstseinsunterstufe. Die unterste Stufe ist aber unter
allen Umständen die der physischen Natur; denn psychische Subjekte
als Natur betrachtet sind, wie die nähere ontologische Untersuchung
nachweist, *a priori* nur möglich in Aufstufung auf eine physische
Leiblichkeit.

Es ist also sicher, dass die transzendental-phänomenologische
Untersuchung mit der physischen Natur anheben, dass die auf sie
bezogene konstitutive Phänomenologie der Natur die erste der transzendentalen konstitutiven Phänomenologien sein muss. Wir sind
aber schon in dieser Unterstufe, dieser prinzipiell einfachsten, in einer schlimmen Lage. Hätten wir eine vollkommene Ontologie der
physischen Natur, eine Wissenschaft, die uns begrifflich auseinander
legt, was im apriorischen Wesen einer physischen Natur als solcher
notwendig beschlossen ist, so hätten wir an den Grundbegriffen und
Grundsätzen transzendentale Leitfäden unserer Untersuchung. Aber
wiewohl wir ganze Disziplinen haben, die wie die reine Geometrie
und reine Bewegungslehre zum Bestand einer Ontologie einer physischen Natur gehören, so ist damit unser Desiderat auch nicht partiell erfüllt. Der Ontologe, d.i. der in eidetischem Denken Gegen-

ständen zugewendete Forscher, ist normalerweise nicht daran interessiert, die absolut primitiven Begriffe herauszustellen und die zu ihnen gehörigen Grundsätze. Er begnügt sich in der Regel mit einer Einsicht, die ihm die Sicherheit seiner Ausgangspunkte verbürgt, um von da schnell aufwärts zu streben nach deduktiven Konsequenzen. Der Phänomenologe aber muss scheiden. Er muss von der vollen Konkretion der exemplarischen Vorgegebenheiten ausgehen und das reine Eidos mit seinen reinen Strukturen herausarbeiten. Alles mittelbar Eingesehene muss ausgeschaltet werden, da die Phänomenologie der Mittelbarkeiten ein eigenes Thema ist. Und im Unmittelbaren muss er alles Zufällige, die Reinheit des Eidos Trübende fern halten, sonst bringt es in die transzendentale Erwägung trübende Verkehrtheiten hinein. Keine der bisherigen apriorischen Disziplinen ist nach den Fundamenten so tief bearbeitet, als wir es brauchen würden. Alle einseitige Abstraktion muss zunächst unterbunden bleiben; die Abstraktion zum Beispiel, die den bloßen Raum und das bloße Raumgebilde schafft, kann erst zulässig sein, wenn das volle Konkretum physisches Ding und physischer Dingzusammenhang zur generellen Intuition gebracht und innerhalb des allgemeinen Eidos dann das Abstraktum räumliche Gestalt als ein mit den übrigen abstrakten Momenten wesensmäßig zusammenhängendes Moment erschaut und so in seiner Funktion für das konkrete Ganze verstanden wird.

Die erste Aufgabe ist also diese urontologische. Wir können sie auch als eine Aufgabe einer reinen und ursprünglichen Deskription der Idee einer physischen Welt überhaupt, und zwar als Welt bloßer Erfahrung, bezeichnen. In voller Anschaulichkeit wird physische Welt vorstellig gemacht, vor aller Theorie betrachtet und nun als erste aller Theoretisierungen die Wesensdeskription vollzogen; alle Wesenskonstituentien, alle schlechthin notwendigen reellen Bestandstücke im Wesen einer physischen Natur überhaupt werden herausgehoben und in reinen, völlig treu sich anpassenden Begriffen ausgedrückt.

Offenbar handelt es sich hier um eine Erweiterung des gewöhnlichen Begriffs von Deskription, aber eine Erweiterung, die einer ihm innewohnenden reinen Tendenz folgt. Wir vollziehen eine pure Beschreibung eines in Wahrnehmung oder Erinnerung erfahrenen Dinges oder auch eines uns in der Phantasie vorschwebenden Dinges,

wenn wir den individuell anschaulichen Wesensgehalt des Gegebenen auseinander legen, also rein das in Begriffen ausdrücken und
aussagen, was wir anschauend finden, was unmittelbar mitgegeben
ist im Gegensatz zu all dem, was wir aufgrund eines über das Selbstgegebene hinausgreifenden und beziehenden, induzierenden oder
deduzierenden Denkens dem Gegenstand zusprechen. Wir übertragen also den Begriff der Deskription nur aus dem Gebiet der sinnlichen Anschauung und Empirie in das der eidetischen Intuition.

Ist diese Deskription des Eidos „physische Welt" geleistet, also in
ursprünglich geschöpften adäquaten Begriffen die notwendige
Struktur einer physischen Welt nach möglichen Dingen und Dingzusammenhängen, allumspannenden Formen usw. vollzogen, so ist
an die parallele phänomenologische Aufgabe heranzutreten. Dieselben Bewusstseinsgestaltungen, die wir in uns erleben müssen, um
eine solche intuitiv eidetische Deskription durchführen zu können,
und zwar als eine solche, in der das Eidos „physische Welt" mit all
seinen Wesenskomponenten zu voll evidenter Gegebenheit kommen
kann, sollen nun selbst zu Themen einer wissenschaftlichen und eidetischen Deskription werden, der phänomenologischen Deskription. Was in der ontologischen Einstellung eins ist, das konstituiert sich in wesensmäßigen Mannigfaltigkeiten des erkennenden
Bewusstseins, und was hier gefordert ist, ist nicht schlichte Reflexion, sondern eine Fassung und Analyse höchst verwickelter Bewusstseinsmannigfaltigkeiten. Damit sind für das phänomenologische Thema „physische Natur" die beiden großen Teile einer transzendentalen Ästhetik scharf gekennzeichnet, und zwar der transzendentalen Ästhetik im vollständigen, unentbehrlichen Sinn. Selbstverständlich gilt diese Problembestimmung wie für die physische Natur
so für alle regionalen Gliederungen der Umwelt, für jede haben wir
eine transzendentale Ästhetik. Doch zeigt sich bei näherer Betrachtung, zu der wir noch nicht befähigt sind, dass noch Schichtungen zu
berücksichtigen sind, die einen notwendigen engeren Begriff von
transzendentaler Ästhetik vortreten lassen, der parallel läuft dem mit
den weiteren Begriffen von Wahrnehmung und von Anschauung
überhaupt Hand in Hand gehenden engeren Begriff.

Aber[1] nun ergeben sich hier schwierige Probleme, die nach verschiedener Richtung liegen. Einmal betreffen sie die letzte Aufklärung der regionalen Begriffsbildung und die Frage, ob die Region, die wir als Repräsentanten für eine Welt überhaupt gewonnen haben, die einzig mögliche Region ist. Das wird so klarer: Als zur gegebenen Region gehörig, wie sie gewonnen ist am Exempel unserer faktischen physischen Welt, finden wir den euklidischen Raum, eine regionale Form, die die Geometrie deskribiert und theoretisch-deduktiv weiter verfolgt. Die physische Welt fällt aber unter einen universalen Titel der formalen *mathesis*, genannt „definite Mannigfaltigkeit", und unter diesem Titel stehen in der formalen *mathesis* neben der euklidischen Mannigfaltigkeit von drei Dimensionen als der mathematischen Form des euklidischen Raumes, d.i. des Raumes schlechthin, unendlich viele gleichberechtigte Möglichkeiten, die euklidische Mannigfaltigkeit von n Dimensionen, und diese alle selbst sind nur ein Grenzfall der Mannigfaltigkeiten von stetig wechselndem Krümmungsmaß usw. Man möchte nun sagen: Hätten wir als exemplarischen Ausgang für die regionale Generalisation, in der wir das Eidos „physische Welt" und „Weltraum" gewinnen, statt unserer faktischen äußeren Erfahrung eine Erfahrung von einem anderen uns unzugänglichen Typus, so würden wir eine andere und immer wieder eine andere oberste Region für Welt und Raum gewinnen. Es wäre analog wie im folgenden Fall: Hätten wir nur erlebt sinnliche Daten wie rot und blau etc., aber nie Ton und sonstige andersartige Qualitäten, so würden wir am Exempel gegebener Farbendaten als oberste Region Farbe erhalten. Wir würden leicht meinen, andersartige sinnliche Daten könne es nicht geben. Wir hätten eben keine koordinierte sachhaltige Gattung exemplarisch gegeben, hätten also keinen höheren regionalen Begriff, obschon er doch ein möglicher ist. Die Logik bzw. die formale

---

[1] *Spätere Randbemerkung* Vgl. nochmals ausgearbeitet für die nächste Vorlesung. *Davor gestrichener Text* Wir, jeder von uns, schaut in eine Welt hinein, die gegebene Natur, die ihm als einstimmige Einheit seiner Erfahrung gegeben ist bzw. die so weit ihre Wirklichkeit fortgehend ausweist, als sie sich eben durch Einstimmigkeit fortlaufender Erfahrung bestätigt. Was da widersteht, wird unter den Titeln „Illusion", „Schein" als Trug ausgeschaltet. Darin kann nun jeder von uns, indem er den reinen apriorischen Typus dieser Weltgegebenheit in der beschriebenen Weise regionaler Generalisation als Eidos gewinnt, auch durch Auseinanderlegung das deskriptive Apriori dieses Eidos, also die reine Wesensform dieser Welt als einer Welt dieses regionalen Typus überhaupt, gewinnen.

mathesis zeichnet uns formale Möglichkeiten vor, ohne zu ver-
bürgen, dass sachhaltige Gattungen sie ausfüllen. Sie lässt also auch
andersartige Welten offen, jede für den exemplarisch Gebundenen
eine oberste Region, während doch die exemplarische Bindung dem,
der Exempel anderer Regionen nicht hat, diese Regionen auch unzugänglich macht. Damit ist das zentrale Problem der nichteuklidischen Mannigfaltigkeit bzw. der Möglichkeiten andersartiger
Räume bezeichnet und zugleich verallgemeinert. Als transzendentales Problem betrifft es die letzte Klärung der die reine Idee einer
Welt in jeder Region konstituierenden Induktion und der Grenzen
ihres Allgemeinheitsanspruchs.

In den Problementwicklungen der letzten Vorlesung waren wir auf
folgendes Problem gestoßen. Gehen wir von unserer Erfahrungswelt
aus als dem Exempel, an dem wir regionale Generalisation üben, so
kommen wir zu einer sachhaltigen Idee möglicher Welt überhaupt,
die das Thema aller uns überhaupt zugänglichen sachhaltigen
Ontologien umspannt. Halten wir uns an die zu dieser allgemeinsten Idee möglicher Welt gehörige Raumform, so ist sie der euklidische Raum der Geometrie. Der rechtmäßige Sinn der Notwendigkeit des Raumes ist kein anderer als der, dass keine Wandlung der
Welt erdenklich ist, die an dem Raum etwas änderte, und er bliebe
immer und notwendig euklidischer Raum. Formal logisch-mathematisch betrachtet ist die Welt eine verbundene Einheit mannigfaltiger Gegenständlichkeiten – eine Mannigfaltigkeit im Sinne
der Mannigfaltigkeitslehre, und des Näheren eine so genannte definite Mannigfaltigkeit. Innerhalb dieser Gattung gibt es aber eine
Unendlichkeit anders gestalteter Mannigfaltigkeiten, euklidischer
und nichteuklidischer, die sich in mathematischer Exaktheit als
formale mathematisch-logische Möglichkeiten beschreiben lassen.

Nun möchte man aber sagen: Für uns ist der Ausgang für die
Gewinnung des Eidos „Welt überhaupt" und eines „Weltraums überhaupt" die gegebene Natur der faktischen Erfahrung. Wäre es nicht
möglich, dass ein Ich eine Erfahrung von einem ganz andersartigen
Typus hätte, eine äußere Apperzeption, in der diesem Ich erfahrungsmäßig gegeben wäre eine ganz andersartige, für uns unvorstell-
bare Natur derart, dass ⟨es⟩ stetig von dieser faktisch erfahrenen Natur als Exempel ausgehend eine ganz andere regionale Idee einer
Natur überhaupt bilden würde, mit einer nicht dreidimensionalen,

sondern etwa fünfdimensionalen raumartigen Weltform? Wir können das auch an folgendem Beispiel illustrieren. Wer taub geboren ist, hat keine Vorstellung von Tönen. Denken wir uns ein Wesen, das keine Töne und ebenso keine Gerüche, Geschmäcke usw. kennt, weil es nie entsprechende Erfahrungen und Phantasien zur Verfügung hatte und ausschließlich Farben. Dann wäre Farbe überhaupt für dieses Wesen die eine einzige und zugleich oberste Gattung für sinnliche Daten. Wir aber, die wir durch sinnliche Anschauung mehrere solche Gattungen haben, haben auch einen höheren regionalen Begriff „sinnliches Datum" überhaupt, und wir müssen es offen lassen, dass uns trotzdem noch andere koordinierte Gattungen innerhalb dieser Region verschlossen sind. Die formale Logik und *mathesis* zeichnet uns widerspruchslos Möglichkeiten von Weltformen vor, aber nicht als sachhaltig gegebene Möglichkeiten, sondern nur als Formen, deren sachhaltige Ausfüllung eine entsprechende wirkliche Anschauung voraussetzt. Sie lässt also, möchte man sagen, offen, dass anders geartete Welten und Weltregionen bestehen, von denen wir keine Anschauung haben können, die für uns also leere Möglichkeiten sind. Vielleicht ist das in der Tat ganz richtig. Jedenfalls ist damit das zentrale Problem der euklidischen und nichteuklidischen Welten und Raumformen bzw. das der Möglichkeit, dass eine Welt, obschon wohl nicht die in unserer Erfahrung anschauliche Welt, eine andersartige raumartige Form hat, bezeichnet und zugleich verallgemeinert. Es umschließt auch die Frage der Möglichkeit, ob unser Erfahrungstypus selbst als wandelbar gedacht werden könne, in Korrelation mit anschaulich nicht realisierbaren möglichen Welten. Ist es so, dass im Typus unserer empirischen Apperzeption die Möglichkeit mit vorgezeichnet ist, dass die Erfahrungen in der Einheit des fortlaufenden welterfahrenden Bewusstseins so ablaufen könnten, dass der ganze Erfahrungstypus zu einem anderen würde und dass wir danach statt einer euklidischen Dinglichkeit vielmehr eine nichteuklidische als noematisch konstituiertes Korrelat vorfinden müssten? Entschieden können solche Fragen nur werden durch eine letzte Klärung der Leistung der regionalen und der formal-mathematischen und der analogisierenden Verallgemeinerung und in eins damit der Tragweite der Evidenzen, die über die wirklich anschauliche Exemplifikation hinausreichen, also Möglichkeiten betreffen, die, sei es rein formal sind, sei es zugleich durch Analogisierung mit anschaulich Belegtem die anschauliche Sphäre transzendieren.

Aber noch eine andere, für uns zugänglichere Problemrichtung kommt in Frage. (Ist die physische Natur unser transzendentales Thema, so ist sie es doch in folgendem Sinn: Gesetzt, eine physische Natur existiere wirklich, wie ist die ihr entsprechende Erkenntnis bis hinauf in mögliche naturwissenschaftliche Erkenntnis wesensmäßig beschaffen, und wie sind von der Seite des phänomenologisch reinen Erkenntnisbewusstseins alle an die Natur als Korrelat dieser Erkenntnis zu stellenden Sinnesfragen zu beantworten?)

Wenn wir transzendentale Fragen für bloß physische Natur erwägen, so ist sie von uns doch zugleich als mögliche Unterlage für in ihr lebende psychische Wesen gedacht, darunter eventuell von Erkenntnissubjekten, die als erkennende wissenschaftliche Menschen beliebig hoher Vernunftkritik eben diese Natur und die gesamte Welt erkennen. Vor aller Transzendentalphilosophie liegt das Faktum, dass viele Subjekte dieselbe uns gegebene Welt und zunächst physische Natur erkennen, vor, und in der Form, dass sie leiblich begabte Subjekte sind und dadurch Einordnung und Stellung im physischen Zusammenhang der Natur haben. Da erheben sich aber mehrere Probleme: Gesetzt, eines oder mehrere Subjekte sind auf dieselbe existierende Natur bezogen als deren Erkenntnissubjekte, müssen sie ⟨sich⟩ dann dieser selben Natur in der Weise ihr zugehöriger psychophysischer Subjekte einordnen? Allgemein gesprochen: Welches sind die Bedingungen der Möglichkeit der Erkenntnisbeziehung eines und mehrerer Subjekte auf dieselbe physische Natur? Ferner, wenn ein Erkenntnissubjekt eine Natur als wahrhaft seiend erkennt, kann ein anderes Erkenntnissubjekt eine andere Natur als wahrhaft seiend erkennen? Korrelativ müsste also gesagt werden können, dass zwei verschiedene Naturen zugleich sein könnten.

Gehen wir auf das Faktum unserer gegebenen Welt zurück, so kann ich ein Ding als wahrhaft seiend erkennen, ein anderer ein anderes Ding. Aber dann ist die ideale Möglichkeit gewährleistet (wenn auch nicht die empirischen Bedingungen dafür realisiert sein müssen), dass jeder jedes Ding der Welt erkenne, d.i. im Raum fortschreitend zu seinem Ding komme, und ⟨ich⟩ es mir zur Erfahrung bringe und dann zur volleren Erkenntnis, und so er *vice versa*.

Ebenso also mit der ganzen Welt, sie ist für einen jeden dieselbe und prinzipiell gesprochen in seinem möglichen Erkenntnisbereich. Vielleicht hängt das daran, dass wir als psychophysische Wesen eben derselben Welt angehören und damit zugleich in sie hineinschauen, mit unseren leiblichen Sinnesorganen sehend, hörend etc. hineinerkennen. So scheint auch die Objektivität der wissenschaftlichen Erkenntnis als eine intersubjektiv gültige gewährleistet. Meine wissenschaftlichen physischen Wahrheiten sind dieselben als die eines jeden anderen, und da die Bedingungen wechselseitigen geistigen Verkehrs erfüllt sind, können wir uns davon auch überzeugen.

Wie aber, wenn wir die Annahme versuchten, dass es noch Subjekte gebe außerhalb unserer Welt, Subjekte, die in ihr keine Leiber und Sinnesorgane haben? Ja, wenn wir sogar die Annahme versuchten, dass es Subjekte geben könnte, die eine Welt zu erkennen vermöchten, während sie überhaupt leiblose Subjekte wären? Doch gesetzt selbst, es seien psychophysische Subjekte und müssten solche sein. Ist es möglich, dass mehrere solche Subjekte sind, dass ein jedes in eine Welt hineinerkennt, aber so, dass die verschiedenen Subjekte oder verschiedenen Gruppen von Subjekten in gesonderte Welten hineinerkennen und prinzipiell hineinerkennen müssen, weil sie etwa aus apriorischen Gründen nur in die Welten hineinerkennen können, denen ihre Leiber zugehören? Es ist dabei an das früher Gesagte zu erinnern: Für uns ist Natur überhaupt eine Region, nämlich im Sinne eines Eidos, das durch regionale Generalisation am Exempel unserer erfahrenen Natur oder quasi-erfahrenen Natur gewonnen wird. Erwägen wir die möglichen faktischen Naturen, die unter diesem Eidos stehen, so mag es sein, dass wir *a priori* einsehen können (wie wir es in der Tat können), dass in der unendlichen Mannigfaltigkeit dieser Möglichkeiten jeweils nur eine verwirklicht sein kann, dass es nur einen Raum, nur eine Naturzeit, nur eine Dingwelt geben kann – aber *notabene* nur eine dieses regionalen Eidos. Aber es könnte vielleicht sein, dass noch andere uns unbekannte Spezies von Natur Bestand haben, gewonnen von Erkenntnissubjekten eines von dem unseren abweichenden Erfahrungstypus, bei dem die oberste Generalisation ein anderes reines Eidos „Natur" ergibt. Das würde besagen, dass unser Eidos „Natur" nur für uns oberste Gattung wäre, dass es vielmehr und an sich bloß Spezies einer höheren Region sei, die unserer Generalisation nur unzugänglich ist. Bestimmt wäre dann für uns die oberste Region nur als Möglichkeit der formalen *mathesis* ohne von uns beizustellende sachhaltige Materie. Aber wie immer, wenn das eine Möglichkeit ist, könnte es nicht auch sein, dass Welten dieser verschiedenen Spezies zugleich existierten derart, dass jeder Erkenntnissubjekte entsprächen, die nur einzeln die Welt der einen Spezies gegeben hätten, der ihre Erfahrungsart angepasst ist, die in ihrer Erfahrungsart für sie konstituiert ist? Dann hätten wir also getrennte Welten, jede in ihrer Koexistenz relativ auf getrennte ihr zugehörige Subjekte.

Aber nun ist als sehr wesentlich für die Realisierung oder Abweisung solcher erwogenen Möglichkeit in Rechnung zu ziehen, dass *a priori* zur Möglichkeit, dass mehrere beliebige Gegenstände zumal existieren, notwendig gehört die Möglichkeit eines Subjekts, das all diese Gegenstände in einem zusammenhängenden Erkenntnisbewusstsein einsichtig erkennt. Also muss ein Ich möglich sein, das all jene Welten und all jene sie erkennenden Subjekte in einer Erkenntnis erkennt. Das führt also auf das **allgemeine Problem** derjenigen apriorischen Bedingungen der Möglichkeit der Koexistenz einer Mehrheit von Subjekten, die in der Möglichkeit ihrer kollektiven Erkenntnis durch ein mögliches Subjekt vorgezeichnet sind.

So ist also in Bezug auf dieses allgemeine Problem auch das Problem der Kompossibilität als möglicher Koexistenz mehrerer physischer Welten, und dann allgemeiner mehrerer Welten überhaupt, ein doppeltes: einmal der Kompossibilität mehrerer individueller Besonderungen des anschaulich-sachhaltigen Eidos „Natur überhaupt", das wir als Idee „unsere Natur" bezeichnen können; das andere Mal als Kompossibilität von individuellen Besonderungen, ausgewählt aus verschiedenen spezifischen Ideen innerhalb der formalen Region „naturhafte Mannigfaltigkeit", von denen unsere Natur nur eine Spezies wäre. Das erste Problem ist als gelöst anzusehen. Es gibt unendlich viele mögliche Besonderungen des Eidos unserer Natur, zu jeder gehört eine besondere mögliche Naturwissenschaft (verstanden als Gesamtkomplex von Tatsachenwahrheiten, darunter von Naturgesetzen). Aber nur eine einzige dieser Möglichkeiten kann assertorische Wirklichkeit sein und schließt für alle anderen Möglichkeiten die Mitverwirklichung aus. Demgemäß kann es nur eine Naturwissenschaft in assertorischer Gültigkeit geben. Alle anderen sind leere Möglichkeiten, zu freien Fiktionen gehörig. Nicht gelöst ist aber das andere Problem. Es ist wie alle von uns hier herausgearbeiteten Probleme ein exakt formuliertes und demgemäß ein vernünftiges und notwendiges. Alle diese Probleme spielen, wie Sie sehen, in die formale Ontologie hinein. Denn sowie wir den Boden sachhaltiger Anschauung verlassen und Möglichkeiten von Subjekten und Welten erwägen, die nicht von unserer exemplarischen Anschauung herstammen, die doch in sich es nicht verbürgt, dass sie die einzig mögliche sei, bewegen wir uns in einer formalen, in einem weitesten Sinne mathematischen Sphäre.

Hier möchte ich aber bemerken, dass die formale *mathesis*, wie sie gegenwärtig in Gestalt der formalen Logik und vor allem der formalen Analysis und Mannigfaltigkeitslehre entwickelt ist, solchen Problemen nicht genugtun kann. Sie hält sich durchaus in einer formalen Allgemeinheit, die bezeichnet ist durch ihre Grundkategorie „Gegenstand überhaupt", von dem alle anderen Kategorien apriorische Wandlungen sind, wie z.B. Eigenschaft, Relation, Ganzes, Teil, Mehrheit, Anzahl usw. Eine „Welt" und „Ding" in einer Welt und Subjekte fallen natürlich auch unter den formalen Titel „Gegenstand", aber sie sind Individuen. Gegenstand überhaupt, das befasst aber alles und jedes, was prädikatives Subjekt von Prädikaten sein kann, also auch ideale Gegenstände wie Gattungen, Arten, spezifische Differenzen. Die Farbenspezies bilden einen „Farbenkörper", d.i. eine Mannigfaltigkeit in mathematischem Sinne, ebenso die Tonspezies usw. Es sind keine Individuen. Demgemäß behandelt die formal-mathematische Mannigfaltigkeitslehre bis hinauf in ⟨die⟩ Lehre von euklidischen und nichteuklidischen Mannigfaltigkeiten, die übrigens lange nicht die obersten und letzten sind, Formen der Vereinheitlichung von unendlichen Mengen durch formale Gesetzmäßigkeiten der Relation, der Beziehung, der Verbindung, unangesehen der Frage, ob die singulären Einzelheiten Individuen sind oder nicht. Es gibt aber auch, wie ich schon vor Jahren erkannt habe, eine formale *mathesis* der Individualität, welche das formale Apriori der Individualität als Individualität und mit Hilfe der formalen Ontologie der Gegenständlichkeit überhaupt das formale Apriori möglicher Welten als Welten, als unendliche unabgeschlossene Mannigfaltigkeiten von Individuen behandeln müsste. Und an dieser formalen Ontologie der Individuen fehlt es noch ganz und gar. Ihr gehören auch zu die formalen Fragen, die sich auf die Möglich-

keiten und Notwendigkeiten der Einordnung von Ichsubjekten in
Welten und als von ihnen zu erkennende und dann weiter zu be-
wertende und behandelnde Welten beziehen, der Einordnung in
Form von seienden Individuen.

Die höchst bedeutsame Problematik, die unsere letzte Vorlesung
gekennzeichnet hatte, entspringt daraus, dass der aus der Anschauung gewonnene Weltbegriff, der Ausdruck eines reinen, aber durch
den sachlichen Wesensgehalt gebundenen Eidos, einer formal-mathematischen Verallgemeinerung zugänglich ist, so der Raum der
Welt zur euklidischen Mannigfaltigkeit, die mathematisch zu ver-
allgemeinern ist zu einer definiten Mannigfaltigkeit, genannt mathematischer Raum überhaupt, unter dem unendlich viele Spezies
von Besonderungen stehen (wie[1] das *a priori* für jeden inhaltlich
bestimmten Begriff einer Gegenständlichkeit gilt. Der anschauliche
Raum expliziert sich ontologisch in der Geometrie, einer apriorischen, aber an sachhaltige, nur aus der sinnlichen Anschauung zu
schöpfende Wesen gebundenen Disziplin. Der anschauliche Raum
aber hat eine mathematische Form, die der euklidischen Mannigfaltigkeit dreier Dimensionen, die gewonnen wird, wenn alles Anschauliche in ähnlicher Weise ausgeschaltet wird, wie etwa wenn
man einer Menge von Kugeln substruiert die formale Idee einer
Menge von Gegenständen überhaupt in unbestimmter Beliebigkeit,
oder der Idee einer physischen Größe die formale Idee eines beliebigen zahlenmäßig teilbaren und bestimmbaren Etwas überhaupt,
wie nun der Raum nach der formalen Mathematisierung zur Mannigfaltigkeit in eine Unendlichkeit anderer möglicher Mannigfaltigkeiten tritt und so das Eidos oder der Begriff „Natur" in eine Unendlichkeit formaler Begriffe, umspannt durch die formale Idee einer
Natur überhaupt, die eine formale Wesensgemeinschaft ausdrückt.
Und da ergeben sich große Aufgaben, einerseits den Formtypus von
Mannigfaltigkeiten mathematisch zu bestimmen, der die oberste
Gattung darstellt, unter der die Form der anschaulichen Natur als
eine niederste formale Differenz steht, und ebenso hinsichtlich der
Räumlichkeit der anschaulichen Natur die oberste formale Gattung
räumlicher Mannigfaltigkeit zu konstruieren, von der der anschauli-

---

[1] *Spätere Randbemerkung, die sich wohl auf das Ende der Einklammerung bezieht* F⟨ol-
gende⟩ S⟨eite⟩.

che Raum nur eine formale Differenz ist. Andererseits) aus der Beziehung von anschaulichem Eidos und mathematischer Form erwachsen dann die Probleme möglicher, für uns unanschaulicher Welten und Räume, die gelöst sein müssen, damit wir nicht in eine falsche Metaphysik hineingeraten und die Tragweite der apriorischen Ontologie der Natur nicht überschätzen.

Gewiss hat das anschaulich-sachhaltige Apriori als Apriori seine unbedingte Geltung, so z.B. das der Geometrie, ⟨der⟩ reinen Zeit- und Bewegungslehre. Aber wenn andere empirische Apperzeptionen *idealiter* möglich sind und demgemäß andere Welten mit anderen konstitutiven Bestimmtheiten und Raum und Zeit analogen Formen, dann entspricht jedem Typus von Welt eine andere apriorische Geometrie als System unbedingter Notwendigkeiten der Koexistenz.

Haben diese Ausblicke in weite Horizonte materiale und formale Ontologie verbindender Untersuchungen uns zur Vorsicht gemahnt und die Neigung zur Überspannung des Geltungsbereichs der Ontologie und Phänomenologie „unserer" Natur unterbunden, so gehen wir nun an dieses Gebiet sachhaltig bestimmter, aus der exemplarischen Anschauung geschöpfter Erkenntnis heran.

Es handelt sich ⟨für⟩ uns um die unterste Schicht des anschaulichen Welteidos, die Schicht physischer Natur. Was wir, nach früher Besprochenem, brauchen, ist die Wesensdeskription dieser Schicht in Form von ursprünglich anschaulich geschöpften Wesensbegriffen und Axiomen. Was in diesen analytisch-logisch beschlossen ist, ein unendliches Heer von Gesetzen, welche die mittelbaren Wesensgebilde beherrschen, das erforscht die wissenschaftliche Theorie in der apriorischen Naturwissenschaft, der apriorischen Ontologie der Natur, in endlosen Deduktionen. Ein allgemeiner Gesetzesrahmen ist damit vorgezeichnet, an den wie jede mögliche Natur, so die als Faktum der Erfahrung individuell gegebene Natur gebunden ist. Die empirische Naturwissenschaft als konkrete, immerfort das Apriori dieser Ontologie methodisch benützende, zeichnet in diesen allgemeinen Rahmen die theoretisch bestimmte und wissenschaftlich explizierte Idee der individuellen Natur hinein. (Sie bestimmt durch Erfahrung und Induktion diejenige unter den ideal möglichen Naturen, die alle in der formalen Ontologie unbestimmt gelassen sind, aber in ihrer reinen Allgemeinheit beschlossen sind, diejenige, die individuell wirkliche ist.)

Sehen wir uns nun die Disziplinen der physischen Ontologie an, so weit sie bisher entwickelt sind, die Geometrie, die reine Zeitlehre, Bewegungslehre, die Stücke apriorischer Mechanik, so fällt uns auf, dass in sie nicht der volle Gehalt der anschaulichen physischen Natur eingeht, sondern dass sie überall nur eine in gewissem Sinne leere Form der Natur fassen. Es ist freilich nicht bloß logisch-mathematische Form im Sinne der *mathesis universalis*. Es ist eine anschaulich gebundene mathematische Form. Ein physisches Ding möglicher Erfahrung ist *res extensa* und *temporalis*. Es ist ausgedehnt im Raum und dauernd in der Zeit. Raum und Zeit der Natur sind anschauliche mathematische Formen, in ihrem Wesen nur aus der Anschauung von Physischem zu erfassen. Gestalt, Lage, Bewegung, Gestaltveränderung, das sind anschauliche und doch in gewissem Sinne formale Bestimmungen. Formale, weil sie und alle Bestimmungen ihres Typus auf eine in der Konkretion anschaulicher Gegebenheiten immerfort mitgegebene wandelbare Fülle verweisen: Dinge der wirklichen Erfahrung oder frei fingierenden Phantasie finden wir zum Beispiel visuell qualifiziert. Die gestaltete Ausdehnung des Dinges, sein geometrischer Körper sozusagen, ist nie bloß geometrischer Körper, sondern gibt sich visuell als gefärbt, die Farbe breitet sich über die Gestalt aus, mag es nun eine bunte Farbe sein oder eine nicht bunte, ein farbloses Grau, Schwarz, Weiß. Wir finden Dinge ebenso taktuell qualifiziert, glatt, rau, klebrig, nass usw., ferner warm oder kalt, mit Geschmacks- und Geruchsqualitäten behaftet, mit akustischen Bestimmtheiten, all das in unzähligen Differenzierungen.

Von all diesen Qualifizierungen weiß die Geometrie, die Kinematik, Mechanik, kurz, die in faktischer Ausbildung stehende Wissenschaft vom Apriori der physischen Natur, nichts und parallel damit auch die empirisch-exakte, die so genannte mathematische Naturwissenschaft. Die neue Epoche der Physik beginnt bei G a l i l e i damit, die spezifischen Sinnesqualitäten (in der l o c k e s c h e n Terminologie die so genannten „sekundären") als irreale zu diskreditieren; sie gehören, sagte man, nicht zum wahren Sein der Natur, sie sind nicht objektiv, den Dingen an sich selbst zukommende Qualitäten, sondern bloß subjektiver Schein, zum zufälligen subjektiven Bild gehörig, das das erkennende menschliche Subjekt von dem Objektiven, von der wahren Natur-an-sich gewinnt.

Selbstverständlich wird das methodische Verfahren der Disziplinen apriorischer Naturwissenschaft, von denen wir sprechen, und
nicht minder dasjenige der galileischen exakten Naturwissenschaft, die als Ideal aller empirischen Naturwissenschaften angesehen wird, seinen guten Sinn haben, also echte Quellen der Evidenz.
Selbstverständlich ist es auf der anderen Seite die Aufgabe des
Philosophen, hier letzte Klarheit zu schaffen und nicht etwa sich
durch die Autorität der exakten Wissenschaften hypnotisieren zu
lassen, die Evidenz ihres Verfahrens unbesehen hinzunehmen statt
sie und ihren Sinn urquellenmäßig zu klären, also phänomenologisch
zu erforschen. Freilich hat die bisherige Philosophie in dieser Hinsicht kläglich versagt, sie hat sich die hier bestehenden Probleme
nicht einmal zum Bewusstsein gebracht. Nichts zeigt dies deutlicher
als die für jeden Tieferblickenden lächerliche Behauptung, die als
eine längst festbegründete und allgemein angenommene behandelt
wird, die neue empirische Naturwissenschaft, sei es Physik oder
Physiologie, hätte die bloße Subjektivität der Sinnesqualitäten er-
wiesen.

Die erste Aufgabe hier ist die „urontologische", um den früher be-
nutzten Ausdruck wieder aufzunehmen. Das Eidos „Welt" und später
„physische Natur" zu gewinnen und zu deskribieren, ⟨ist⟩ nicht eine
so leichte Sache wie etwa für das Eidos „Ton". In diesem Fall haben
wir als Exempel ein voll anschaulich gegebenes, konkretes sinnliches
Datum, immanent also adäquat gegeben, dem wir andere solche Daten von gleicher Einfachheit zur Seite stellen können, einen anderen,
einen dritten Ton, und in der überschiebenden Deckung tritt uns
das wesenseinheitliche, das allgemeine Wesen Ton vor, dessen deskriptive Komponenten in passender Vergleichung sich abheben.[1]

---

[1] *Später gestrichen* Die physische Welt aber ist eine offene Unendlichkeit von Dingen,
von denen nur einzelne in die eigentliche Anschauung fallen können, während die übrigen nur
bestimmbare Möglichkeiten eines gewissen Stils sind. Fassen wir ein Vereinzeltes ins Auge,
absehend von seinem Unendlichkeitshorizont, so zeigt es in der Wesensanalyse sofort seine
innere Unendlichkeit. Auch das Einzelding erfassen wir nur nach einzelnen Momenten eigentlich, und diesem eigentlich anschaulichen Gegebensein gehört ein unendlicher Horizont von
unbestimmten und eventuell ganz unbekannten Merkmalen zu; wir werden auf neue und immer
neue Erfahrungen von demselben Ding verwiesen, die im Voraus nur eine vorgezeichnete, aber
erst zu erforschende Typik haben. Selbstverständlich muss die urontologische Aufgabe (hier
und analog in jedem anderen Gebiet) darin bestehen, im eidetisch-anschaulichen Verfahren mit
der vollen Konkretion zu beginnen und dann schrittweise in geordnetem Verfahren der durch

Andererseits, die Welt ist uns zwar auch exemplarisch anschaulich gegeben, aber prinzipiell nur inadäquat, immerfort, wie wir früher erkannten, mit äußeren und inneren Horizonten unbestimmter Bestimmbarkeit, immerfort nur nach Seiten, nach Darstellungen, Erscheinungsweisen; als in wechselnden Erscheinungen erscheinendes x sich nur partiell wirklich darstellender und bestätigender Merkmale. In dem endlos offenen Fluss möglicher Erfahrung ist die Welt und jedes gegebene Ding nur gegeben als eine anschaulich belegte Präsumtion. Aber das schließt nicht aus, dass wir in vollkommener Evidenz, also adäquat, eben diesen apriorischen Typus einer solchen Unendlichkeit einstimmiger Erfahrung und als ihr Korrelat die Idee des wahrhaften Seins einer physischen Dinglichkeit und Welt erfassen, nämlich als „Idee" einer darin sich ins Unendliche einstimmig bestätigenden Präsumtion des „Gegenstands" sich wechselseitig bestätigender Erscheinungen. Aber das geschieht in der notwendigen Methode, in freier Phantasieaktion die Erscheinungen ablaufen zu lassen, auf sie hin⟨zu⟩sehen und sie zugleich ⟨zu⟩ befragen, als was sie ihr Erscheinendes meinen, als was sie es und wie sie es schon gegeben haben, wie sie fortlaufen müssen, um das schon eigentlich Erscheinende zu richtiger und sich vollkommen bestätigender Erscheinung zu bringen, wie sie laufen müssen, um die nach jeder Hinsicht ihnen anhaftenden Horizonte der Unbestimmtheit durch eigentlich gebende Erscheinungen zu erfüllen; und bei diesem Befragen wird die freie Anschauung selbst dirigiert, und die im Wesen der möglichen Erfahrung liegenden Möglichkeiten ihrer Fortführung in einstimmigen Erfahrungsreihen werden verwirklicht. Nun kann mit Evidenz erfasst werden, was als *a priori* durchgehender Stil eines wahrhaft seienden Naturgegenstands trotz der Unendlichkeit fortgehender Prätention erhalten bleiben muss, und was dasselbe ist, als das bleibende Wesen dieser Art Gegenständlichkeit, wie andererseits, was für ein apriorischer Typus unendlicher Erfahrung die notwendige Ursprungsstätte für eine so geartete, eine physische Gegenständlichkeit ist.

---

sie *a priori* vorgezeichneten Typik möglicher Erfahrung nach⟨zu⟩gehen, und korrelativ nach⟨zu⟩gehen den *a priori* notwendigen Gliederungen und Momenten einer erfahrbaren Welt. Jedes abstraktiv erfasste Wesen hat dann seine bestimmte Stelle und an dieser Stelle seine bestimmte, das Konkretum aufbauende Funktion. Von vornherein kann dabei der phänomenologischen Reflexion nicht entbehrt werden.

Nur so gewinnen wir also eine voll erschöpfende und in reinster Evidenz entspringende Idee von Natur. Also am vollkommensten eben dadurch, dass wir systematisch die Mannigfaltigkeit von Erscheinungen eines und desselben zum Thema machen, ihre phänomenologische Struktur, so weit sie als Erscheinungen eines identischen Gegenstands sich geben, studieren (sie dabei beständig nach Intention und Erfüllung befragen und dadurch selbst für ihren Verlauf konstruieren. Das Interesse an den Phänomenen, das natürlich uns die vollkommenste Herrschaft über sie gibt, wenn es theoretisch-phänomenologisches Interesse ist, ist hier aber dienend für das ontologische Interesse. Haben wir in größter Vollkommenheit den Typus eines unendlichen Systems möglicher, sich einstimmig bestätigender Erfahrung studiert, so haben wir darin ja aufs vollkommenste gegeben in adäquater Evidenz als Korrelat den Stil des identischen Gegenstands, also des Dinges, Dingzusammenhangs, der Welt, mit anderen Worten, sein regionales Wesen, das das Maß für alle Vernunftaussage über Natur sein muss.)

Das systematische urontologische Verfahren fordert, dass das selbstständige Ganze den unselbstständigen Teilen, dass das Konkrete dem Abstrakten vorangeht, da es notwendig im konstitutiven Ursprungsein das Frühere ist. Es ist also gefordert, dass das konkret-vollständige Eidos von Natur und Naturding, das in dem Mutterboden der konkret-vollständigen (erfassten und studierten phänomenologischen) Idee möglicher Erfahrung eingebettet und daraus entnommen ist, systematisch gegliedert wird nach eigentlichen Gliedern und abstrakten Komponenten, parallel mit der entsprechenden Gliederung und Abstraktion auf phänomenologischer Seite möglicher Erfahrung.

Verfahren wir so, dann sondern sich uns bald im Konkreten die Wesensstrukturen ab, die in ihrer eigentümlichen unbedingten Notwendigkeit sich von einem in entsprechend eigentümlichem Sinne Zufälligen abscheiden und zum geschlossenen Thema eigener ontologischer Disziplinen werden – jenen naturmathematischen, von denen wir gesprochen haben. Überlegen wir Folgendes: Eine gewisse durchgehende Wesensstruktur der anschaulichen Natur ist schon in jeder noch nicht phänomenologisch weiter entfalteten Erfahrung vorgezeichnet: Die physische Welt gibt sich als ein gegliederter Zusammenhang, der in unbestimmte Unendlichkeiten fortläuft; darin

heben sich einzelne „Dinge" ab als in bestimmter und zu erfor-
schender Weise „selbstständige" Einheiten. Diese werden naturgemäß zunächst betrachtet, aber in eins mit ihren unendlichen Da-
seinsformen Raum und Zeit, in die alle Dinge hineingehören. Jedes Ding können wir uns vernichtet denken, unvernichtet bleibt
dann, das ist die unaufhebliche Notwendigkeit, der Raum, mit dem
sich jede zum Wesen des Dinges notwendig gehörige Gestalt im
Moment der Vernichtung deckte, und dieser Raum ist Stück des unendlichen Allraums. Solange wir noch in aller freien Abwandlung
einer exemplarisch anschaulichen Welt überhaupt etwas übrig behalten, was Identität und Wesensgemeinschaft erhält, haben wir einen unendlichen Raum als Form für ihn ausfüllende Dinge, die nie
fehlen können. Ein leerer Raum ist undenkbar, und wenn auch
a priori jedes Ding zufällig ist, also weggedacht werden könnte,
während doch sein jeweiliger Raumteil, der ihm Stellung, Lage,
Raumeinordnung gibt, in unaufhebbarer Notwendigkeit an seiner
Stelle im Raum verbleibt, so sagt das keineswegs, dass alle Dinge
einer Welt zusammen weggenommen werden könnten, mit anderen Worten, dass alle reale Fülle für den unendlichen Raum weg-
fallen könnte. Phänomenologisch ist ja klar, dass die Anschaulichkeit
des Raumes, also seine lebhafte Gegebenheit, nur die ist einer möglichen Erfahrungsgegebenheit irgendwelcher qualitativ erfüllten Gestalten, aber in eins mit der wesensmäßig zugehörigen Möglichkeit
der Bewegung. Die Möglichkeit der Bewegung ist eine ideelle, in
freier Willkür zu durchlaufende, und zwar so, dass bei beliebiger
Variation der realen Qualifizierung für jeden Lagenpunkt des Ding-
körpers dasjenige geordnete System von Lagenänderungen sich ergibt, das wir als Erzeugung des euklidischen Allraums durch jeden
seiner Punkte bezeichnen. Sowie wir alles raumfüllende *quale* überhaupt wegdenken, haben wir keine mögliche Gestalt und Bewegung,
haben wir keine mögliche Anschauung mehr; es bleibt also auch
nichts mehr von einer Welt übrig. In diesem Sinne muss also meines
Erachtens die berühmte Argumentation Kants von der Notwendigkeit des Raumes als Anschauungsform ergänzt und korrigiert werden. Ähnliches für die Zeit übergehe ich.

Jedenfalls haben wir unter den Titeln „Raum" und „Zeit" innerhalb des Eidos „Natur" absolut notwendige Bestände ausgezeichnet,
starr vorgezeichnete Systeme möglicher, durch Deformation und

Bewegung frei erzeugbarer Gestalten und Lagen, die in der Tat alle erdenklichen, nämlich in möglicher Erfahrungsanschauung ursprünglich zu gebenden, dinglichen Gestalten und Lagen systematisch umfassen als apriorische Allheiten (Mannigfaltigkeiten) von dem bekannten mathematischen Typus. Natürlich müsste eine ausführende Untersuchung die zu Raum und Zeit gehörigen Grundbegriffe und Axiome urontologisch aus der Anschauung schöpfen und formulieren. Dazu gehören dann weiter die apriorischen Gesetze der Verteilung der füllenden Materie für diese Formen, dass zum Beispiel jede beliebige Zeit erfüllbar ist mit jeder beliebig zur Zeitfüllung geeigneten Zeitmaterie, dass aber konkrete Materie nur eine, wenn auch eine beliebige, Zeitstrecke, die Dauer heißt, erfüllen kann, nie aber einen Zeitpunkt, der nur den Limes Null (einen nie realisierbaren Limes) stetiger Verkleinerung einer möglichen Dauer bezeichnet.

Ferner, jedes Ding füllt seine Dauer; die Dauer gehört insofern zu seinem eigenen Wesen. Andererseits besetzt sie ein Stück der Zeit und ist als das nur einmal in der Zeit. Unendlich viele Dinge können mit ihrer Dauer die eine numerisch identische Zeitstrecke erfüllen: Sie können völlig gleichzeitig dauern.

Andererseits, im Raum sondert sich eigenartig die zum Ding gehörige Gestalt und die Lage. In der Zeit gibt es keine Verschiebung der Zeitdauer, sie hat ihre schlechthin unveränderliche zeitliche Lage. Im Raum gibt es Bewegung. Die Raumgestalt gehört schon zur Zeitfülle, weshalb es verkehrt war, dass Kant die Raumform vor der Zeitform behandelte. Das zeitfüllende Ding hat in jedem Zeitpunkt seine und eine einzige räumliche Lage, und der betreffende Raumteil kann in demselben Zeitpunkt von keiner anderen Dinggestalt, d.i. von keinem anderen Ding solche Gestalt habend, besetzt werden. Dasselbe gilt für alle Dingteile bis zum Limes der Gestalt, in dem alle Gestaltunterschiede aufhören, dem Punkt. Dagegen kann in der Zeitfolge derselbe Raumpunkt mit immer neuer räumlicher Materie besetzt sein, und zwar durch Bewegung.

All diese und ähnliche apriorischen Gesetze raumzeitlicher Formung müssen aufgestellt und müssen schon ihren Grundbegriffen nach ursprünglich geschöpft und geklärt werden. Dann kann jede solche ursprüngliche Schöpfung den Leitfaden für systematische konstitutive Untersuchungen abgeben, in denen die formale Typik jeder möglichen physischen Erfahrung in ihren phänomenologischen Strukturen studiert wird, als deren Wesenskorrelate die entsprechenden formalen Strukturen jeder möglichen physischen Natur als ursprüngliche Gegebenheiten sich als daseiend ausweisen und ihren ursprünglichen Sinn endgültig enthüllen können.

Aber alle diese apriorischen Bestände sind eben nur formal. Sie betreffen unbedingte Notwendigkeiten für Gegenstände möglicher physischer, sich einstimmig bestätigender Erfahrung, und zwar hinsichtlich Raum und Zeit als *a priori* vorgezeichnete Systeme möglicher Differenzierungen für Raumgestalten und Zeitgestalten in ihren Lagen. Sie sagen nichts aus über die reale Fülle solcher Gestalten, über Gattungen oder Arten von „Qualitäten", welche zu physischen Dingen als solchen gehören. Ein Ding ist, *a priori* gesprochen, doch nicht bloß Gestalt, sondern Gestalt ist eben Gestaltform, indem ein Was gestaltet ist. Dieses Was bleibt in dem bisher betrachteten Apriori völlig unbestimmt gedacht. Diese Unbestimmtheit und die gerade durch sie, wie wir noch sehen werden, gewonnene und rein gehaltene unbedingte Notwendigkeit der Geltung für jedes erdenkliche Physische charakterisiert, obschon noch nicht vollkommen, die reine Geometrie, reine Zeit- und Bewegungs- und Kräftelehre, oder besser, charakterisiert eine apriorisch-formale Naturwissenschaft, die wir deutlicher als ästhetisch-formale bezeichnen, um an den kantischen Begriff der transzendentalen Ästhetik mindestens zu erinnern und die Verwechslung mit dem formalen der *mathesis universalis* auszuschließen.

Wir stehen hier ja nicht mehr in der logisch-formalen, in der leersten Allgemeinheit der Idee eines Gegenstands, Etwas-überhaupt, sondern in der durch den Erfahrungstypus physische Erfahrung exemplarisch, also sachhaltig gebundenen Allgemeinheit eines physischen Gegenstands überhaupt als Gegenstands solcher möglichen Erfahrung. Da tritt eine unbedingt notwendige, in absolut strengen Gesetzmäßigkeiten sich explizierende Form vor, die den hierher gehörigen Disziplinen eine besondere Dignität „objektiver" Geltung verleiht, während diese Disziplinen andererseits keineswegs das gesamte anschaulich-konkrete Wesen möglicher physischer Natur umspannen. Zur Konkretion gehört ja das inhaltliche Was der Gestaltung, und das bleibt unbestimmt. Indessen muss jetzt beigefügt werden, dass ein inhaltliches Apriori mit unbedingt allgemeiner Gültigkeit für jedwede physische Gegenständlichkeit und Natur überhaupt kann für die Qualifizierung trotz ihrer Unbestimmtheit ausgesprochen werden; zu Anfang doch schon dies, dass jedes einzelne Ding seine räumliche Gestalt als Gestaltung eines Inhalts hat, welcher Inhalt einen gewissen, ursprünglich geschöpften Begriff von Materie oder auch von Qualität ausmacht. Konstitutives Merkmal des Dinges, der logische Inhalt des Dinges, sein Inhalt als Gegenstand überhaupt ist in gleicher Weise Gestalt und Inhalt der Gestalt, aber der gestaltete Inhalt, die Gestaltmaterie, ist in der Region Ding etwas Besonderes, nur in dieser Relation Verständliches und nur aus der Erfahrungsart zu schöpfen.

Weiter ist die eigentümliche Struktur eine generell notwendige, wonach die Dauer des Dinges zwar ebenfalls nach logischer Rede „Merkmal" ist, wie Ausdehnung und Materie der Ausdehnung, dass aber die Dauer den Charakter einer Zeitgestalt hat, deren Gestaltetes die räumlich ausgedehnte „Materie" ist, die in eins genommen zeitlicher Inhalt, Zeitmaterie ist. Sie ist freilich in jedem Zeitpunkt eine zu scheidende und eventuell geänderte. Aber durch das Kontinuum der Zeitpunkte der dinglichen Dauer hindurch geht *a priori* für jedes Ding eine eigentümliche Einheit, die Einheit eines identischen Substrats, eines identischen „Realen" identischer physischer Eigenschaften, das selbige dauernde Ding, das durch alle Phasen der Dauer hindurch entweder gleiche Gestalt und gleichen Gestalteninhalt (Gestaltmaterie) hat oder von Zeitphase zu Zeitphase einen anderen. Im ersten Fall heißt es, das identische Substrat, d.i. das Ding selbst, verändert sich nicht, im anderen Fall, es verändert „sich". Dingveränderung, Veränderung des Dingrealen mit dem Grenzfall Unveränderung ist also ein ganz bestimmter und spezifisch der physischen Erfahrung zugeordneter Begriff, der als Urbegriff dringend ursprünglicher Schöpfung und Klärung bedarf.

Korrelativ zu dem dauernden Dingrealen steht der ontologische Begriff des realen Vorgangs, d.i. das Kontinuum der momentanen Verwirklichungen des identischen Dinges in Form der kontinuierlich gestalteten Inhalte. In dieser Art ist aber noch viel zu erforschen, z.B. die notwendige Struktur eines realen Vorgangs, der Erfüllung einer realen dinglichen Dauer, die apriorische Forderung einer Kontinuität aller Veränderung, wie etwa die mathematische Kontinuität für die Bewegung als Lagenveränderung und ebenso für die bloße Gestaltänderung, ferner die Kontinuitätsforderungen, die die gestalteten Qualitäten betreffen, dass auch da zwar eine Kontinuität notwendig ist, aber so, dass Diskontinuitäten nicht ausgeschlossen sind. An einzelnen Zeitstellen und an einzelnen Punkten und Linien, Flächen der räumlichen Gestalt kann zum Beispiel die Farbe diskontinuierlich wechseln, aber notwendig sind alle Diskontinuitäten Grenzstellen in einem kontinuierlichen Wandel der Färbung usw. Aber das sind formal-allgemeine Gesetzmäßigkeiten für die Art der Ausfüllung der Form durch Inhalt, denn sie betreffen nicht etwa Farbe als Farbe, sondern jede Art Fülle überhaupt.

Wir ersehen hier, dass das formale Apriori physischer Dinglichkeit, das die besonderen Gattungen und Arten der Inhaltsfüllen unbestimmt lässt, sich in zwei Schichten gliedert, entsprechend den Strukturen, die wir aufgewiesen haben. Die eine geht auf Dinge überhaupt hinsichtlich der Gestalt und Lage (in dem doppelten System Raum und Zeit), auch Lagenveränderung, also Bewegung. Demgegenüber geht die andere auf die konkrete Einheit von Gestalt und Gestaltetem, aber nur formal, nämlich unangesehen möglicher Regionen der gestaltfüllenden Inhalte auf die apriorischen Erfordernisse der dinglichen Realität; sie betrifft also das formale Wesen jedes Dinges als Substrat von realen Eigenschaften.

Wir können jetzt den Herrschaftsbereich der apriorischen naturwissenschaftlichen Disziplinen, die bisher entwickelt worden sind (Geometrie, Kin⟨etik⟩ etc.), bestimmter und nun vollständig umgrenzen: Sie verfolgen die erste der bezeichneten Aufgaben, die einer Naturmathematik, das heißt, sie entfalten die zu dem anschaulichen Eidos „Natur" anschaulich gehörigen („ästhetischen") Formen Raum und Zeit bzw. die unter diesen Titeln den möglichen Dingen ästhetisch vorgezeichneten apriorischen Beschaffenheiten. Eine eigene Disziplin neben ihnen aber wäre nötig, welche das Apriori möglicher konkreter Dinglichkeit entfalten würde. Diese Disziplin fehlt.

(Es ist hier zu bemerken, dass auch in der logisch-formalen *mathesis* zu scheiden ist zwischen den logisch-formalen apriorischen Erfordernissen einer Mannigfaltigkeit überhaupt und den besonderen apriorischen Erfordernissen, die individuelles konkretes Sein als solches vorzeichnet. Die bisherigen mathematischen Disziplinen haben auf das letztere keine Rücksicht genommen. Aber es bedarf einer eigenen formalen Theorie der konkreten Individualität, die gänzlich fehlt, ohne die aber eine radikale und zureichende Metaphysik nicht möglich wäre.

In unserem Fall stehen wir auf dem Boden des sachhaltigen Eidos „physische Natur". Da handelt es sich um die besonderen apriorischen Bedingungen der Individuation als realer physischer Individuation innerhalb der ästhetisch ausgezeichneten euklidischen Mannigfaltigkeit unseres Eidos „Natur", das wir zunächst noch dadurch generalisiert denken, dass wir die Gattungen ästhetischer Füllen, wie Farbe, taktile, thermische usw. Qualitäten, unbestimmt lassen. Dieses Apriori erforscht die formal-ästhetische Theorie der realen Individualität neben der ästhetischen Theorie der ästhetischen Formen. Die bisher ausgebildeten apriorischen naturwissenschaftlichen Disziplinen sind aber wieder nur auf die ästhetischen Mannigfaltigkeiten und ihre Formen bezogen, so reine Geometrie, reine Zeitlehre usw. Es fehlt, wie ich sagte, an einer ästhetisch-formalen Theorie der physischen Individualität.)

Aber noch eine weitere fundamentale Schichtung haben wir aufzuweisen, die ihren Ausdruck findet in der genialen Scheidung der kantischen transzendentalen Ästhetik von der transzendentalen Analytik, die zu bewundern ist, obschon Kant alle hier aufgewiesenen Scheidungen und auch das eigentliche Wesen seines transzendental „Ästhetischen" unklar geblieben sind, womit auch zusammenhängt, dass seine Theorien der von ihm so heiß erstrebten wissenschaftlichen Strenge noch sehr fern geblieben sind.

Schöpfen wir das Eidos „Ding", wie wir müssen, aus dem Eidos sich einstimmig ins Unendliche ausweisender Erfahrung (die wir in freier Anschauung exemplarisch erzeugen), so wird es evident, dass jedes sich als Ding in der Erfahrung Gebende eine Betrachtung und Wesensdeskription zulässt, die alle Dinge außer ihm außer acht lässt. Wir könnten hier an das apriorische Gesetz appellieren, das vorher schon in dem früheren Zusammenhang neben anderen Gesetzen formuliert sein musste, dass jedes Ding auch nicht sein könnte, und ohne dass die Welt aufhörte zu sein, annulliert gedacht werden könnte. Nicht als ob diese Annullierung die übrigen Dinge nichts anginge, als ob zum Beispiel nicht die gewaltigsten Veränderungen auf der Erde eintreten müssten, wenn die Sonne durch ein Wunder aus der Welt verschwände. Was diese gedachte Möglichkeit des Verschwindens auch bedeutet, so viel ist klar, dass sie uns aufmerksam macht auf die Verflechtungen der möglichen Abhängigkeiten, die unter dem Titel „Kausalität" zwischen Dingen bestehen, und auf eine notwendige Struktur der Dinge möglicher Erfahrung: Um in ihrer Kausalität erfahrungsmäßig gegeben sein zu können, müssen sie „vorher" in einem eigenen Gehalt anschaulich gegeben sein. Und nicht nur in einem subjektivistischen Sinn, sondern an sich geht ein gewisses Eigenwesen jedes möglichen Dinges den Abhängigkeiten vorher, und vor allen erdenklichen kausalen Eigenschaften, die zur Realität eines Dinges gehören, stehen als ursprünglichere Wesenseigenschaften solche, die allererst Kausalität möglich machen. Machen wir uns also gleichsam blind für Kausalität, so bleibt von dem Ding – immerfort betrachtet rein als Korrelat ursprünglich gebender Erfahrung – etwas übrig, ja ein Konkretes übrig: das Ding der transzendentalen Ästhetik in einem engeren Sinne, das pure Sinnending. Wohl gemerkt, es ist eine bloße Schicht des realen Dinges, es verdient nicht den Namen „Ding", wenn wir das Wort natürlich nehmen, da dann die substantielle Realität gemeint ist, die kausale Eigenschaften hat.

Wir nennen diese konkrete Unterschicht auch das konkrete Dingphantom. Ihm entspricht von Seiten der Erfahrung ein enger und abgeschlossener Begriff von Dinganschauung (sinnanschauliche Erfahrung), auch Wahrnehmung. Das Dingphantom ist das in diesem prägnanten Sinn wahrgenommene und angeschaute, das im prägnanten Sinn gesehene und sichtbare, bald getastete und tastbare Ding. Die Sache wird noch klarer werden durch eine weitere Unterscheidung. Wir definieren unter Aufnahme eines kantischen Kunstwortes, dessen Sinn in eine ähnliche Richtung schlägt, unter konkretem Schema die ursprünglich sinnlich qualifizierte räumliche Gestalt und unter schematischer Einheit die Dauereinheit, die sich rein durch ein zeitlich erstrecktes Kontinuum konkret erfüllter räumlicher Gestalt konstituiert. Also zum Beispiel, wir nehmen einen eisernen Würfel genau wie er in einer möglichen allseitig gebenden Erfahrung angeschaut ist. Für alle Kausalität sind wir blind, die Schicht der Erfahrungsapperzeption, die auf wirkliche oder mögliche Kausalitäten verweist, ist ausgeschaltet. Dann sind wir geistig blind für irdische Schwere, spezifisches Gewicht, kurz für alle physikalischen Eigenschaften, so weit sie sich anschaulich, vor physikalischer Theorie geben mögen. Mit anderen Worten, alle Eigenschaften der eigentlichen physischen Materialität sind verschwunden. Was bleibt übrig? Nun, das im prägnanten Sinn Gesehene oder zu Sehende, zu Hörende, zu Tastende usw. Es ist ein Würfel, grau, eisenartig glänzend, glatt, er ist tönend, heiß (dass er es ist, weil er vorher vor unseren Augen angeschlagen oder erhitzt worden ist, ist außer Betracht, für dieses Weil sind wir blind) usw. Das ist das Phantom. Jedes Ding hat als Ding möglicher Erfahrung in jedem Moment seiner Dauer sein konkret erfülltes Raumphantom, *a priori* natürlich.

Wir verengen nun. Jedes Ding hat seine Raumgestalt und in ihr extendiert sich, und zwar in ganz eigentlichem und anschaulich evidentem Sinn, eine Fülle. Die eigentlich sichtbare Gestalt ist sichtbare gefärbte Gestalt, unmittelbar und in sich; die Farbe dehnt sich über die Gestalt, füllt sie, jeder ihrer Punkte hat seinen Farbenpunkt und hat nur darin seine Konkretion. Ebenso mit allen taktuellen Bestimmtheiten: Die tastbare Gestalt hat eine tastbare Fülle. Also der eisenfarbige, eisenartig glänzende Würfel als visuelles oder taktuelles oder doppeltes Phänomen, das ist das konkrete Schema, das Leerschema ist die Gestalt (als Substrateinheit der Dauer des Dinges, also die Einheit der sich durch die momentanen Gestalten hindurch ändernden Gestalteigenschaft des Dinges, so wie sie erfahrbar ist. (Doch kann man die Begriffe Phantom und Schema auch benützen für momentane Phasen)).

Warum wir diese Scheidung zwischen Phantom und Schema machen, ist leicht klarzumachen. Der Würfel tönt, aber die sinnliche Beschaffenheit des Tönens finden wir nicht im Hören als eine unmittelbar eigentlich gegebene Ausdehnung des Tönlichen über die Würfelkörperlichkeit. Sie hören wir eigentlich nicht, sie sehen oder tasten wir in eins mit einer visuellen oder taktuellen Fülle, während das Tönen räumlich nur dadurch ist, dass es bezogen ist auf das visuelle und taktuelle Phantom, ohne in sich selbst räumlich gestaltet zu sein. Darin liegt, visuelle Ausdehnung (Gestalt) ist nichts für sich. Es bedarf solcher Farbe genannten Fülle, und sie genügt zur Konkretion, es bedarf nicht noch anderer vorher. Umgekehrt: Das dingliche Moment Farbe ist in sich und unmittelbar notwendig Färbung einer Ausdehnung, und das „unmittelbar" besagt, dass wir nicht noch an andere Sinnesqualitäten und ihnen unmittelbar notwendig zugehörige Gestalten denken müssen. Dagegen, im Wesen des Tones liegt nicht unmittelbar und für sich die räumliche Gestalt und Lage, sondern ich muss schon ein zu anderer Qualität gehöriges Räumliches haben.

Danach können wir also sagen: Die Art, wie sich sinnliche Daten als extensive Daten geben, ist eine grundverschiedene. Ausdehnung ist etwas Abstraktes, das nur konkret sein kann durch qualifizierende Fülle. Diejenigen Gattungen von Füllen, die nur sein können als unmittelbar konkret machende Füllen einer Ausdehnung, sind die ursprünglichen Füllen, mit solchen muss eine Ausdehnung unter allen Umständen gegeben sein. Ein konkretes Schema ist die pure Einheit einer Ausdehnung mit ihrer ursprünglichen Fülle und ist ein Konkretum für sich. Ist schon ein solches Schema gegeben, dann k ö n n e n sie aber, müssen aber nicht, weitere sekundäre Füllen annehmen wie Töne, Geschmack, Wärme usw. (und ebenso wird dinglich leerer Raum erfüllt mit Wärme oder Kälte, mit Geruch usw., wobei freilich der leere Raum in einem anderen und auch in gewisser Art sekundären Sinn anschaulich ist gegenüber einer Dinggestalt).

Ein Dingphantom hat also eine eigentümliche Struktur. Ein notwendiger Kern und eine zufällige Hülle. Der notwendige Kern ist das konkrete Schema mit Leerform und Fülle. Beispiele von reinen Phantomen, und darunter speziell von konkreten Schemen, sind der blaue Himmel, den ehrlicherweise niemand als materielles Ding, als real kausales sieht, die Sonne (von der ⟨wir⟩ nur wissen, aber nicht durch Erfahrungsanschauung sehen, dass es ein materieller Körper ist) oder auch ein stereoskopisches Bild, das, wie es oft der Fall ist, frei ist von aller kausalen Apperzeption.

Phantome und darunter Schemata sind also in der Tat konkrete Einheiten der Erfahrung. Und in jeder äußeren Dingerfahrung bilden sie eine *a priori* notwendige Unterschicht. Offenbar erwächst hier die A u f g a b e   e i n e r   s y s t e m a t i s c h e n   O n t o l o g i e   d e r   P h a n t o m e , und es ist klar, dass die Geometrie und die reine Bewegungslehre zu ihr nach Seiten des Leerschemas gehören. Korrelativ ist dann eine systematische P h ä n o m e n o l o g i e   d e r   P h a n t o m e gefordert, und die t r a n s z e n d e n t a l e   Ä s t h e t i k   i m   p r ä g n a n t e n   S i n n wäre die Bezeichnung dafür.

Es ist nun aber die Frage, ob wir im Bisherigen die formale Sphäre überschritten haben, da doch vom Visuellen und Akustischen, von sinnlichen Qualitäten jeder bekannten Gattung die Rede war. Ich meine, dass wir in weitestem Maße das Spezifische solcher Qualitäten nur exemplarisch einsehen, also in freier Unbestimmtheit lassen können. Wir finden nur in solchen Gattungen Qualitäten erfahrener Dinge vor, auch in freier Phantasie müssen spezifische Sinnesqualitäten der bekannten Gattungen den fingierten Dingen als färbend usw. zugehören. Aber wir erkennen auch die Zufälligkeit dieser Qualitätengattungen daran, dass sie in empirischer Anschauung fortfallen können, also für die Einheit einer konkreten Anschauung nicht notwendig sind. Bei voll lebendiger Tastanschauung eines Dinges braucht keine visuelle Anschauung mit da zu sein, seine Konkretion[1] ist anschaulich gegeben, aber ohne visuelle Qualifizierung, ebenso umgekehrt. Desgleichen können Dinge gegeben sein ohne alle ihnen zugehörigen apperzeptiven Geruchs-, Geschmacks- etc. -qualitäten. Notwendig ist nur, dass visuelle oder taktuelle Qualitäten gegeben sind, weil unsere Anschauung in anderer Weise keine primär erfüllte Ausdehnung bieten kann. Aber wir sehen an diesem „oder", dass eben nicht die eine und nicht die andere, also keine von beiden eine notwendige Forderung für Ausdehnung ist und dass vielleicht noch andere uns unzugängliche Gattungen von Qualifizierung primär füllend sein könnten. Jedenfalls verbleiben abgesehen von den zufälligen Qualitätengattungen allgemeine Notwendigkeiten für Phantome und Qualifizierungen überhaupt.

Doch die Untersuchung müsste hier tiefer dringen. Muss nicht eigentlich konstatiert werden, dass in unserer Anschauung zwei Phantome sich durchdringen, ein visuelles Phantom und ein taktuelles, jedes mit seiner mit der jeweiligen spezifischen Qualität ursprünglich nötigen Ausdehnung, so dass wir eigentlich zwei Räume in „Deckung" hätten? Aber wie ist das möglich? Wie kommt es, dass wir von einem Raum sprechen? Ist es nicht vielleicht so, dass in der Einheit der visuellen Anschauung ursprünglich nur visuelle Räumlichkeit mit visueller Qualität da ist und dass die taktuelle Qualität und das ganze im Tasten erzeugte Phantom sich dem Visuellen sekundär so einlegt, wie sich in sekundärer Weise tönliche, akustische und sonstige Qualitäten einlegen? Und so *vice versa*, dass der taktuellen Gegebenheit eine zuerst uns fehlende und dann im Er-

---

[1] *Stenogramm nicht eindeutig, möglicherweise auch als* Extension *oder anders lesbar.*

zeugen hinzutretende visuelle sich einlegt? Wir dürfen aber hier nicht weitergehen, wiewohl Sie schon sehen, dass hier noch weiterzugehen ist von Fragen zu immer neuen Fragen, die alle das Phantom in seiner Wesensstruktur nach unbedingten Notwendigkeiten und apriorischen Möglichkeiten betreffen.

(Absichtlich nicht benützt habe ich in dieser Darstellung den Hinweis auf die Möglichkeit, dass Qualitätengattungen, die wir haben, unsere Nebenmenschen nicht haben müssen, dass wie wir sehend geboren sind, andere blind geboren sein können usw. Für unser eidetisches Verfahren muss alles das reine Ich, jeder für sich selbst in seiner exemplarischen Anschauung und Anschauungswandlung, in seiner generell apriorischen Gültigkeit einsehen können, und fremde Erzählungen können ihm nur nützen nach phänomenologischer Reduktion und Verwandlung in wirkliche Anschauung, womit sich erweist, dass fremde Erfahrung ein Außerwesentliches besagt.)

Ziehen wir die gattungsmäßig bestimmten Phantome heran, so ist es zwar zufällig, dass wir nur an der Hand von Exempeln die betreffenden Gattungen erschauen können, aber darum ist doch, was im reinen Wesensgehalt dieser Gattungen wurzelt, ein Apriori. (Rechnen wir zur Idee eines erkennenden Subjekts überhaupt die Fähigkeit, allen Erkenntnismotiven nachgehen, alle Erkenntnisintentionen auswerten, alle Akte erkennender Vernunft vollziehen zu können, so lässt diese Idee offen, was für sinnliche Gattungen in den Bewusstseinsbereich eines jeweiligen Erkenntnissubjekts fallen, welche Typen von sinnlichen Erfahrungen sich vermöge des aktuellen Ablaufs sinnlicher Daten passiv, vor aller freien Vernunftaktion zusammen bilden. Insofern ist es auch ein Zufälliges, dass ein Erkenntnissubjekt gerade Dingphantome wie die visuellen oder taktuellen usw. hat. Aber) nichts hindert uns, an der Hand der uns exemplarisch gegebenen Sinnlichkeit mit den bekannten Gattungen sinnlicher Daten und den gegebenen Typen von Phantomen das Eidos eines Erkenntnissubjekts zu bilden, das auf eine so geartete Unterstufe sinnlicher Anschauung bezogen ist, die wir offenbar auch in eidetischer Reinheit fassen können. Wir können dann für ein solches Subjekt *a priori* erwägen, was zum reinen Wesensgehalt ⟨gehört,⟩ im Eidos eines Dingphantoms unseres exemplarischen Typus deskriptiv beschlossen ist, welche möglichen Schichten ein solches Phantom hat, was z.B.

zu einem visuellen Phantom, einem Sehding wesentlich gehört, welche Gattungen und Differenzen von spezifischen Sinnesqualitäten als
Phantome qualifizierend auftreten können, wie sie sich in ihren Gattungen ordnen, z.B. die Farbenqualitäten im so genannten Farbenkörper, was für Mannigfaltigkeitsformen die akustischen, die ther-
mischen und anderen Qualitäten bestimmen usw. Damit ist ein
Apriori vorgezeichnet für eine mögliche Konstruktion aller Ding-
gegenstände möglicher Erfahrung hinsichtlich ihrer sinnanschaulichen Typik, das ist eben hinsichtlich der in die eigentliche und
prägnant so genannte Anschauung fallenden Phantome. Also die Gegebenheiten möglicher Dingwahrnehmung, möglicher sinnlicher Anschauung haben ihr Apriori nicht nur in Hinsicht auf die raumzeitliche Form, sondern auch hinsichtlich der sinnlichen Qualitäten, und
so gehört auch das in eine transzendentale Ästhetik, die aber jetzt ein
Moment relativer Kontingenz hat, sofern das jetzige Apriori nicht
für jedes mögliche Erkenntnissubjekt als Subjekt einer möglichen
dinglichen Erfahrung gilt, sondern nur für jedes, das an das betreffende sachhaltige Eidos einer bestimmt gearteten Sinnlichkeit gebunden ist.

Alle bisher erörterten Probleme betrafen die sinnendingliche Unterschicht des Erfahrungsgegenstands und galten seiner urontolo-
gischen Deskription. Sie waren in ontologischer Einstellung zu stellen, und vollzogen wir phänomenologische Reduktion, so hatten wir
den Blick rein auf die noematischen Bestände der Erfahrungs-
gegenständlichkeit in Anführungszeichen zu richten, nicht aber auf
die noetischen. Aber nun erheben sich die vollständigen phänomenologischen Probleme, die das Erfahrungsgegenständliche als
Gegenständliches der es ursprünglich konstituierenden Erfahrungen
betrachten und diese selbst studieren. Die Frage ist jetzt also, wie
sehen die Erfahrungserlebnisse aus, die einzelnen und die ins Unendliche sich erstreckenden Erlebnisreihen, in denen ein physisches
Ding nach der konkreten Unterschicht, die wir Phantom nannten, zu
allseitiger voll anschaulicher Gegebenheit kommen würde? Wie sehen sie nicht faktisch aus, sondern in eidetischer Notwendigkeit, so
dass wir voll einsichtig verstehen, dass, wenn ein so gearteter
Erlebnisverlauf in einem Ichbewusstsein sich abrollt, dieses Ich in
seiner Immanenz notwendig ein Dingphantom als daseiend vorfin-

den, als leibhaftiges da erfahren muss und dass es ein Gegenständliches dieses Typus *a priori* nur so erfahren kann?

Zunächst wären die mannigfaltigen Gegebenheitsmodi zu beschreiben, die unter dem Titel „Orientierung" notwendig zu jedem Raumdinglichen, und zwar als Phantom, gehören, dass alles Dingliche räumlich unter der Form des Hier und Dort steht, wie zeitlich unter der Form des Jetzt, des Vorher und Nachher. Ferner zum Beispiel, dass das Dort eines Dinges die Form hat des Rechts-links, des Oben-unten, des Vorne-hinten; dass ferner zum Dort die freie Möglichkeit besteht, diese Orientierungen zum Hier frei zu ändern, aber auch jedes Dort zum absoluten Hier, dem Nullpunkt der Orientierung zu machen. Es ist offenbar, dass hinsichtlich der analogen Orientierungsmodi der Zeit diese Möglichkeiten nicht bestehen: Das aktuelle Jetzt kann *a priori* kein Ich in eine vergangene oder künftige freie Tat verwandeln; nach apriorischer Notwendigkeit wandelt sich von selbst der im immediaten Jetzt urquellend konstituierte Zeitpunkt in den Orientierungsmodus des Gewesen, und jedes Künftig in ein Jetzt – in einem absolut passiven Prozessus. *A priori* kann kein Vorhin-gewesen, kein anschauliches Vergangen in ein gegenwärtiges Jetzt zurückverwandelt werden oder in ein künftiges usw.

Nach der systematischen Beschreibung der apriorischen Notwendigkeiten der zeitlichen und räumlichen Orientierungsmodi und der Unterschiede der Zeit selbst und der orientierten Zeit, des Raumes selbst und des Raumes in jeweiligen Orientierungsmodi käme die systematische Frage nach der notwendigen zugehörigen Typik konstituierender Erlebnisse und nach den reellen noetischen Beständen, die den orientierten zeitlichen und räumlichen Gegebenheitsweisen nach der Raum- und Zeitform selbst und nach der sich mitorientierenden Qualifizierung entsprechen; also die eidetische Erforschung der konstitutiven Erlebnismodi, die für ein Ursprünglich-vergangen, ein Soeben-jetzt-gewesen und ein Ferner-vergangen bestehen, wie das Kontinuum der orientierten Vergangenheit sich im Erlebniskontinuum darstellt, wie der Modus so genannter frischer Erinnerung und der der Wiedererinnerung Vergangenes darstellt, wie sich diese Gegebenheitsmodi von dem des „Jetzt" erlebnismäßig unterscheiden, wie und ob auch Zukunft ursprünglich anschaulich gegeben ist, wie Leerhorizonte in der Intentionalität des notwendigen Zeitbewusstseins beschlossen sind usw. Lauter Fragen, die freilich so allgemein sind, dass sie nicht auf die gegenständliche Sphäre, die wir Dinge und Dingphantome nennen, beschränkt sind.

Dann die gleichen Fragen für die Räumlichkeit und Raumdinglichkeit, für Phantome. Da käme die Lehre von den Aspekten, in denen sich *a priori* ein Phantom geben muss, von der Einseitigkeit der Gegebenheit, die ihr Korrelat hat in einseitigen perspektivischen Aspekten, von der Raumperspektive und von der Farbenperspektive und sonstigen qualitativen perspektivischen Abschattungen und der Erkenntnis, dass sie die Gestaltperspektive voraussetzt usw. Also Erkenntnis derart, wie wir sie in der ersten Hälfte der Vorlesung streckenweise und noch vor der Einsicht in ihren Charakter als unaufhebbare Wesensnotwendigkeiten verfolgt haben, um dann das Eigentümliche der phänomenologischen Sphäre klarzumachen und eine Lehre vom reinen Ich zu begründen. Alles, was wir früher von Dingaspekten, Empfindungsdaten, Erscheinungsweisen, Auffassungen usw. gesagt hatten, betraf, wie Sie ohne weiteres sagen werden, Dinge nur hinsichtlich ihrer eigentlich anschaulichen Unterschicht, der Phantomschicht.

(Zu den hierher gehörigen Fragen gehört auch die in manchem Betracht bedeutungsvoll werdende Frage: Wie sieht phänomenologisch das im Rahmen bloßer Erfahrung (der Erfahrung im prägnanten, auf Phantome bezogenen Sinn) aus, das die Selbigkeit eines Erfahrungsobjekts nicht nur in einer Kontinuität einstimmiger Erfahrungen ursprünglich zur Gegebenheit bringt, sondern sie für getrennte Erfahrungen ausweist? Zum Beispiel, ich erlebe jetzt ein Wahrnehmen, das in sich Wahrnehmen eines Tisches ist, und ein anderes Mal wieder einen individuellen Tisch wahrnehmend sage ich aufgrund einer Wiedererinnerung, es sei das derselbe Tisch. Wie sieht hier in apriorischer Notwendigkeit die ausweisende Anschauung aus?)

Nachdem wir einen scharf umrissenen und klaren Horizont von Problemen und Forschungen einer transzendentalen Ontologie und Phänomenologie der Phantome entworfen haben, hätten wir überzugehen zu einer transzendentalen Ästhetik der nächsthöheren Stufe, die bei Kant nicht unter dem Titel „Transzendentale Ästhetik" steht, vielmehr in die transzendentale Analytik eingeflochten ist, aber freilich überhaupt nicht zu reiner Formulierung und zur Absonderung von anderen Problemen kommt. (Das gilt freilich schon von seiner transzendentalen Ästhetik. Er mengt beständig in unklarer Weise ontologische Begriffe und Feststellungen mit noetisch-phänomenologischen zusammen, und die Eigenheit des spezifisch Phänomenologischen sieht er überhaupt nicht, so starken Auftrieb es bei seinen Untersuchungen auch zeigt. Ohne das Studium der „Synthesis", in der Räumlichkeit und Zeitlichkeit einer Erfahrungswelt sich konstituieren, sind ontologische Notwendigkeiten, wie sie Kant ausarbeitet, transzendental unfruchtbar. Bestimmt aber Synthesis die Scheidung von Ästhetik und Analytik, dann blieben für eine Ästhetik gerade Raum und Zeit ausgeschlossen, und als Rückstand hätten wir nur die Empfindungssinnlichkeit.)

Die höhere apperzeptive Schicht anschaulicher physischer Dinglichkeit ist die der Materialität. Erst sie schafft den eigentlichen Begriff von Realität. Wenn das Wort Phantom nebenbei den Beigeschmack von leerem Schein hat, so kann uns das in gewisser Art recht sein. Denn nicht ohne Grund nennen wir bloß räumliche Phantome, die ohne jedwede Bestimmungen der Materialität apperzipiert sind, bloß subjektiven Schein; aber wohlgemerkt in einem bestimmten Sinn, der später vortreten wird. Der Begriff „physisches Ding" hat seine ursprüngliche Quelle im Korrelat der Wahrnehmungsart, die gewöhnlich und unklar schlechthin äußere Wahrnehmung heißt. In dieser gehört zur ursprünglichen Sinngebung eine Schicht von Beschaffenheiten des Wahrgenommenen, die im prägnanten Wortverstand nicht sinnlich wahrgenommen werden, wie die Bestandstücke des Phantoms, des prägnant so zu nennenden sinnlich-anschaulichen Dinges. Dahin gehören alle Eigenschaften der spezifischen Materialität; es sind die physikalischen Eigenschaften, die in der Physik theoretisch erforschten. Also das Gewicht, die Elastizität, der Magnetismus und die Elektrizität, die Temperatur, die physikalisch optischen und akustischen Eigenschaften usw.

Die Eigenschaften des Phantoms und ihr Wandel von Moment zu Moment gehen offenbar in gewisser Weise in die Eigenschaften der spezifischen Materialität ein; eine Deformation der körperlichen Gestalt und eine Bewegung ist selbstverständlich ein Vorgang im Phantom, z.B. im Sehding als purem Sehding. Aber das gibt noch nicht Elastizität, die eine eigentlich reale Eigenschaft, eine Eigenschaft des physischen Dinges ist. Das pure Phantom ist eben noch kein physisches Ding. Was besagt das Wort „elastisch"? Nun, die dauernde Eigenschaft des Dinges, unter gewissen Umständen und wenn es in gewissen Weisen angestoßen wird, gewisse typische Deformationen und schwingende Bewegungen anzunehmen. Eine Deformation und Bewegung sehen, etwa an einem kinematographischen Phantom, ist nicht Elastizität sehen. Sehen wir aber eine schwingende elastische Platte, so erfahren wir im Anstoßen aufgrund der Deformation usw., dass, weil die Platte angestoßen ist, sie schwingt etc. Ebenso ist die Farbe Sache des bloßen Sehdinges, aber eine physische Eigenschaft, eine eigentliche Dingeigenschaft ist es für das als Ding apperzipierte Phantom, wenn und so oft es in den Lichtkreis eines leuchtenden Körpers gebracht wird, bald angenähert, bald entfernt usw., in geregelter Weise seine Phantomfarbe zu wandeln.

Das sinnliche, mit zum Sinnending zu rechnende Schwere und Leichte hat ebenso Beziehung zur eigentlich physikalischen Eigenschaft der Schwere und des Gewichts, nämlich wenn und so oft ich ein Ding auf einer waagenartigen Vorrichtung mit einem anderen Ding abwiege, werde ich, so lange beide Dinge unverändert sind, das einmal gefundene Gleichgewicht immer wieder finden. Usw.

Alle spezifisch physischen Eigenschaften sind Eigenschaften des „weil und so" oder „wenn und so"; ⟨um⟩ sie zu beschreiben, müssen wir davon sprechen, was unter gewissen realen Umständen notwendig geschieht, also nach einer Regel der Notwendigkeit zu erwarten ist. Und diese Regel bezieht sich zurück auf Wandlungen der jeweiligen Phantombestimmtheiten. Von Seiten des Erfahrenden sind es Regeln der Vorerwartung des Verlaufs der Wandlungen irgendwelcher Bestimmtheiten des Phantoms. Dabei gehört aber ein Bestand physischer Eigenschaften mit zum Sinnesgehalt der physischen Erfahrung vor aller Theorie, also in gewisser Weise zur Anschauung, zur Wahrnehmung und Erfahrung in einem erweiterten Sinn.

Niemand wird Anstoß an der Rede nehmen: „Ich sehe, wie der Hammer das glühende Eisen schmiedet und dabei deformiert", oder „dass die Feder schwingt infolge davon, dass sie angezupft worden ist", „dass die Saite tönt, weil sie gestrichen worden ist" usw. Im engeren Sinne erfahren ist das Nacheinander, im weiteren aber das Durcheinander. Beständig apperzipieren wir Dinge als Substrate physischer Eigenschaften, deren Wesen es ist, zur originären Gegebenheit zu kommen in Form sich bestätigender Erwartung einer von Ding zu Ding oder Dingteil zu Dingteil hinsichtlich der sinnendinglichen Wandlungen verlaufenden Sukzession, die als eine notwendige, als ein Infolge, als ein Weil-so aufgefasst war. Und diese Bestätigung hat das eigen, dass sie wesensmäßig Grade der Bestimmtheit und Sicherheit hat.

Hier liegt die ursprünglichste anschauliche Quelle des Begriffs der Kausalität. Alle physischen Eigenschaften sind kausale Eigenschaften, und das Substrat kausaler Eigenschaften heißt physische Substanz im philosophischen Sinn. Das physische Ding selbst, so genommen, wie es vor aller Wissenschaft ursprünglich anschaulich für uns da ist und sinnanschaulich ist in Form wechselnder Phantome, ist nichts anderes als die substantielle Einheit kausaler Eigenschaften, und die momentanen Phantome und deren momentane Beschaffenheiten haben physisch reale Bedeutung nur als die momentanen „Erscheinungsweisen", momentanen „Zustände", „Bekundungen" des substantiellen Dinges und seiner kausalen Eigenschaften. Das physische Ding hat nicht zweierlei reale Eigenschaften, sondern durch und durch nur reale, nur physische; aber physische sind nur, was sie sind, als sich in den momentanen Zuständen bekundend, denen sie dauernde Regeln vorzeichnen: Das Phantom als Bekundung des substantial-kausalen Dinges heißt oft „Erscheinung".

Doch all das, was wir bisher gesagt haben, ist unvollkommen und hat nur seine bedingte Gültigkeit, weil wir noch eine große Dimension von Analysen verschwiegen haben: die Tatsache der Leiblichkeit, die ein höchst wichtiges Thema transzendental-ästhetischer Strukturen hinsichtlich aller physischen Dinglichkeit anzeigt.

In unserem Eidos „Welt" spielt unser Leib, und deutlicher gesprochen, es spielt für jedes erkennende Subjekt, das sich gegenüber eine anschauliche so und so gestaltete physische Welt hat, sein Leib eine ausgezeichnete und das Eidos dieser Welt wesentlich bestimmende Rolle. Beachten Sie doch Folgendes: Wenn wir anschauend in der uns jeweilig gegebenen Natur umblicken und von ihr in jeder Weise Erfahrung gewinnen, so ist unser Leib in gewisser Art ein Ding unter anderen Dingen, dem Sinn der Erfahrung, die wir von ihm haben, gemäß. Aber sehen wir näher zu, so finden wir den Leib, und zwar ausschließlich unseren Leib, apperzeptiv noch in besonderer Weise charakterisiert, die ihn zu etwas total Einzigartigem macht gegenüber sonstigen Dingen. Zum Beispiel jedes Ding kann ideell in unendlich vielfältiger Orientierung gegeben sein, und zwar jedes in jeder möglichen Orientierung. Dasselbe Ding, das im Modus „rechts" erscheint, kann seine „relative" Stellung zu meinem Hierpunkt (Nullpunkt) so ändern, dass es stetig in jeder anderen Orientierung in die Sphäre des Links rückt, von hinten rückt nach vorne usw., mag das durch erscheinende objektive Bewegung geschehen oder nicht. (Im letzteren Fall sagen wir: „Ich habe mich bewegt und daher erscheinen mir alle Dinge in anderer Perspektive und Stellung.") Demgegenüber hat mein Leib die wunderbare Eigenschaft, dass er immer den Nullpunkt der Orientierung in sich birgt. Er ist immer im „Hier" und niemals dort, und die Leibesglieder können ihre Orientierung nur beschränkt verändern, es sei denn, dass sie abgeschnitten werden: Dann können sie sofort wie andere Dinge in beliebige Ferne rücken, aber sie sind dann nicht mehr Leib.

Der Leib hat zudem sonstige Beschaffenheiten, die ihn von jedem physischen Ding meiner Erfahrung notwendig unterscheiden. Andere Dinge sind bald wahrgenommen, bald nicht wahrgenommen, und ist eines wahrgenommen, brauchen darum andere nicht wahrgenommen zu sein. Hingegen, ist überhaupt ein Ding wahrgenommen, so ist auch der Leib mit da; alles dingliche Erfahren ist in Bezug auf den Leib erfahren und der Leib in Bezug auf sich selbst. Ist ein Ding visuell erfahren, so ist es eben gesehen, das weist auf das Auge; ist es taktuell erfahren, so ist es betastet, etwa durch tastende Hände usw. Ist für mich meine Hand visuell erfahren, so ist mein Auge darauf gerichtet; ist sie taktuell erfahren, so geschieht es durch Tasten mittels der anderen Hand etwa usw.

Im Zusammenhang damit stehen gewisse weitere deskriptive Eigenschaften, die nur dem eigenen Leib des Erkennenden eigentümlich sind: Unter allen erfahrenen und erfahrbaren Dingen ist nur mein Leib Träger von an ihm wahrnehmbaren Empfindungsfeldern, zum Beispiel nur mein Leib hat in meiner Wahrnehmung ein Tastempfindungsfeld phänomenal gebreitet über die erscheinende Gestalt desselben. Nur er gibt, wenn er von einem Ding angestoßen, gestrichen, gedrückt wird, Berührungsempfindungen. Und weiter: Nur er hat im Bereich meiner möglichen Wahrnehmung die Bewegungsart, die wir zum Beispiel mit den Worten „ich bewege die

Hand, den Fuß, ich gehe" usw. bezeichnen. Andere Leiber gibt es auch, und sie haben dieselben Eigentümlichkeiten, aber nicht für mich erreichbar durch Wahrnehmung, sondern nur durch Einfühlung.

Jedes andere Ding hat unmittelbar nur mechanische Bewegungen. Auch mein Leib kann mechanisch bewegt sein, wie wenn ich durch einen äußeren Anstoß umfalle oder wenn ich gefahren werde usw. Aber ein ganz anderes ist ein „ich bewege mich", und zwar gleichgültig, ob willkürlich oder unwillkürlich. Ein fremder Körper kann in meinem Wahrnehmungsfeld die subjektive Bewegungsart, die phänomenologisch ihre einzigartige Gegebenheitsweise hat, nur annehmen in der Weise, dass er etwa durch Ergreifen mit meinem Leib fest verbunden wird und an dessen subjektivem Sichbewegen teilnimmt, oder in der Weise des von mir aus Gestoßen-, Geschobenwerdens usw.

Doch sehen wir uns jetzt lieber die Art und Weise näher an, wie der Leib an der Erfahrung aller anderen Dinge beteiligt ist. Er ist gegeben als ein System von so genannten Sinnesorganen, die bei der Erfahrung, und zwar nach Seiten der verschiedenen Phantomschichten, wesentlich mitfungieren: Das Auge sieht, die Hand und sonstige Tastorgane tasten, mit den tastenden Organen sind Organe für Wärme und Kälte einig usw.

Aber hier tritt nun eine merkwürdige Relativität der dinglichen, und darin der sinnendinglichen Veränderungen uns entgegen. Zum Beispiel verbrenne ich mir die Hand, so ändern sich alle Sinnendinge, die mir durch das Tasten mit der Hand gegeben sind. Würden meine gesamten Tastorgane eine Veränderung erleben, so wäre es so, als ob die ganze Welt hinsichtlich ihrer taktuellen Beschaffenheiten geändert wäre. Eine so genannte Erkrankung meiner Augen verwandelt die ganze visuelle Welt, alles sieht anders aus; esse ich Santonin, so wirkt das ebenfalls so, die ganze Welt erscheint wie durch ein gelbes Glas gesehen. Usw.

Wir haben also zwei Systeme funktioneller Abhängigkeiten in den sinnendinglichen Veränderungen. Fixieren wir die Sinnesorgane etwa ideell so, dass wir von normalen Organen in normaler Funktion sprechen, so erweisen sich alle Dingerscheinungen anschaulich in gewisser Regelung voneinander abhängig, und zwar im Sinne der anschaulichen Eigenschaften, die wir als physisch kausale ansprechen würden. Der aufflammende Kron-

leuchter erhellt alle anderen Dinge des Zimmers, das ins Feuer gesteckte Eisen wird heiß und glühend usw. Jedes Ding nach seinen
sinnlichen Eigenschaften ist erfahrungsmäßig abhängig von seinen
Umständen.

Schalten wir jetzt die Änderungen der eigenen Leiblichkeit ein, so
tritt ein neues Änderungssystem in unseren Gesichtskreis. Und alle
Dinge, genauer alles, was bisher schlechthin als Ding selbst angeschaut war, wandelt sich in Abhängigkeit von den Sinnesorganen, von der wechselnden Zuständlichkeit des Leibes. Wir sagen aber nicht, die Dinge ändern sich, sondern sie sehen
nur anders aus, sie erscheinen nur anders. Darin liegt das Erfah-
rungsbewusstsein, die Wahrnehmung hat von vornherein im entwickelten Bewusstsein eine Schichtung, die beiden Änderungsreihen
in den Phantomen Rechnung trägt, und es konstituiert sich für das
Erfahren in passenden einstimmigen Erfahrungszusammenhängen
ein identisches Ding als ein identisches Etwas, das einerseits
seine Erscheinungsweise immerfort bedingt hat in Bezug auf den
Leib und andererseits in Bezug auf andere Dinge, und zwar so, dass
durch alle diese Erscheinungsweisen hindurchgeht eine dingliche
Identität, die eine Abhängigkeit der identischen Dinge nach ihren
identischen Eigenschaften voneinander in sich birgt, eine Abhängigkeit, die wir als Kausalität bezeichnen.

Die einen Erscheinungswandlungen hängen von der Subjektivität
ab insofern, als das ausweisende Erfahren ein subjektives Tun ist, das
in Abläufen des „ich bewege meine Augen im Sehen, meine Hände
oder Finger im Tasten" usw. sich vollzieht. Sowie das Subjekt seine
freien Verläufe arretiert, und das kann es an jeder Stelle, laufen die
Wandlungen der anderen Reihen von selbst ab. Erst durch das tiefere
und vermöge der großen Verwicklungen sehr schwierige Studium
der somatologischen Beziehung aller anschaulichen Dinggegeben-
heiten wird der Sinn des vortheoretisch gegebenen Erfahrungsdinges
als der in allen Dimensionen der anschaulichen Relationen konstituierten Einheit klargestellt sein können,[1] und so verflicht sich die
Phänomenologie der physischen Dinglichkeit von vornherein mit der Phänomenologie der Leiblichkeit; diese ist
dann ihrerseits die fundamentale Unterstufe für die Phänomeno-

---

[1] *Spätere Randbemerkung* Eidetisch natürlich.

logie der seelischen Sphäre. Wir sehen dabei schon, dass phänomenologisch betrachtet Subjektivität (seelischer Geist) in der Welt
und physische Dinglichkeit in der Welt nicht zwei gesonderte und
nur äußerlich verbundene Gruppen von realen Vorkommnissen sind,
sondern dass in Form der Leiblichkeit, die in sich schon eine eigentümliche Wesensschicht der Empfindlichkeit und freien Beweglichkeit hat, eine verbindende Brücke hergestellt ist, durch die allein
Geistigkeit in der Natur, im Reich der *physis* eine Stelle haben kann.

Selbstverständlich bedarf es auf der höheren Stufe der Materialität
der Lösung derselben parallelen und aufeinander bezogenen Auf-
gabengruppen, der noematisch-ontischen und noetisch-phänomenologischen. Wir haben hier also eine höhere Stufe der transzendentalen Ästhetik, die die andere, die transzendentale Ästhetik der
Phantome, durchaus voraussetzt.

Im[1] Voraus ist uns klar und jedenfalls leicht zugänglich, dass jeder
mathematisch-physikalische Begriff und so jede im Sinne der Physik
exakt und abschließend vollzogene Bestimmung eines Naturobjekts
einen Sinn hat, der zurückverweist auf seinen Sinnesgehalt des Naturobjekts im Sinne der transzendentalen Ästhetik, und somit überall
zurückverweist auf Vorkommnisse der Erfahrungssinnlichkeit, obschon keine ihrer spezifischen Differenzen je genannt und in ihrer
Besonderheit in den Begriff aufgenommen ist und obschon der physikalische Begriff auch nichts weniger ist als eine gattungsmäßige
Verallgemeinerung derart wie Farbe überhaupt für alle einzelnen
möglichen Differenzen von Farbe. Was diese logisch-wissenschaftliche Art physikalischer Begriffe und Sätze leistet, können wir in
verständlicher Weise so charakterisieren: Hätte ich eine ideal voll-
ständige Physik (jeder nehme sich dabei als *solus ipse*), natürlich
eine in mir selbst voll einsichtig entwickelte, so könnte ich jedes
physische Ding, jeden physischen Vorgang meiner erfahrenen Umwelt exakt bestimmen. Jede solche exakte Bestimmung enthielte gar
nichts von den zufälligen Anschauungen, die ich methodisch be-
nützte, oder von irgendwelchen anderen Anschauungen aus der
Unendlichkeit möglicher Anschauungen, die ich sonst habe und haben könnte. Und desgleichen nichts von den zugehörigen, direkt aus
der Erfahrungsanschauung geschöpften Begriffen. Andererseits aber

---

[1] *Spätere Randbemerkung* Ist das wegzuwerfen?

könnte ich jederzeit aufgrund meiner physikalischen Sätze mir eine „Vorstellung" davon machen, wie in jeder Hinsicht meine Erfahrungen verlaufen müssten, wie meine anschauliche Welt aussehen wird und aussehen muss für jeden vergangenen und künftigen Zeitpunkt, gleichgültig, ob ich und wie ich frei meine Stelle im Raum änderte oder nicht änderte.

Nur einen Haken hätte es mit der Rekonstruktion. Die Dinge sind zwar konstituiert in Rücksicht auf die Variabilität (meiner spezifischen Leiblichkeitsphänomene und) meiner Dingphänomene. In den Dingapperzeptionen drückt sich eine generelle Typik der Abwandlungsmöglichkeiten aus. Aber ich kann mir doch nicht eine solche Fähigkeit kombinatorischer Phantasie zumuten, dass ich alle Möglichkeiten der Kombination, alle Typen konkreter Gestaltungen frei erzeugen könnte. Aber so weit ich es könnte, gäbe mir doch die Physik die Regel an die Hand, um den Verlauf der anschaulichen Welt zu konstruieren, und jedenfalls die korrelative Leistung könnte ich jederzeit vollziehen, das, was mir der Gang der anschaulichen Welt faktisch jeweils zeigt, in seiner strengen Notwendigkeit zu erkennen. Die physikalischen Sätze sprechen selbst nichts von anschaulich Gegebenem und Beschriebenem. Aber sie weisen zurück auf absolut notwendig geregelte Abläufe der anschaulichen Phänomene, und jedes Gegebene kann dann in seiner absoluten Notwendigkeit erkannt werden. Das ist e x a k t e   E r k l ä r u n g des Erfahrungsgegebenen.

Als Mensch in meiner aktuellen Lebenswelt, eben meiner anschaulichen Welt lebend und in ihr wirkend und schaffend, werde ich so aus der Physik den größten Nutzen ziehen. So weit ich geübt bin, die notwendigen Verläufe der anschaulichen Welt bestimmt zu konstruieren, bin ich auch befähigt, sie praktisch zu beherrschen. Natürlich kann man keine deskriptiven und konkreten Begriffe aus der Physik her gewinnen. Andererseits besteht neben ihr doch beständig die n o t w e n d i g e   A u f g a b e, die anschauliche Lebenswelt in ihrer konkreten Typik nach relativ dauernden Seinsgestaltungen und Werdensgestaltungen zu beschreiben, sie in anschaulich geschöpften Begriffen für mich zu fixieren und so gründlich kennen zu lernen. Eben damit wird auch eine ideale Physik erst fruchtbar; auf ein in flüchtiger Oberflächlichkeit Erfasstes der Anschauung kann ich keine Physik anwenden, es muss schon passend analysiert und begriffen sein, und andererseits, nur so entwickle ich fortgesetzt meine gestaltende Phantasie für konkrete Möglichkeiten, um noch nicht verwirklichte Verläufe bei willkürlichen Experimenten voraussehen zu können.

⟨Die physische Natur als Gebiet von
Wissenschaften und Wahrheiten⟩

Wir betrachteten bisher Gegenstände einer physischen Welt, die uns exemplarisch in unserer Welt und ihren Phantasieabwandlungen gegeben sind, wir verfolgten die apriorische Typik, die zu solchen Gegenständen gehört, die notwendigen typischen Strukturen und die ontologischen wie konstitutiv phänomenologischen Probleme, die sie betrafen. Gedacht waren sie dabei als Gegenstände vor aller Theoretisierung, vor allen Wissenschaften, die als auf Physisches bezogen Naturwissenschaften sind. Betrachten wir diese physische Welt jetzt als Gebiet solcher Wissenschaften, so können die Wissenschaften natürlich entweder apriorische oder empirische sein. Theoretisches Denken kann sich auf die Natur in Wesensallgemeinheit beziehen oder in ihrer Faktizität, also darauf ausgehen, die faktische Welt mit ihrer faktischen physischen Gegenständlichkeit theoretisch zu bestimmen, für sie wissenschaftlich gültige Wahrheiten aufzustellen.

Auf die eine Seite würden natürlich jene apriorisch-ontologischen Auseinanderlegungen der vortheoretisch gegebenen physischen Gegenständlichkeit gehören, die wir letzthin besprachen, mit den zugehörigen mathematischen Disziplinen wie Geometrie, wobei uns freilich auffällt, dass die Naturforscher in der Blütezeit der Naturwissenschaften von der Renaissance bis zur Gegenwart offenbar nur Interesse für das mathematisch-anschauliche Apriori haben, aber gar keine für das sinnanschauliche Apriori in qualitativer Hinsicht. Auf der anderen Seite stehen dann die Erfahrungswissenschaften von der Natur als faktisch gegebener. Hier treten uns entgegen die deskriptiven Wissenschaften, welche wie die sämtlichen biologischen Disziplinen der Hauptsache nach die konkrete Typik der physischen Organismen nach ihren relativ dauernden Gestaltungen und nach ihren regelmäßigen Entwicklungen auf Begriffe bringen, so in der Klassifikation der Typen reif entwickelter

Pflanzen oder Tiere die Begriffe der Ordnungen, Familien, Klassen, Gattungen, Arten bis zu den niedersten Arten. Gegenüber den anschaulich-konkret beschreibenden Wissenschaften stehen die so genannten abstrakten erklärenden, oder besser, die exakt-mathematischen Naturwissenschaften, die verschiedenen Disziplinen der Physik und Chemie.

Die großen Probleme, die gelöst werden müssen in Ansehung der Tatsache dieser großen Wissenschaftsgruppen bezogen auf die Tatsache der gegebenen physischen Natur verwandeln sich uns natürlich wie überall in Wesensprobleme, denen gegenüber das Faktum zum bloßen Exempel wird. Denken wir uns irgendeine physische Natur, und zwar bloß als eine anschauliche Gegebenheit des Typus, den die transzendentale Ästhetik umschrieben und nach seinen Wesensstücken in Begriffen und apriorischen Sätzen auseinander gelegt hatte, was kann in Bezug auf sie theoretische Erkenntnis, Wissenschaft leisten? In formal-allgemeinster Weise beschäftigt sich mit diesen Fragen in noematischer Hinsicht die formale Logik; sie handelt von Begriffen, Urteilssätzen und all den Formen, wie aus den Grundformen primitiver Sätze Satzgebilde beliebig höherer Stufe erwachsen, Zusammenhänge derart, wie Schlüsse, Beweise, Theorien sie darstellen. Und sie erforscht die apriorischen Gesetze, welche die Bedingungen der Möglichkeit der Gültigkeit in allen Stufen beherrschen. Sie strebt also dahin, eine formal-allgemeine Wissenschaftstheorie zu geben. Ihr entspricht dann, wie wir schon früher gesagt hatten, eine Phänomenologie der Erlebnisse und später der Erlebnisse einsichtig urteilender Vernunft, in denen all solche theoretischen Gegenständlichkeiten, aus denen sich Wissenschaft aufbaut und denen entsprechend ein anschaulich vorgegebenes Gebiet von Gegenständen sich nach seinem wahrhaften Sein und Sosein wissenschaftlich bestimmt, zur systematischen Aufklärung kommen.

Nun geben aber die Verhältnisse zwischen anschaulich irgend konstituierter Gegenständlichkeit und möglichem, darauf zu beziehendem theoretischem Denken Rätsel auf, auf die man zunächst nicht gefasst ist. Gehen wir auf das Faktum der gegebenen physischen Natur zurück und auf die Naturwissenschaften, so repräsentiert uns das einen Typus des Verhältnisses anschaulicher Gegebenheiten, des Verhältnisses einer durch sinnanschauliche Phänomene sich den Erkenntnissubjekten darstellenden physischen Welt zu leistender Theorie, der das Nachdenken wohl beschäftigen kann. Nämlich da ist doch klar, dass wissenschaftliches Denken nur auf Begriffe und begrifflich vermittelte Aussage und Theorie bringen kann, was die „Anschauung" als im Dasein gegeben hingestellt hat. Selbstverständlich möchte es daher erscheinen, dass die deskriptiven Begriffe, wie die auf Raum, Zeit, Bewegung, so auch auf die sinnlichen Qualifizierungen bezogenen, in die theoretischen Bestände der Wissenschaft aufgenommen und dort festgehalten sein müssen. Geben sich uns die Dinge als farbig, und zwar in einstimmiger Erfahrung, so sind sie das doch, und der Begriff der Farbe muss doch ein physischer sein. Eine kausale Eigenschaft wie die der optischen Eigenschaft würde dann nur eine Regel für sinnliche Qualitäten der Erscheinungen ausdrücken, Sinnesqualitäten, die ihrerseits zurückweisen auf Empfindungsdaten der verschiedenen Gattungen, die im erkennenden Subjekt auftreten.

Demgegenüber finden wir aber die Eigenheit der neuzeitlichen exakten physischen Naturwissenschaft darin, dass sie die spezifischen Sinnesqualitäten in gewisser Weise entwertet und ausschaltet, und eben dadurch meint sie, ihre ungeheure Überlegenheit über die antike Naturwissenschaft begründet zu haben. Die spezifischen Sinnesqualitäten, so ist die einstimmige Behauptung der Naturforscher seit Galilei, sind bloß subjektiv, sie sind bloß zugehörig zu den Erscheinungen, die der erkennende Mensch von den Dingen hat. Die wahrhaft seienden Dinge selbst haben solche Qualitäten nicht, sondern nur die mathematisch-mechanischen Qualitäten, d.i. Ausdehnung, Bewegung, Gestaltveränderung u.dgl. Wie ist das aber verständlich, da doch in der ursprünglich gebenden Anschauung eine Gestalt nur denkbar ist als Gestalt einer sinnanschaulichen Qualität?

Welchen verständlichen Sinn kann nun diese „Ausschaltung" der Sinnesqualitäten haben? Soll das die Meinung sein, sie seien ein bloß subjektiver Schein? Dahin geht ja die gewöhnlichste, populär gewordene Interpretation, die ohne Ahnung von transzendentalphilosophischer Problematik es als eine profunde Weisheit ausgibt: Die Dinge in sich selbst, mit den ihnen an und für sich zukommenden Eigenschaften stellen sich dem Menschen dar nach Maßgabe seiner faktischen psychophysischen Organisation visuell, taktuell, mit Sinnesqualitäten der dem Menschen eigentümlichen Gattungen. Die Tiere haben zum Teil wahrscheinlich ähnliche psychophysische

Organisation, aber vielleicht gibt es auch solche mit einer ganz unähnlichen, vielleicht haben sie mindest parallele Sinnesqualitäten uns völlig unzugänglicher Gattungen. Auch für jede Tierart gibt es nach Gruppen und Individuen Unterschiede. Die blind Geborenen haben überhaupt keine Farbe, die Farbenblinden andere Farben als die Farbennormalen, und genau gesprochen haben wohl keine zwei Menschen absolut gleiche Farbenempfindungen. Normalität ist nur eine Idee, die wir praktisch den gewöhnlichen Übereinstimmungen der intersubjektiven Erfahrung unterlegen. Ist der so Redende philosophisch Theist, wird er dann beifügen: Während jedes wahrnehmende Lebewesen in der Natur die Naturdinge nur durch das Medium der physikalischen und psychophysischen Aspekte hindurch wahrnimmt, die wir in ihrer Vereinigung den Leib nennen, wodurch immerfort Momente subjektiv bestimmter Art in das Objektbild hineinkommen, schaut Gott die Dinge unmittelbar selbst an, er hat keinen Leib, er ist kein psychophysisches Subjekt.

Lotze hat einmal den Satz ausgesprochen – einen jener tiefen Sätze, deren Tiefen er, leider ein Denker halber Konsequenz, nie bis ins Letzte durchdacht hat –: Jedermann kann ein Ding nur so sehen, wie es für ihn aussieht, und nicht, wie es an sich aussieht; und vielleicht geht von hier aus schon in der Tat eine Hindeutung darauf, dass die zunächst so ansprechende popularphilosophische Auffassung widersinnig ist. Aber sicher ihr Recht hat doch die Physik, wenn sie in ihrer theoretischen Bearbeitung der physischen Erfahrungsgegebenheiten nicht bei den deskriptiven empirischen Begriffen und empirisch-anschaulichen Sätzen stehen bleibt, sondern Sätze von rein mathematischer Form anstrebt, Sätze, in denen nichts mehr von sinnlichen Begriffen übrig bleibt, nichts mehr von Begriffen wie Farbe, Ton, Geruch, Geschmack, und in denen auch hinsichtlich der räumlichen Gestalt alle die fließenden Begriffe der gemeinen Erfahrung verschwunden sind wie groß und klein, wie rund, spitzig, doldenförmig, lanzettförmig usw. Selbst wo sie dieselben Worte gebraucht wie das gemeine Leben, etwa Gerade, Winkel usw., haben ihre Worte eine neue, die „exakte" Bedeutung, und in der sind sie nicht durch bloß sinnliche Vergleichung und Abstraktion zu gewinnen. Also sicher Recht hat die Physik (das sagt uns die phänomenologisch naive Einsicht) mit ihrer Rede von den wahren physischen Dingen, in deren Prädikaten nichts von rot oder bitter oder laut u.dgl.

vorkommt. Und ebenso hat sie recht, wenn sie dergleichen Prädikate als bloß subjektiv relative bezeichnet, nämlich als bezogen auf die wechselnde Leiblichkeit und wechselnde Subjektivität dieser Leiblichkeit.

Aber gleichwohl ist der Sinn dieser Scheidung zwischen der gegenüber aller wechselnden Subjektivität objektiven Natur, der physikalischen Natur, und den subjektiv wechselnden Naturphänomenen sehr der Aufklärung bedürftig. Jetzt heißt nicht das Phantom, das wechselnde Sehding, Tastding usw., Erscheinung des Dinges, sondern, was einen neuen Erscheinungsbegriff ergibt, das Ding selbst, das physische Ding so, wie es vor der Wissenschaft für jeden Menschen im Rahmen seiner Erfahrung anschaulich gegeben ist und sich ausweist. Demgegenüber ist das Ding im Sinne der Physik ein theoretisches, dem anschaulichen Ding aufgepflanztes Erzeugnis. Die „Substanz" des Erfahrungsdinges wird zum Substrat gewisser in der Methode der Physik nach langen experimentellen Veranstaltungen und theoretischen Erwägungen zustande gekommener Prädikationen, in denen ausschließlich logisch-mathematische Begriffe auftreten, und im Sinne der Physik ist nur jedes solche Prädikat Prädikat der objektiven Natur.

(Damit hängt natürlich auch zusammen die Frage der Wertung der deskriptiven Naturwissenschaften, die meistens nur als niedere Durchgangsstufe für eine künftige exakte mathematisch-naturwissenschaftliche Erklärungsleistung angesehen werden, während gefragt werden kann, ob sie nicht auch in sich ein notwendiges Recht haben und ihre Art der Wahrheit.)

Diese Probleme sind von allergrößter Schwierigkeit. Als transzendentale Sinnesprobleme gehören sie in die Phänomenologie. Nur in deren Methode und auf den Wegen, deren Unterstufen wir geschildert haben, können sie wissenschaftlich in Angriff genommen und ⟨kann⟩ dem windenden Gerede einer in Jahrhunderten sich fortspinnenden und fast völlig wertlosen popularphilosophischen Literatur ein Ende gemacht werden.[1]

---

[1] *Später gestrichen* Seit 1781 umbläst freilich dieser leere Wind das unzugängliche und neblige Felsgebirge der kantischen Transzendentalphilosophie, in welcher die bedeutsamsten, aber primitiven und klaren Motive der nachcartesianischen Philosophie zu grandioser, aber noch lange nicht ausgereifter und wissenschaftlich strenger Auswirkung kommen. Leider hat die ungeheure Kantleitung in Richtung auf die Höherbildung der Vernunftkritik zu

Man kann und muss natürlich, um das Problem der physikalischen Objektivität direkt zu behandeln, indem wir uns also an
die exakte Physik halten und sie nun als transzendentales Exempel
nehmen, den eidetischen Typus ihrer logischen Leistung an einer
anschaulichen Erfahrungswirklichkeit studieren, ihre logische und
ontologische Richtung nach dem Typus ihrer Theorien und des
wahrhaft Seienden im Sinne dieser Theorien und phänomenologisch
nach Seiten der leistenden Akte.

Dabei sei auf Folgendes hingewiesen: Solange wir uns in der
transzendentalen Ästhetik, also in der Sphäre der Erfahrungsanschauung bewegten, verfuhren wir so, als wären für uns andere
Erkennende nicht da. Das scheint selbstverständlich berechtigt zu
sein, denn selbst wenn wir sie in Betracht gezogen hätten, so hätten
sie uns keine prinzipiell neuen Exempel für unsere Induktionen geben können. Empfindungen, Anschauungen, die ein anderer hat, sind
für mich nur richtig (und aus apriorischen Gründen) durch Einfühlung, und was ich im eigenen Bewusstseinsbereich nicht anschauen
kann, kann mir keine Einfühlung geben, da sie nur eine Form der
reproduktiven Anschauung ist. Fingieren wir unsere Umwelt als eine
bloß physische, als wären in ihr nur animalische Wesen gewesen,
was eine evidente Möglichkeit ist, so ändert sich, scheint es, nichts
an der Möglichkeit und dem möglichen Gehalt unserer transzendentalen Ästhetik. Wir können dann auch in dieser solipsistischen

---

strenger Wissenschaft nicht viel Segen gebracht; vor einer Verflachung der gewaltigen Intui-
tionen Kants konnte sich nur der Marburger Neukantianismus frei halten; aber auch in
ihm lebt nicht der ganze Kant fort, und der ganze Kant kann überhaupt nur aus den kantischen Schriften geschöpft werden. Aus ihnen aber zu schöpfen, ist aber darum so überaus
schwierig, weil Kant zwar in tiefste Tiefen ahnend geschaut, aber sie nicht systematisch nach
der einzig möglichen Methode durchforscht hat (und er hat es nicht, weil er, bedingt durch
seine Zeit und seine individuelle Entwicklung, nicht bis zu der Idee einer radikalen phänomenologischen Bewusstseinsforschung vorgedrungen ist). Wer erst von der Phänomenologie
aus, schon nach den Grundstücken, die zur Entwicklung gekommen sind, an Kant herantritt,
findet mit staunender Bewunderung Schritt für Schritt in Kants vieldeutigen und der Stufe
wissenschaftlicher Strenge fernbleibenden Begriffsbildungen und Theorien immer wieder
Antizipationen der Wesensscheidungen und theoretische Wesenszusam-
menhänge, die im geordneten Verfahren von unten nach oben als streng wissenschaftliche
Feststellungen der Phänomenologie erarbeitet waren. Für den, der von der Phänomenologie
herkommt, wird aber Kant auch eine Quelle höchster Anerkennungen: Befähigt, hinter seine
Theorien zu schauen, wird er nachschauend Gestaltungen vorleuchten sehen, die seine künftige
streng wissenschaftliche Arbeit leiten können und leiten müssen.

Betrachtungsweise verbleiben bei dem Studium wissenschaftlicher Naturerkenntnis, als ob also Wissenschaft kein Gebilde der Gemeinschaftsleistung wäre, als ob ein *solus ipse* alle wissenschaftlichen Erkenntnisse rein im eigenen Denken gewonnen hätte. Wir hätten dann die Frage der naturwissenschaftlichen Objektivität so gestellt, dass diese Objektivität keine Beziehung hätte zur Frage, ob und wie andere Erkenntnissubjekte, mit denen wir uns möglicherweise verständigen, dieselbe Natur und in derselben physikalisch-theoretischen Bestimmung erkennen können. Objektive Gültigkeit besagt dann zunächst nicht intersubjektive Gültigkeit, nicht Gültigkeit, die jedermann einsehen und von der sich jedermann überzeugen kann, dass sie eine für jedermann erfahrbare Gegenständlichkeit betrifft und dass das von ihm Eingesehene genau dasselbe sei wie das von jedem anderen Eingesehene, und schließlich dass eine theoretisch wahre Natur die Norm ist für jedermann. Die Frage wäre also nur die, was der Vorzug und das Eigentümliche der mathematisch-exakten Dingbestimmung ist (gemäß dem Sinn der exakt-wissenschaftlichen Leistung ist) gegenüber der mit anschaulichen Erfahrungsbegriffen operierenden empirischen Deskription und wie sich eigentlich das Ausscheiden der anschaulichen Begriffe aus den Erkenntnissen, die sie in anderer Stufe doch enthalten müssen, vollziehen kann und vollzieht.

Hebt man dann die solipsistische Fiktion auf und geht man zum Typus unserer gegebenen Welt und Welterfahrung über, die eine in intersubjektiver Verständigung einer offenen Vielheit von Subjekten im Austausch ihrer Erfahrungen und Theoretisierungen konstituierte Welt ist, so ergeben sich ergänzende Probleme. Es muss jedenfalls erwogen werden, wie vortheoretisch die eine intersubjektive Erfahrungswelt sich konstituiert, mit dem einen intersubjektiv gemeinsamen Raum und identischen real kausalen Dingen, wo doch jeder seine eigenen Sehdinge, Tastdinge, überhaupt Phantome und Phantomabwandlungen hat, seine nur für ihn in wirklicher Erfahrung wirklich anschaulich ausweisbaren Dinge. Wie kommt es, dass diese Dinge, die doch konstitutive Gebilde der einzelnen Subjektivität sind, in der Einfühlung als intersubjektiv identische Dinge gesetzt werden können, dass also jeder ohne weiteres das Ding, das er erfährt, als numerisch identisch setzt mit dem Ding, das ein anderer erfährt? Was bedeutet Einstimmigkeit der Erfahrung jetzt, wo jedes Subjekt für sich seine einstimmigen Erfahrungszusammenhänge hat, seine Empfindungen, Auffassungen etc., seine nur für es vorhandenen Orientierungsgegebenheiten, und jeder doch voll bewusst dem anderen andere Erscheinungsreihen einlegt? Wie charakterisieren sich im intersubjektiven Verhältnis, wobei es offenbar nicht auf die bestimmten Personen, die zufällig sich verständigen, ankommt, die von Subjekt zu Subjekt abweichenden Erfahrungsreihen, welche doch Einstimmigkeit der wechselseitigen Bestätigung herstellen, und diejenigen, welche Unstimmigkeit herstellen und den zum Verständnis Kommenden nötigen, seine Erfahrungssetzung zu durchstreichen?

Es ist klar, dass, was wir Welt nennen, seinen vollen Sinn erst erhält durch Beziehung auf eine unbestimmt offene Vielheit mit uns kommunizierender Subjekte, aus welcher Vielheit jedes beliebige Gegensubjekt austreten, aber auch beliebige neue eintreten können (wofern sie nur Subjekte sind, die in Einfühlungszusammenhänge mit uns treten, deren Leiber als Leiber wir verstehen und die unsere Leiber als solche und als Ausdrücke unserer Erlebnisse verstehen können). Kant hat merkwürdigerweise das Problem der Intersubjektivität völlig übersehen. Schon für die transzendentale Ästhetik bedeutet Intersubjektivität eine konstitutive höhere Schicht, ohne deren Berücksichtigung die Konstitution einer Natur als vortheoretische Erfahrungseinheit nicht geleistet werden kann. Das Neue, was hier auftritt, ist Dasein anderer animalischer Wesen mir gegenüber, das phänomenologisch Neue die Einfühlung als eine Grundform der Erfahrung. Mit ihr treten nicht nur andere Subjekte in unseren umweltlichen Bereich, sondern damit erst gewinnt die Umwelt den vollen Sinn und die höchste konstitutive Schicht, die intersubjektive Identität.

Mit Staunen werden wir also dessen inne, dass in der transzendentalen Ursprungsbetrachtung physische Natur und Animalität mit Leibern und Seelen und persönlichen Eigenheiten nicht einfach neben anderen da sind und nebeneinander nach ihrer Konstitution als Sinnes- und Seinseinheiten im reinen Bewusstsein studiert werden können, sondern dass sie ineinander schichtenweise verflochten sind, dass im Besonderen physische Natur nur nach einer unteren Sinnesschicht im Einzelsubjekt, das wir uns solipsistisch fingieren, entspringen kann, während die objektive Natur schlechthin eine inter-

subjektive, auf mitkonstituierte Animalien bezogene Erfahrungseinheit ist, d.i. eine Sinnesschicht hat, die nur durch eine systematische Phänomenologie der Einfühlungsleistungen, die an Erscheinungen einer solipsistischen Umwelt vollzogen sind, zur verstehen-
den Erkenntnis gebracht werden kann. Selbstverständlich gilt dasselbe auch für die Leistung der Naturwissenschaft. Was solipsistisch
theoretisches Denken an der anschaulichen Umwelt des e i n z e l n e n
I c h leisten kann und muss, ist eine erste transzendentale Aufgabe.
Was wir aber Naturwissenschaft nennen, ist eine intersubjektive, auf
eine intersubjektiv konstituierte Welt bezogene Leistung, und das
klarzumachen, das ist natürlich das letzte Ziel.

Ich berühre hier, nachdem ich den systematischen Gang der Untersuchungen geschildert habe, die zur Aufklärung der stufenweisen
Konstitution des Sinnes erfahrbarer und wissenschaftlich wahrer
Natur führen, das sich ihrem ganzen Gang anhaftende und immer
dringender werdende Problem des transzendentalen Idealismus. Das
im Stande der transzendentalen Unschuld, der natürlichen Naivität,
Allerselbstverständlichste, das Dasein dieser Welt, zunächst der physischen Welt, wird, sowie wir vom Baum philosophischer Erkenntnis
gegessen, sowie wir in ⟨den⟩ Sündenfall, den Stand der Reflexion auf
das welterkennende Ich und sein erkennendes Bewusstsein von der
Welt getreten sind, zum größten aller Rätsel. Wir studieren im Rahmen der phänomenologischen Reduktion die sich in unteren und
höheren Bewusstseinsstufen konstituierenden Sinnesschichten der
Welt als eines Korrelats des sinngebenden und seinssetzenden Bewusstseins. In der Entwicklungsphänomenologie studieren wir auch
die stufenweisen Entwicklungen der anderen und höheren apperzeptiven Gestaltungen. Aber dabei studieren wir doch beständig I c h ,
Ichbewusstsein und intentionale Korrelate, Noemata des Ichbewusstseins.

Da erwächst nun aber das Problem, das sich gleich schon an den
Beginn der ganzen Bewusstseinsreflexionen anheftet und sich in die
Vielgestalt des Skeptizismus zu kleiden liebt, das Problem des
t r a n s z e n d e n t a l e n   I d e a l i s m u s : Inwiefern beschließen diese stufenweisen Sinngebungen, die dem wahren Sein der Natur allein ihren
Sinn geben, die Beziehung auf ein Ich und Ichbewusstsein n o t -
w e n d i g in sich? Zum Beispiel wäre es denkbar, dass das als physische Natur Seiende seiend verbliebe, denkbar bliebe als seiend,

wenn wir versuchten, nicht nur alle anderen Subjekte außer dem jeweils faktisch erfahrenden als nicht seiend zu setzen, sondern auch ein *solus ipse*, das übrig geblieben? Ist also eine faktische Natur we s en t l i c h bezogen auf eine faktische Subjektivität mit einem faktischen Bewusstsein und einer faktischen Bewusstseinsregelung, in der die mögliche Erfahrung von der Natur mit bestimmt geregelten Verläufen vorgezeichnet sein müsste nicht als eine leere Möglichkeit, sondern als ein Faktum? Ist es, könnten wir theologisch gewendet fragen, etwa ein theologisches Apriori, dass eine göttliche Schöpfung einer Natur nichts anderes besagen kann (ohne Widersinn) als eine Schöpfung von Ichsubjekten mit Bewusstseinsströmen, denen eine absolut feste Regel der Notwendigkeit für Erfahrungsverläufe gewissen Stils eingeprägt ist?

Mit Beziehung auf das Problem Natur und Naturwissenschaft kann man aber ganz andere Probleme formulieren. Im Grunde haben wir bisher das Phänomen der Physik als mathematische Naturwissenschaft vorausgesetzt. Sie gehört doch nicht von vornherein und notwendig zum Eidos „Natur", das wir der Erfahrungsanschauung entnehmen. Zum gesamten Eidos „Welt" gehören auch Menschen und gehört die Kultur, gehören Wissenschaften, aber dass Wissenschaften vom Typus der Physik notwendig dazugehören können und müssen, ist jedenfalls nicht von vornherein als Notwendigkeit klar. Oder deutlicher: Wir haben doch wohl, selbst nachdem wir den Ga t t u n g s t y p u s von Erfahrungswelt durch eine transzendentale Ästhetik umschrieben haben, noch eine Vielheit von Weltmöglichkeiten. Es ist eben eine Gattung. Wie stehen die darin beschlossenen Typen anschaulicher Welten zu den auf sie bezogenen möglichen Wissenschaften? Welche Auszeichnung hat eine Welt, für die eine mathematische Naturwissenschaft notwendigerweise gilt? Aufgrund welcher Forderungen, und vielleicht logischer Forderungen, ist die Notwendigkeit einer solchen Naturwissenschaft einzusehen und demgemäß der Typus dieser Wissenschaft *a priori* zu konstruieren? Wir stellen die Frage der Einfachheit halber auf den solipsistischen Boden.

Setzen wir also keine Physik voraus, weder als wirkliche für wirkliche Natur noch als vorgegebener Typus einer Naturwissenschaft für eine mögliche Natur, und versuchen wir jetzt die Entwicklung einer „transzendentallogischen" Problematik von unten her zu vollziehen, indem wir uns wieder an das Ende unserer Betrachtungen über transzendentale Ästhetik stellen! Natur und Naturgegenstand waren da ausschließlich Korrelate von Zusammenhängen möglicher Erfahrung, Zusammenhängen der Einstimmigkeit, in denen ein Ding zum Beispiel als leibhaft daseiendes vortheoretisch gegeben, ursprünglich angeschaut ist. Eine „transzendentallogische" Problematik, was ist das?

Ich habe früher gesagt, in Kants transzendentale Analytik reicht hinein ein gutes Stück einer im echten Sinne so zu nennenden transzendentalen Ästhetik, nach unserer Rede die transzendentale Ästhetik der Materialität. Aber die Idee der transzendentalen Analytik oder transzendentalen Logik umfasst noch ein weiteres, auf die besprochenen Fragen der sekundären Qualitäten und des Sinnes physikalisch wahrer Natur wesentlich zu beziehendes Problemgebiet, für das gerade diese Rede von transzendentaler Logik (oder Analytik, wobei dieses Wort auch nur der aristotelische Ausdruck für Logik ist) die charakteristisch passende ist. Die durch die Eigenart der transzendentalen Logik geforderte methodische Form der Gedankengänge und Begründungen, also die transzendentallogische Methode, bestimmt einen eigentümlichen Sinn der Rede von Transzendentalphilosophie und transzendentaler Methode, und seit Cohens Begründung der Marburger Kantinterpretation ist es sehr gewöhnlich und vielleicht vorherrschend geworden, unter dem Titel „Kants transzendentale Methode" an die transzendentallogische Methode zu denken. Wir wollen versuchen, den tiefen, bisher nichts weniger als klarverständlichen Sinn dieses Transzendentallogischen an den Tag zu bringen. Wir werden immer „transzendentallogisch" sagen, um jede Vermengung mit dem urberechtigten und nie preiszugebenden Begriff des Transzendentalen, der das Problemgebiet der Klärungen aller Wesensverhältnisse von Sein und Bewusstsein umspannt, auszuschließen und damit gegen die beliebte Prätention, dass die transzendentallogische Methode die eine und alleinige Methode für alle vernunfttheoretischen Probleme sei, meinen Protest anzudeuten.

An[1] die Spitze stellen wir die Frage, von der man freilich zunächst
gar nicht sieht, dass sie eine notwendig zu stellende ist, welche Bedingungen eine derart zunächst anschaulich konstituierte Gegenständlichkeit erfüllen muss, damit sie die Bedingungen der Möglichkeit der Individualität oder Individualität in dem prägnanten
logischen Sinn erfüllen kann. Man kann die Frage sogar schon früher
und damit allgemeiner stellen, an früheren Stufen der transzendentalen Ästhetik. Man kann die Frage versuchen: Wenn eine Gegenständlichkeit überhaupt Gegenständlichkeit einer sinnlichen Anschauung ist, also zunächst allgemeinst eine Zeitgegenständlichkeit,
wobei noch nicht einmal bestimmt ist, dass es eine Raumgegen-
ständlichkeit sei, wann kann sie ein logisches Individuum sein? Man
kann aber auch beim Phantom anfangen und fragen: Wenn eine Gegenständlichkeit Phantomgegenständlichkeit ist, welche logischen
Bedingungen muss sie erfüllen, und damit, welche Formen konkreter
Gestaltungen muss sie haben, um ein logisches Individuum zu sein?
Inwiefern die Fragen auf einer untersten Stufe hinreichend bestimmte
sind, das wäre aber erst zu erforschen, es kann keineswegs vorausgesetzt werden.

Natürlich hängt alles am Begriff der logischen Individualität, und
dass dieser fehlte und die Logik selbst in Jahrtausenden in Unklarheit
dieses Grundbegriffs und so überhaupt ihrer gesamten urontologi-
schen Grundlagen verblieb, hat es verschuldet, dass die transzendentalen Fragen nicht nur so spät kamen, sondern auch, dass sie von
Kant nur so unklar konzipiert werden konnten. Der Neukantianismus hat sie auf die Form gebracht: „Welches sind die Bedingungen
der Möglichkeit einer objektiven Erfahrungswissenschaft?",
wobei aber wieder der Begriff einer objektiven Wissenschaft ursprünglicher Klärung ermangelte.

Ich will versuchen, in einigen Andeutungen und in einigen
Schranken den tiefsten Sinn echter transzendentaler Fragestellungen

---

[1] *Zu Beginn dieses Absatzes später gestrichen* Aber nun kommt noch ein anderes großes
Gebiet von schwierigen Problemen, das zuerst Kant in seiner transzendentalen Analytik gesehen hat und das dem Begriff des Transzendentalen eine eigentümliche, in der Marburger
neukantianischen Schule fortlebende und vertiefte Prägung gegeben hat. Bisher verfolgten wir
den Naturgegenstand in der ursprünglichen Anschauung, somit als Gegenstand einer möglichen Erfahrung nach all dem, was er ontologisch und phänomenologisch uns lehren kann,
wenn wir ihn eben als pures Korrelat ausweisender Anschauung nehmen.

dieses eigentümlichen Sinnes, der Fragestellungen transzendentaler Objektivität für Gegenstände möglicher Erfahrung – und damit den Sinn der logischen Individualität – verständlich ⟨zu⟩ machen.

Ich knüpfe an Bekanntes an. Die reine Logik in eins mit der *mathesis universalis* hat als ontologische Domäne das Reich der Wahrheiten, die für Gegenstände überhaupt unangesehen einer Bindung an eine sachhaltige Region von Gegenständen Geltung haben. Die Begriffe, mit denen dabei operiert wird, sind als rein logische dadurch charakterisiert, dass sie auf alle erdenklichen Gegenstände anwendbar sind, und G e g e n s t a n d besagt hier alles und jedes, wovon in Wahrheit prädiziert werden kann. Rein logische Begriffe sind auch Gattungen und Arten, und es ist klar, dass auch G a t - t u n g e n im rein logischen Sinn Gegenstände sind; also fragt zum Beispiel die Anzahlenlehre, Ordinalzahlenlehre, Mannigfaltigkeits- lehre nicht danach, ob die letzten Einheiten, die sie in unbestimmter Allgemeinheit belässt, gegebenenfalls bestimmt gedacht werden als Gattungen oder nicht als Gattungen. Man überzeugt sich nun leicht, dass das Apriori jeder Gattung uns herabführt auf Gegenständlich- keiten, die nicht mehr Gattungen sind und überhaupt nicht mehr ein Allgemeines sind, das einen Umfang hat. Zuletzt kommen wir *a priori* auf Individuen. In dieser Art führen a l l e logischen Begriffe uns zurück auf letzte Substrate, auf Individuen. Sieht man sich nun die korrelativen Begriffe „Wahrheit" und „in Wahrheit Seiendes" oder „Gegenstand der L o g i k" (im weitesten Sinne der *mathesis universalis*) an, so wie sie sich gemäß den Impulsen eines P l a t o n historisch entwickelt haben, so zeigt sich, dass zum Sinn der Wahr- heit im Sinne der Logik es gehört, W a h r h e i t - a n - s i c h zu sein, und korrelativ zum Begriff des Gegenstands an s i c h s e i e n d e r Ge- genstand.

Was besagt das? Wahrheit als solche steht in der noetischen Korrelation: *A priori* ist Wahrheit ein in einem möglichen einsich- tigen Erkennen einsehbarer Satz, und zwar so, dass jedes beliebige Erkenntnissubjekt *idealiter* diese selbe Einsicht gewinnen könnte und in der Freiheit seines Erkenntniswaltens in seinem Erkenntnis- bereich auch auf diese selbe Wahrheit stoßen müsste. Ein Ideal ist dabei maßgebend, unter das jedes beliebige Subjekt fällt: Jedes kann idealisiert, kann als in seinem Anschauen und Denken frei waltendes, frei alle Intentionen erfüllendes gedacht werden. Jedem Subjekt ist

jede Wahrheit im Sinne der Logik zugänglich, nämlich wenn es, als
ein ideales Erkenntnissubjekt gedacht, mindest zum Subjekt der
freien Evidenzzusammenhänge gemacht wird. Dementsprechend ist
ein wahrhaft Seiendes im Sinne der Logik als Substrat solcher Wahrheiten-an-sich für jedes beliebige Subjekt als Subjekt der Erkenntnis
zugänglich, ihm erkennbar nach seinem Dasein und Sosein. In diesem Sinne ist jede mathematische Wahrheit eine Wahrheit-an-sich.
Faktisch kann sie nicht jeder erkennen, sicher nicht ein beliebiger
Kaffer und nicht ein Tier. Und doch jedes Erkenntnissubjekt, auch
ein beliebiges Affensubjekt, würde sie erkennen bis hinauf in unsere schwierigsten theoretischen Wahrheiten, wenn es nur in sich, in
seinem Bewusstsein, die vorgezeichneten Begriffsbildungen, axiomatischen Einsichten, Deduktionen vollziehen würde. Und kein
Bewusstsein ist denkbar, dem wir in seiner Fortentwicklung diesen
Prozess des mathematischen Erkennens nicht eingeordnet denken
könnten. Wir können auch sagen: Ein noch so niedriges Bewusstsein
könnte nach idealer Möglichkeit eine Entwicklung annehmen, vermöge deren ihm jeder wahre Satz der Arithmetik, der Mannigfaltigkeitslehre zur Einsicht kommen könnte. So gehört also jede Anzahl, jede Ordinalzahl, jedes gültige mathematisch existierende
Gebilde jedem möglichen Erkenntnissubjekt.

Dass die Sache schon anders liege für die geometrischen Wahr-
heiten und für die eidetischen Wahrheiten der reinen Farbenlehre,
Tonlehre usw., haben wir schon zu besprechen Gelegenheit gehabt.
Jedes Subjekt hat seinen Bereich an Empfindungen und seine aus
Empfindungsdaten durch einen faktischen Gang der sinnlichen
Affektion sich bildenden empirischen Apperzeptionen. Demgemäß
ist es in der Bildung sachhaltiger Wesensbegriffe an Exempel seiner
Erfahrung oder reproduktiven Phantasie gebunden. Demgemäß sind
die geometrischen Wahrheiten oder das Apriori, das sich auf die
Wesensstruktur der bunten oder nichtbunten Farben bezieht oder auf
die Wesensstruktur von Tönen, wie schon der Variablesatz, dass jeder Ton eine variierbare Tonintensität hat, nicht mehr im strengsten
Sinne Wahrheit-an-sich. Freilich können wir jedes Subjekt, auch ein
ursprünglich blindes, umfingiert denken in ein solches, das anfängt,
Farben zu empfinden oder Farbe zu phantasieren, und dass es in sich
den Typus des visuellen Phantoms in einem euklidischen Raum
entwickelt. Aber der Unterschied springt doch in die Augen: Hat ein

Subjekt überhaupt Gegenstände anschaulich gegeben, irgendein Material, durch das es in seiner Bewusstseinsentwicklung Gegenstände konstituiert hat, und ist es überhaupt ein Denksubjekt, so kann es in freier Weise denkend unter Absehen vom Sachhaltigen seiner exemplarischen Gegenstände den formalen Begriff Gegenstand und seine logisch abwandelnden Begriffe bilden und demnach formale Mathematik, reine Logik treiben, und jedes andere Subjekt, wie beschaffen seine Anschauungen auch sind, muss dann die gleichen Wahrheiten bilden, wenn es überhaupt denkt. Dagegen, was für sachhaltige Wahrheiten jedes Subjekt denkt, das hängt von seiner Anschauung ab, und die kann eine solche sein, dass die beiden Erkenntnissubjekte sie ganz und gar nicht gemein haben.

Damit verstehen wir, was eigentlich das 17. und 18. Jahrhundert unter eingeborenen Ideen vor Augen hatte, die zum ursprünglichen, eingeborenen Bestand jedes Menschensubjekts gehören in der Weise eingeborener Anlagen, ohne die kein Mensch anzunehmen ist. Sie waren geleitet von einem Ideal des Menschen als eines reinen Subjekts theoretischer Vernunft, also von einem Vernunftideal, dessen in sich geschlossene ideale Möglichkeit ihnen vor Augen stand. In diesem Ideal ist die „Sinnlichkeit", ist alles Sachhaltige der gegenständlichen Anschauungen unbestimmt offen gelassen, wie ja offenbar Denksubjekte *in infinitum* einsichtig, also vernünftig fortdenkend möglich sind, die völlig verschiedene sinnliche Qualitäten und Typen vorgegebener anschaulicher Gegenstände haben. Die unbedingte Notwendigkeit und Allgemeinheit der Geltung der Wahrheiten vom Typus aller formal-ontologischen Wahrheiten (repräsentiert durch reine Logik und reine Arithmetik usw.) hat also einen eigenen Rang und gibt dem Begriff der Wahrheit-an-sich oder der Objektivität einer Wahrheit, die keinerlei Bindung an eine zufällige Erkenntnissubjektivität hat, einen bestimmten Sinn. Sie bestimmt offenbar auch einen prägnantesten Begriff von Apriori, demgegenüber schon das eidetische Apriori der Geometrie eine gewisse Kontingenz hat.

In der letzten Vorlesung besprachen wir die Korrelativen Wahrheit und Gegenstand als Grundbegriffe der traditionellen formalen Logik. Was besagt, fragen wir uns, das An-sich-Bestehen, An-sich-Gültigsein der Wahrheit, um dessen willen sie in der Logik auch als Wahrheit-an-sich bezeichnet wird, und was besagt korrelativ

Gegenstand-an-sich, d.i. an sich seiender Gegenstand, der Korrelat ist von auf ihn bezüglichen Wahrheiten-an-sich? *A priori*, sagten wir, gehören Wahrheit und Einsicht untrennbar zusammen, nämlich so wie Satz so viel besagt wie ein Urteilsverhalt überhaupt eines ideal möglichen Urteils überhaupt, so Wahrheit oder wahrer Satz ein solcher Satz, der in einem ideal möglichen einsichtigen Urteilen einsichtig urteilbar ist.[1] Wir können das nun so verstehen, dass jedes beliebige wirkliche oder mögliche Erkenntnissubjekt als Subjekt solcher Einsicht fungieren könnte, nämlich dass es in der Freiheit seines Erkenntniswaltens, wofür wir sie ideal unbeschränkt dachten, auf diese selbe Wahrheit einsehend stoßen müsste. Verstehen wir Wahrheit-an-sich so, so liegt in dieser Idee eine übersubjektive Geltung beschlossen, die den Begriff der Wahrheit in gewisser Weise begrenzt. Dabei ist nämlich zu überlegen: Das erkennende Subjekt als logisch denkendes, als frei Denktätigkeiten des begreifenden Urteilens vollziehend, ist *a priori* bezogen (denn ohne das ist logisches Denken nicht denkbar) auf eine vorlogische, vortheoretische Gegebenheitssphäre. Wie immer dieses nun beschaffen sein möge, wir können uns die ideale Möglichkeit ausdenken, dass das Subjekt in Freiheit denke, alle durch seine Vorgegebenheiten zu motivierenden theoretischen oder, was dasselbe ist, begreifenden und begrifflich urteilenden Schritte einsichtig vollziehe und so die Allheit der in Bezug auf seine Sphäre von Vorgegebenheiten zu gewinnenden Wahrheiten gewinne. Das jeweilig faktisch gedachte Subjekt mag seine faktischen Schranken haben; aber wir können es immer im Sinne eines freien Fortschritts ⟨als⟩ zum Ideal sich entwickelndes idealisieren. Lassen wir den Bereich anschaulicher Vorgegebenheiten eines idealen logischen Subjekts unbestimmt, so grenzt sich in der Tat ein Bereich von Wahrheiten ab, die jedes dem Ideal entsprechende Subjekt in sich in völliger Identität einsichtig entwickeln könnte, ein Bereich von Wahrheiten-an-sich. Das sind offenbar Wahrheiten, die *a priori* zu jedem theoretisierenden Subjekt notwendig gehören, für jedes einen Wahrheitshorizont darstellen, den es nach Maßgabe seiner Freiheit durchdringen

---

[1] *Randbemerkung* (Schon im Begriff des Satzes liegt es nicht, dass sein bloßer Sinn jedem erdenklichen Urteilenden zugänglich sein müsste, und im Begriff Erfahrung und Gegenstand nicht, dass jede Erfahrung jedes Gegenstands jedem Subjekt *idealiter* zugänglich ist.)

könnte, und umso vollkommener, je größer seine Freiheit ist, je mehr es sich also dem Ideal des logischen Erkenntnissubjekts annähert. Dieser Horizont wäre also für jedermann ein *a priori* identischer. Er befasst selbstverständlich die sämtlichen Wahrheiten, die sich wesensmäßig auf logische Akte als solche zurückbeziehen, also die formalen wissenschaftstheoretischen Wahrheiten, die der Logik selbst und die der formalen *mathesis*, z.B. der Arithmetik, der Algebra, der formalen Analysis, Funktionstheorie usw.

Wie weit reicht nun aber dieser Begriff der Wahrheit-an-sich? Ist er allumfassend, kann er alle Wahrheiten überhaupt umspannen? Das heißt, entsprechen alle Sätze, die jedes beliebige erkennende, in den Formen des *logos* sich bewegende Subjekt einsichtig begründen kann, dieser Forderung, die wir soeben der Idee einer Wahrheit-an-sich einverleibt haben? Ist, was irgendein Subjekt einsichtig logisch erkennt, jedem erdenklichen anderen Subjekt für eine einsichtige Begründung zugänglich, wofern wir es nur als ein im Theoretisieren beliebig freies denken?

Sicher reicht die Domäne dieser Wahrheiten-an-sich noch weiter. Sicher dürfen wir es als ein Apriori ansprechen, dass gewisse Wahrheiten über individuelles Sein oder, wenn Sie wollen, absolut singuläres Sein, auf das die Logik uns überall zurückführt, der Idee eines An-sich entsprechen. So die allgemeine Scheidung zwischen Ichlichem und Ichfremdem und der Satz, dass alles Individuelle, aber in verschiedener Weise, zeitbezogen ist; spezieller, dass alles Ichfremde nur seiend ist in der Form der Zeit, als Dauerndes und in seiner Dauer Veränderliches usw. Hinsichtlich des Ich und des Apriori zu dem zu einem Ich als solchem gehörigen Ichbewusstsein gehören dann weiter allgemeine Wesenswahrheiten-an-sich, selbstverständlich der Gesamtbestand derjenigen, die die noetischen Korrelate der logisch-mathematischen Wahrheiten selbst sind. Das ist also sehr stattlich.

Und doch, die vielfache Unendlichkeit dieser Wahrheiten-an-sich umschließt nicht alle Wahrheiten; Unendlichkeiten sind ausgeschlossen gemäß den von uns früher schon gewonnenen Einsichten. Ausgeschlossen sind Unendlichkeiten möglicher Wesenswahrheiten und Unendlichkeiten entsprechend möglicher individueller Wahrheiten. In letzter Hinsicht ist es ja klar, dass, wenn ich unter dem Titel des Ichfremden Farben empfinde, nicht jeder Erkennende überhaupt Farben empfinden muss. Eine Wahrheit-an-sich ist, dass er überhaupt irgendwelche Ichfremdheiten, zuunterst irgendwelche sinnlichen Empfindungsdaten, hat. „Sinnlichkeit" so verstanden gehört in das Reich des An-sich für jedes mögliche Subjekt, aber die Wahrheiten, in denen irgendein Subjekt, das Farben empfindet, das Sein und Sosein dieser Daten beschreibt, sind nur diesem Subjekt zugänglich. Nur diesem. Denn wenn auch ein anderes Subjekt Farben empfindet, so sind die singulären Farbendaten selbstverständlich für einen jeden andere, und jedenfalls wahrnehmungsmäßig gegeben können sie nur dem sein, der diese Daten individuell hat. Und so für alle zum immanenten Erlebnisstrom des jeweiligen Ich gehörigen individuellen Erlebnisse. Vielleicht können sie einem anderen, wenn auch nicht wahrnehmungsmäßig, so in anderer Erfahrungsform, durch eine Art Vergegenwärtigung zugänglich sein, durch Einfühlung. Aber klar ist, dass für eine solche indirekte Kenntnisnahme allererst Bedingungen der Möglichkeit vorgezeichnet sind, welche den ganzen Typus der erkennenden Subjekte einschränken.

Dasselbe gilt selbstverständlich auch vom Eidetischen, das in Exempeln singulärer empirischer Anschauung, eventuell der Phantasie, sich konstituieren soll. Gewiss, wenn verschiedene mögliche Erkenntnissubjekte schon angenommen sind als Farben empfindend oder Farben phantasierend, dann wird jede Wesenserkenntnis für Farbe überhaupt, die das eine Subjekt einsieht, auch für jedes andere einsehbar sein. Aber das ist eben doch nicht notwendig, dass jedes logisch-theoretisch denkende Subjekt gerade Farben, gerade ichfremde Daten dieser Gattung Farbe vorgegeben hat. Weiter kann man ausführen, dass schwerlich jemand behaupten wird, dass zum Wesen eines Ich überhaupt gehöre, dass sich in seinem Bewusstsein so etwas wie Erfahrung einer transzendenten und im Sinne der Transzendenz an sich seienden Welt konstituieren muss, und selbst wenn das der Fall ist, dass jedes Subjekt einer transzendenten Welt eine gleiche transzendente Welt gegeben haben muss, in gleicher Weise qualifiziert in der Anschauung und dann in gleicher Weise in der logischen Erkenntnis zu bestimmen, mit gleichen Naturgesetzen usw. Und wieder: Selbst wenn mehrere Subjekte in dieser glücklichen Lage wären, ist doch genau besehen jede solche Erfahrungswelt eben konstituiert als transzendent Seiendes dieses Subjekts, des jeweiligen und keines anderen. Gleichheit ist noch keine Identität. Wieder betrifft das auch die eidetische Erkenntnis. Wenn schon Subjekte anschauend, Erfahrungssubjekte für transzendente Welten sind oder sie sich auch nur fingieren können, so ist es an sich zufällig, dass die Wesenstypen Natur, Welt für verschiedene Subjekte identisch sind. Und das vom Standpunkt der Erfahrungsmöglichkeit gesprochen wie der Möglichkeit solipsistischer theoretischer Wissenschaften, die zudem noch ihre besonderen Bedingungen stellen mögen.

(Zu all dem kommt aber noch ein Neues, worauf uns das soeben gesprochene Wort „solipsistisch" hinweist. Es ist etwas anderes, 1) mögliche erkennende Subjekte und für sie gegebene Welten und Theorien zu erwägen und auch zu erwägen, ob sie identische Wahrheiten haben und ein jedes für sich zur Evidenz sich bringen könne, welche Bedingungen dafür eventuell zu erfüllen sind, und 2) zu erwägen, ob es dann so selbstverständlich ist, dass ein Subjekt die Wahrheiten, die ein anderer erkennt, auch als Wahrheiten die dieser erkennt, erkenne, und ebenso sich überzeugen kann, dass und was für Gegenstände für den anderen wirklich sind und ob sie dieselben sind, die es in sich selbst als Wirklichkeiten ausgewiesen und erkannt hat? Ist es selbstverständlich, dass ein Subjekt von einem anderen und seinem Erkenntnisbereich wissen kann, ist diese Möglichkeit *a priori* und ohne weiteres zur Idee einer Mehrheit möglicher Ich gehörig und nicht vielmehr an sehr beschränkende Bedingungen gebunden, die dem konkreten Ich mit seinem faktischen Bewusstseinsverlauf Beschränkungen vorzeichnen?)

So bestimmt gestellte Fragen bergen schon die Vorzeichnung der Lösung in sich. Und in der Tat, wie sie dem allgemeinsten nach zu beantworten sind, sieht jeder Phänomenologe ohne weiteres.

Ich knüpfe die weitere Betrachtung an einen Einwand. Können wir nicht ebenso gut wie das Ideal eines theoretisch vollkommen denkenden, also eines logischen Erkenntnissubjekts, auch das Ideal eines Ich bilden, das alle möglichen „Erkenntnismaterien" in seinem Erkenntnisbereich zugänglich hat und in jedes mögliche Ich hineinsieht, mit jedem kommuniziert, eventuell Gemeinschaftsverständigung gewinnt, intersubjektive Wissenschaft etc.? Gewiss können wir das, aber ob dieses Ideal in dieser Schrankenlosigkeit verstanden eine Möglichkeit darstellt und nicht eventuell Unverträglichkeiten, wäre erst zu überlegen. Und zudem, das Fundamentale ist, dass die universale Idee eines Ich überhaupt, dann spezieller eines anschauenden Ich überhaupt und eines denkenden, erkennenden überhaupt zu verschiedenen Bildungen von Idealen die Möglichkeit abgibt, deren jedes sein besonderes Normensystem hat, das nicht in alle Subjekte ohne weiteres einzulegen ist, als ob ein jedes ihm ohne weiteres genügen könnte.

Es bestehen dabei apriorische Verträglichkeiten und Unverträglichkeiten, die wir wohl beachten müssen, und es ist notwendig, alle hier bestehenden idealen Möglichkeiten wissenschaftlich zu umgrenzen und zu entfalten. Logik ist etwas Unbestimmtes, solange sie das Ideal des erkennenden Subjekts nicht klärt, dessen Korrelat die Wahrheit-an-sich ist und das wahrhafte Sein-an-sich, bzw. solange sie den reinen Sinn dieser Begriffe nicht klärt in der noetischen Korrelation, der sie zugehören. Gewiss können wir und müssen wir für Logik anheben mit der Idee eines logischen Subjekts, auf Wahrheit gerichtet. Wahrheit ist *logos* nicht von Urteil in jedem beliebigen Sinn (etwa bestimmt durch ein Glauben, *belief*, eventuell noch durch Bewegung oder Veränderung), sondern im Sinne des begreifenden Urteils: ohne Begriffsbildung keine Urteilsbildung. Also, der Anfang ist einsichtiges Urteil mit seinem Korrelat der Wahrheit als Urteilswahrheit. Am Anfang steht dementsprechend das Ideal eines in vollkommener, in unbeschränkter Freiheit einsichtig logische Akte übenden Subjekts. Im Sinne der Logik als formaler liegt, dass für dieses ideale Erkenntnissubjekt offen bleibt, was ihm an sachhaltigen Beständen vorgegeben ist, also der sachliche Typus seiner Erfahrungen bleibt völlig unbestimmt. Wenn wir nun damit *eo ipso* ein Reich von Wahrheiten-an-sich haben, die für jeden logisch Erkennenden, gleichgültig, ob sie kommunizieren können oder nicht, wesensidentisch sind, so bedarf es nun besonderer Ideen von Wahrheiten-an-sich mit Beziehung auf mögliche sachhaltige und regional bestimmte Erkenntnisbereiche, und jede solche besondere Idee schreibt der Subjektivität eine beschränkte Regel vor.

Es ist nun die gewöhnliche Auffassung der Idealität und unbedingten Geltung der Logik dadurch bestimmt, dass wir uns als Subjekte logischer Erkenntnis einsetzen, wir, die wir Subjekte dieser Natur sind, der wir uns selbst als Menschensubjekte einordnen und in der wir miteinander kommunizieren und gemeinsam

Wissenschaft treiben können und treiben. Ohne uns darüber klar zu werden, legen wir den dadurch bestimmten Idealtypus zugrunde, von dem wir nicht ahnen, dass er nicht der einzig mögliche ist. Demgemäß wird dem logischen Individuum die beschränkte Idee eines individuellen Gegenstands zugrunde gelegt, der in seiner individuellen sachhaltigen Bestimmtheit Substrat von Erfahrungswahrheiten ist, die jeder Erkennende erkennen kann, wobei jeder wie selbstverständlich bezogen gedacht ist auf dieselbe sachhaltige Daseinssphäre, so wie jeder von uns Subjekt ist derselben transzendenten Welt.

Aber was hier als Selbstverständlichkeit unabgehoben seine Rolle spielt, birgt ein gewaltiges Problem: Gesetzt, dass wir irgendeine individuelle Daseinssphäre einem Subjekt als erfahrungsmäßig vorgegeben denken, welche ontischen und noetischen Bedingungen müssen da erfüllt sein, damit auch andere Subjekte individuell dieselbe Daseinssphäre erfahren können? Ist sie für verschiedene Subjekte dieselbe, so muss diese Identität selbst ausweisbar für einen Erkennenden sein. Was schreibt das der Erfahrung und dem ontischen Typus der erfahrenen Objektitäten vor? Welche Bedingungen sind weiter zu erfüllen dafür, dass die Wahrheiten, die ein Subjekt für diese individuelle Sphäre logischer Einsicht gewinnt, Wahrheiten-an-sich sein können, d.h. Wahrheiten, die jedes andere Erkenntnissubjekt in identischem Sinn gewinnen kann? Es ist nach unseren Einsichten nicht selbstverständlich, dass zwei Subjekte, die solipsistisch jedes für sich eine transzendente Natur erfahren und in demselben transzendental-ästhetischen Typus erfahren, also farbig, euklidisch räumlich usw., darum schon dieselben Wahrheiten-an-sich haben, da für sie noch gar nicht identische Gegenstände konstituiert sind. Allgemeiner gar könnten diese Subjekte ja Welten verschiedenen Typus konstituiert haben. Denken wir sie überhaupt als Subjekte, deren jedes eine Natur erfährt: Wann ist die Natur dieselbe, zunächst anschaulich identifizierbar, wann ist sie logisch dieselbe, Thema identischer logischer Daseinswahrheiten, also schließlich einer und derselben Naturwissenschaft? Noch allgemeiner können wir es noch offen lassen, ob die Subjekte unter dem Titel „Welt", sei es überhaupt transzendente Gegenständlichkeiten erfahren, oder, wenn schon das, ob sie eine Welt von räumlicher Form gegeben haben usw. Da gibt es Fragestellungen verschiedener Stufenhöhe. Jedenfalls die Form der Fragestellung ist dieselbe. Was schreibt die Idee individueller Gegenständlichkeit, sei es als individuelle Einzelheit oder in Form einer unendlich offenen Welt gedachter, für Strukturen vor, damit diese individuelle Gegenständlichkeit wahrhaft seiend sein kann im Sinne eines Substrats von Wahrheiten- und Wissenschaften-an-sich, zugänglich für jedes erkennende Subjekt, das überhaupt Erfahrungsapperzeption von dem entsprechenden Typus des ersteren Subjekts besitzt oder besitzen kann? Was ist damit den Subjekten vorgeschrieben? Ist es gar so zufällig, dass wir Menschen (die wir eine Naturwissenschaft haben und korrelativ eine identische, von jedem für sich einzeln erfahrene Natur) leiblich begabte Subjekte sind, Menschen, die als psychophysische Realitäten sich selbst einordnen müssen derselben von ihnen erkannten Welt? Ist darin nicht eine Wesensform ausgedrückt, die zur Möglichkeit von Wahrheiten-an-sich gehört und somit zur Möglichkeit einer für alle „Menschen" gültigen Naturwissenschaft?

Mit Stücken dieser Problematik hat Kant in der transzendentalen Analytik und später in der transzendentalen Deduktion gerungen. Transzendentale Logik ist gar nichts anderes als die Wissenschaft von den Bedingungen der Möglichkeit einer logischen Wahrheit für sachhaltig bestimmtes individuelles Dasein, einer Wahrheit-an-sich, gültig für eine offen endlose Vielheit von Subjekten, die sollen Erkenntnissubjekte für dieses individuelle Dasein werden können. Aber freilich ist Kant auch hier nicht bis zu völlig reinen und radikalen Problemstellungen und daher auch nicht zu klaren Lösungen gekommen. Die eine Hauptseite für das Problem der transzendentalen Möglichkeit einer Subjektvielheit, die soll dasselbe Individuelle erkennen können, nämlich ⟨die,⟩ die sich auf die Leistung der Einfühlung bezieht, hat er überhaupt nicht gesehen, um nur dies eine zu sagen.

Die Beziehung dieser transzendentallogischen Probleme auf das Problem der primären und sekundären Qualitäten ist leicht ersichtlich zu machen. Gehen wir vom Faktum aus: Wir Menschen haben ungefähr, „normalerweise", die gleichen Sinnlichkeiten, und intersubjektiv, vermöge der Einfühlung, ist für uns ästhetisch-anschaulich eine gemeinsame individuelle Natur konstituiert, demgemäß auch gemeinsame deskriptive Wissenschaften wie Naturgeschichte. Aber die Abhängigkeit der sinnanschaulichen Phänomene von der Leiblichkeit ist so, dass diese normale Übereinstimmung oft durchbrochen ist und dauernd durchbrochen werden kann, ohne dass wir darüber freie Verfügung hätten. Wir spielen später auf die Tatsachen der angeborenen Taubheit und Blindheit, der Farbenblindheit etc. an.

Wir stellen nun die Frage, wenn ⟨sich⟩ nun gegenüber den subjektiv gebundenen deskriptiven Wahrheiten angesichts dieser Mannigfaltigkeiten subjektiver Abweichungen eine identische Natur als ein Reich identischer Wahrheiten-an-sich konstituieren soll, Wahrheiten, die schlechthin unempfindlich bleiben gegen alle Unterschiede der psychophysischen Konstitution und anschaulichen Apperzeption, was für Eigenheiten muss die Erfahrungswelt eines jeden haben und welche besondere Art und Methode logischer Wahrheit?

Wodurch hat die e x a k t e P h y s i k den großen Vorzug vor der Naturgeschichte? Offenbar dadurch, dass ihre Wahrheiten W a h r - h e i t e n - a n - s i c h sind. Aber was charakterisiert sie in dieser Hinsicht des Näheren? Welche Eigenheit haben sie und müssen sie haben? Offenbar diese, dass sie nur Begriffe in sich enthalten dürfen, die nichts von bestimmter Sinnlichkeit in sich schließen, denn die dürfen wir nicht jedem Erkennenden identisch zumuten, also Begriffe der logisch-mathematischen Sphäre. Aber in ihrer Bestimmtheit müssen diese Begriffe und die begrifflichen Urteile Beziehung haben zu dem, was jeder in seiner Erfahrung individuell erfährt, sie müssen in fester Methode aus dem sinnlich Erfahrenen geschöpft sein. Also s o muss es sein, dass j e d e r mit s e i n e r besonderen Sinnlichkeit und seinen sinnlich qualifizierten Dingen doch notwendige Denkprozesse muss ins Spiel setzen können, bloß von der empirischen Ordnung seiner Phänomene geleitet, die ihm ein b e s t i m m t e s Resultat lo- gisch-mathematischer Gestalt ergeben, ein Resultat, das für jeden anderen notwendig dasselbe ist. Die mathematische Bestimmung ist also nicht leere Form, sondern schöpft ihren Sinn und ihre An- wendung auf das Individuelle aus der Eindeutigkeit der Methode. Eine Naturwissenschaft für Subjekte einer sinnlich-anschaulichen und ihnen schon vortheoretisch trotz sinnlicher Abweichungen ge- meinsamen Natur kann nur dann an sich gültige Naturwissenschaft sein, wenn die a n s c h a u l i c h e N a t u r m a t h e m a t i s i e r b a r , eine

Natur von rein logischer Gestalt ist derart, dass alles subjektiv Gültige seinen objektiven, intersubjektiven Ausdruck in Sätzen von mathematisch-logischer Gestalt gewinnt. Nur eine mathematisierbare Natur kann an sich wahr sein, ein Feld von intersubjektiven Wahrheiten-an-sich. Somit müssen alle anschaulichen Dinge der erkennenden Individuen bloße „Erscheinungen" sein und muss jede spezifische Sinnesqualität des anschaulichen Dinges aus der wissenschaftlichen Wahrheit im methodischen Prozess objektiver Wissenschaft herausfallen, während doch umgekehrt jede mathematische Dingbestimmung ihren Sinn nur hat in der bestimmten Zurückweisung auf sinnlich Qualifiziertes.

Das Resultat der höchst umfassenden und schwierigen Untersuchungen, die alle diese Andeutungen systematisch ausführen, kann auch so gefasst werden: 1) Ein Subjekt kann in seinem Bewusstsein eine transzendente Welt nur gegeben haben in Form transzendenter Apperzeptionen, zu deren Wesen es gehört, dass sie offene Präsumtion in sich bergen; die transzendente Welt kann nur ins Unendliche präsumtive Einheit einstimmiger Erfahrung sein, die nie Dasein endgültig gibt. 2) Für mehrere Subjekte kann dieselbe transzendente Welt nur anschaulich gegeben und ausweisbar sein als dieselbe durch Einfühlung und aufgrund anschaulich konstituierter Leiblichkeit. 3) Eine so gemeinsam konstituierte Welt lässt prinzipiell subjektive Abweichungen der Erfahrungen der Einzelsubjekte zu, und wenn diese auch eine praktisch zureichende Übereinstimmung ermöglichen, so ist die endgültige Durchhaltung der Identität der abweichend qualifizierten Dinge eine bloße Prätention. Wahre Identität fordert logische Wahrheiten-an-sich, die den subjektiv abweichenden Dingen eine Regel und der Erkenntnis eine Methode vorschreiben, die der mathematischen Naturwissenschaft.

⟨Die Probleme hinsichtlich der psychophysischen
und der psychischen Sphäre sowie der
entsprechenden Wissenschaften⟩

Werfen wir nun noch einen Blick auf die übrig bleibenden transzendentalen Weltprobleme. Die der physischen Natur hatten, wie sich in unserer Untersuchung herausgestellt, eine wesentliche

Verflochtenheit mit den Problemen der Geistigkeit. Natur als eine physische Welt wahrhaften Seins ist nur denkbar als psychophysische Natur. Berührt haben wir schon in der transzendentalen Ästhetik die Notwendigkeit einer eidetischen Somatologie. Leiblichkeit ist mehr als physische Dinglichkeit und bezeichnet *a priori* eine Naturregion, die eidetischer Durchforschung bedarf. Erst die Leiblichkeit macht eigentlich Animalität möglich, die wiederum mehr als Leiblichkeit ist. Mit dem Leib ist Seelenleben verflochten; das zum Leib anschaulich und in apperzeptiver Eigenartigkeit gehörige Sinnliche ist unmöglich ohne irgendwelche Bewusstseinsbestände, aber damit ist der Bewusstseinsstrom und das ihm zugehörige empirische Ich noch nicht bestimmt als Subjekt bleibender habitueller Eigenschaften.

Gegeben haben wir im phänomenalen eidetischen Typus unsere Natur, die zunächst physische Natur ist, Animalität in der dreistufigen Form: animalischer physischer Organismus, der der physischen Zoologie entspricht, animalischer Leib als Sinnenleib und animalische Seele. Das spezifisch Sinnlich-Leibliche behandelt gegenwärtig die Physiologie, aber ungeschieden vom Physisch-Zoologischen. Doch tritt es zum Beispiel in der Sinnesphysiologie in einiger Abhebung vor. Es bedürfte hier meines Erachtens einer reinlich abgegrenzten spezifischen Somatologie, ein eindeutiger Name fehlt auch noch bisher, und dies wäre die notwendige Unterstufe für die Psychologie, die Lehre von dem Geistigen oder Seelischen in der Welt, das eben nicht für sich weltliches Dasein hat und haben kann, sondern der Leiblichkeit bedarf, die ihrerseits nicht bloß physischer Organismus ist, sondern erst durch Sinnesempfindlichkeit, durch Bezogenheit von Sinnesfeldern auf die anschauliche Extension des betreffenden Organismus, durch freie Beweglichkeit zum Leib wird.

Ich pflege der Deutlichkeit wegen zu sagen, ein physischer Organismus sei Leib durch ihm zugehörige ästhesiologische Funktionen und zugehörige Seinsschichten, ich spreche demgemäß statt von Somatologie deutlicher von Ästhesiologie als nächster Unterstufe für die eigentliche Psychologie. An diese knüpfen sich größte ontologische und phänomenologische Probleme, und zudem auch Probleme ihrer rechtmäßigen Zielstellung und Methode. Hier sind wir nicht im Vorteil, wie im Fall der Physik über eine Wissenschaft zu verfügen, welche die durch den tiefsten Sinn ihrer Gegenstandssphäre geforderte Wissenschaftsidee bereits verwirklicht, also mindest nach Ziel und Methode vollendet ist. Die moderne Psychologie leistet gewiss viel Wertvolles. Wie das aber, was sie leistet, zu den notwendigen Zielen einer Psychologie steht und wie diese selbst zu umgrenzen sind, darüber herrscht völlige Unklarheit. So stark die Einwirkungen der anfangenden Phänomenologie auf die zeitgenössische Psychologie auch sind, es sind, da man zu bequem war, den radikalen Sinn der Phänomenologie sich zuzueignen und demgemäß in sich eine radikale methodische Erneuerung zu vollziehen, nur recht äußerlich gebliebene.

Studieren wir in der phänomenologischen Reduktion das reine Ich und Ichbewusstsein nach seinen Wesensgestaltungen, so verwandelt sich die uns in natürlich-naiver Einstellung gegebene Welt in das Weltphänomen, in eine Mannigfaltigkeit von noematischen Korrelaten des Bewusstseins, als das ihm wesentlich, aber irreell, eben bloß als intentional Vermeintes Zugehörige. Die psychologische Einstellung ist natürlich eine ganz andere, denn da sollen wir ja die empirische Thesis der Welt und speziell der animalisch-seelischen Welt nicht ausschalten, sondern vollziehen und sie also nicht als bloße Phänomene im Sinne der Phänomenologie und als eine konstitutive Möglichkeit neben unendlich vielen anderen Möglichkeiten betrachten. Klar ist aber von vornherein, dass alles, was wir als zum reinen Wesen von Ich und Icherlebnissen gehörig in eidetischer Notwendigkeit eingesehen haben, auch für das empirische Bewusstsein gelten muss, das sich in eins mit physischer Natur und Leiblichkeit objektiviert hat als naturale Geistigkeit, als animalisches Ich und Icherleben.

Betrachten wir nun in der naiv naturalen Einstellung die daseiende Natur in Hinsicht auf das ihr eingeordnete Seelische, sei es empirisch oder seinem ontischen Typus nach, was im letzteren Fall Ontologie der physischen Natur ergeben würde, so ist es zunächst notwendig sich klarzumachen, wie Psychisches, Ichbewusstsein und Ich selbst, sich der erst konstituierten Welt, der physischen Natur, eingliedert. Durch die physisch leibliche Anknüpfung in der Apperzeption Mensch erfährt alles phänomenologische Bewusstsein mittelbar eine Verräumlichung, obschon es doch in sich selbst nicht räumlich ist, in sich nichts dergleichen wie räumliche Gestalt und

Lage hat. Ähnliches gilt schon für die Zeitform des Ich (und der Ichakte. Wir mögen ihnen Dauer, Ausbreitung in der Zeit zuschreiben. Aber genauer betrachtet ist die Zeitlichkeit hier etwas grundwesentlich anderes, wie bei allem Physischen, aber auch schon bei allem Empfindungsmäßigen, auch für Tastfeld, Sehfeld usw.) Erst mittelbar durch die apperzeptive Anknüpfung an den Leib und die Konstitution des animalisch Seelischen erfolgt eine Quasi-Verzeitlichung und -Verräumlichung des Bewusstseinssubjekts, als ob es Ausdehnung in der Naturzeit hätte. Dabei ist zu bemerken, dass die Naturzeit eine Raumzeit ist und aus wesentlichen Gründen durch räumliche Apparate und räumliche Größen gemessen wird. Die empirischen Subjekte fügen sich also durch eine apperzeptive Verräumlichung und Verzeitlichung in eine einzige physische Natur ein, zuordnungsmäßig nicht ursprünglich, als ob sie selbst *res extensae* wären. Wird die Uneigentlichkeit dieser Umspannung nicht klar erkannt und dem total verschiedenen konstitutiven Sinn physischer Realität und psychischer Realität nicht angemessen Rechnung getragen, so liegt die Versuchung nahe, ohne weiteres all die Kategorien der physischen Natur, die nur in ihr die Ursprungsstätte haben, auf die Natur im erweiterten Sinne zu übertragen. Das wahrhafte Sein der physischen Natur erarbeitet theoretisch die vielbewunderte mathematische Naturwissenschaft, die sehr wohl ihrer wissenschaftlichen Strenge und Einsichtigkeit nach zum Vorbild werden durfte; aber nicht ohne weiteres durften ihre Grundvorstellungen und der Typus ihrer Methode, der von ihrer ursprünglichen Sinngebung abhängig ist, übertragen werden. Was das sagt, die anschauliche Natur ist eine Welt bloßer „Erscheinungen", die ein unanschauliches und nur logisch-mathematisch zu bestimmendes An-sich haben, haben wir verstehen gelernt.

Wir verstanden auch, dass die physische Natur ein eigentümliches An-sich hat als Korrelat logischer Wahrheiten-an-sich, womit gesagt ist, dass alles Sein physischer Natur eindeutig „objektiv" bestimmbar ist und dass die Kausalität, die zu ihr gehört, mathematische Funktionalität sein muss innerhalb einer definiten mathematischen Mannigfaltigkeit. Wird nun die Physik von der Psychologie äußerlich imitiert und was von der physischen Natur gilt ohne weiteres auf die psychophysische Natur übertragen, so ergibt sich die die Entwicklung der neuzeitlichen Psychologie beherrschende Auffassung, dass auch dem seelischen Sein unerfahrbares seelisches An-sich zukomme als Substrat exakter Gesetze, durch die es eindeutig konstruierbar, bestimmbar sein muss für jeden Erkennenden überhaupt in der Weise objektiver Wissenschaft oder „Wahrheiten-an-sich". In rücksichtsloser Konsequenz hat freilich nur Herbart diese Auffassung zu Ende gebracht durch seinen Versuch einer mathematischen Psychologie in genauer Analogie zur mathematischen Physik. Aber so sehr man diese mathematische Psychologie abgelehnt hat, die leitende Grundanschauung hat man nicht entschieden aufgegeben, und so ist in der neuen Psychologie immer noch wirksam die sinnlose Naturalisierung der geistigen Wirklichkeiten, eine ganz ungerechtfertigte, ja widersinnige Übertragung des Ideals der Physik (nach Ziel und Methode) auf die geistige Sphäre.

Die Sinnlosigkeit ergibt sich schon daraus, dass während das Naturobjekt eine logisch-wissenschaftliche, also unanschauliche Einheit ist und nur eine solche sein kann und ihrem Sinn ⟨nach⟩ letztlich auf Subjekte, Bewusstsein, Psychisches zurückweist, das Seelische selbst doch nicht wieder eine solche unanschauliche Einheit sein kann, die hinter sich in derselben Weise das Bewusstsein als Korrelat haben kann. Zwar ist das animalische Subjekt, die seelische Einheit, auch ein Konstituiertes von konstituierenden Bewusstseinsmannigfaltigkeiten, aber alle die Bewusstseinserlebnisse, in denen es sich jeweils darstellt, gehören doch selbst mit zum Psychischen, und so ist alle Subjektivität nichts weniger als so etwas wie Erscheinung in dem Sinne, wie es ⟨ein⟩ Ding der physischen Erfahrung ist, sondern ein in der seelischen Erfahrung, in der Anschauung wirklich Selbstgegebenes, gegeben anschaulich mit einem eigenen Wesen, das keine sinnvolle Aufgabe mit sich führt, ein allererst in ihm sich bekundendes An-sich als eine Einheit theoretischer Geltung herauszubestimmen. Deutlicher ausgeführt: Die Natur ist ihrem konstitutiven Sinn gemäß eine durch intersubjektive Wechselverständigung sich konstituierende Identitätseinheit der gesondert in den einzelnen Subjekten konstituierten anschaulichen Naturen, ein ihnen allen apperzeptiv eingelegtes Identisches, demgegenüber die anschauliche Natur, die jeder in sich findet, Erscheinung heißt. Das gilt auch für physische Leiber der Subjekte; aber die Subjekte selbst sind absolut, sind das, was Erscheinungen möglich macht, aber nicht selbst Erscheinungen. *A priori* sind also Subjekte nur für sich selbst wahrnehmbar und wechselseitig einfühlbar, nachverstehbar und somit prinzipiell nur theoretisierbar in der Form der Deskription.

So etwas wie ein menschliches Ichsubjekt, die personale Einheit mit ihrem personalen Seelenleben, eben das, was das Psychisch-Reale im menschlichen Leben ausmacht, kann nimmer objektiv bestimmbar sein in exakt-naturwissenschaftlicher Methode als ein ideelles Substrat naturgesetzlicher Prädikate, als etwas, das jeder Erkennende nach fester Methode aus Erscheinungen herausarbeiten und was ein laplacescher Geist im Voraus errechnen könnte. (Daraus ergibt sich schon, dass wie der Sinn des wahren Seins einer Seele und seelischer Persönlichkeit, so der Sinn auf Seelisches bezogener Wissenschaft etwas total anderes sein muss als was unter dem Titel „Naturwissenschaft" für uns eine fest umgrenzte, aber eben nur auf *physis* bezogene Idee ist.) Damit schon kündet sich an ein totaler Unterschied zwischen Naturwissenschaft und Geisteswissenschaft, auf welche letztere Seite eine volle und ganze und eine richtig verstandene Psychologie gehört.

Freilich, das Verwirrende ist, dass auch die Psychologie notwendig Schichten von Problemen, Methoden und Wahrheiten hat, die wesentlich Gemeinschaft mit naturwissenschaftlichen zeigen, und dass die Bezeichnung der Psychologie als exakter Naturwissenschaft hinsichtlich dieser Schichten ein gewisses begrenztes Recht hat. Mit der empirischen Apperzeption, in der Ichliches der physischen Natur eingefügt aufgefasst, als reales weltliches Sein erfahren wird, ist von vornherein eine gewisse geregelte Zuordnung von Seelischem auf Leiblich-Physisches als zum Sinn des Seelischen zugehörig konstituiert. Die transzendentale Apperzeption einer Animalität als eine präsumtive wie jede andere transzendentale Apperzeption stellt die Aufgabe, den näherbestimmenden besonderen Regeln der Zuordnung der psychophysischen Abhängigkeiten nachzugehen. Das braucht nicht nur die Empfindungen und Phantasmen zu betreffen; wie weit es reicht, ist Sache der Erfahrung und der sich mit ihr erweiternden Apperzeption und wissenschaftlichen Bestimmung.

Sofern der physische Leib unter der Idee mathematisch-naturwissenschaftlicher Bestimmung steht, verknüpft sich hier mathematisiertes Sein-an-sich mit dem nicht mathematisierbaren Sein des

Ästhesiologischen und spezifisch Psychischen, was eine Problematik ganz eigentümlichen Stils ergibt, des Stils aller Psychophysik. In gewissem Maß tritt hier auch für das Psychologische mathematische Bestimmung auf. Angenommen, das Ideal der mathematischen Naturwissenschaft sei hinsichtlich der animalischen Leiblichkeit realisiert und es wäre im Sinne einer approximativen Mathematik die Typik der physischen Leiblichkeit mathematisch umschrieben, welche als animalische psychische Funktion trägt, also einen Komplex von Atomen typisch so charakterisiert, dass er wirklich Empfindungen vermittelt usw., dann entsprechen gewissen psychischen Vorkommnissen sicher mathematische Bestimmungen, nämlich in exakten physischen Werten bestimmte psychische Vorgänge. Dann würde das Psychische zuordnungsmäßig selbst exakt bestimmt sein, und es lockt sofort die Idee eines allgemeinen psychophysischen Parallelismus, dergemäß zwar das Psychische nicht selbst und in seiner eigenen Sphäre mathematisch-exakte Bestimmung erführe, aber indirekt unter der Idee einer festen Zuordnung zu exakt-physikalisch bestimmten Komplexen der physischen Natur, also unter der Idee einer Gesetzlichkeit, dass jeder materielle Leib von der und der exakten Beschaffenheit und ausgestattet mit den und den physischen Prozessen in eindeutiger Weise gewisse psychische Korrelate mit sich führen müsste, wie umgekehrt, dass seelisch-psychische Korrelate in der Natur nur auftreten können als Korrelate ihnen eindeutig zugehöriger objektiver physischer Prozesse in gerade solchen physischen Leiblichkeiten. Solange dieses Ideal nicht realisiert ist und so weit es nicht realisiert ist, würde man aber nur aus Not sich mit anschaulich-deskriptiven Typisierungen der Abhängigkeiten begnügen müssen wie die Naturgeschichte es tut, und das exakte Physische würde nur gelegentlich einspringen, das anschaulich Typische auf Exaktes zurückbeziehen. Das ist ein Gedanke, den alle diejenigen verfolgen, die schon merken, dass es mit der psychologischen Exaktheit doch ein anderes Bewenden hat als mit der physikalischen, nach Sinn und Methode.

Das alles wäre schön und gut, wenn es nicht widersinnig wäre, dies Schema als das allgemeingültige anzusehen in dem Sinn, dass für jedes Psychische nach einem ihm speziell zugehörigen physisch-leiblichen Korrelat zu suchen sei, und dabei zu meinen, dass die Wissenschaft vom Geistigen damit erschöpft wäre. Völlig übersehen ist dabei das Wesen der Intentionalität, das Wesen des Bewusstseins als konstitutiven Bewusstseins, auch für das reale Psychische selbst und vor allem auch für das Physische. Und so sehr in der empirischen Apperzeption Psychisches auf die konstituierte Natur bezogen wird und beziehbar sein muss, so bedenklich und verkehrt ist es, alles Psychische in parallelistischer Weise zu naturalisieren. Alle empirische Apperzeption weist auf „Assoziation und Gewohnheit" zurück als Titel für allen Stil der Konstitution des „wenn und so", und das Seelische voll zu naturalisieren, das ist so viel wie alles Seelische auf assoziativ entsprungene und damit prinzipiell unverständliche Regelordnungen zurückzuführen, während man dabei vorübergeht an dem, was im Seelischen das Ureigentümliche und jede Seele zu einer Einheit durchgängig verknüpfter Verständlichkeit macht, in der als unverständlicher Rest nur das Faktum der Empfindungen übrig bleibt.

(Ich muss hier aber gleich beifügen, dass die Sachlage komplizierter liegt und dass auf Folgendes geachtet werden muss.) Eine gewisse parallelistische Zuordnung von Psychologischem, wozu in dieser Betrachtung als Unterstufe das Ästhesiologische mitgerechnet wird, die der Idee einer zuordnungsmäßigen exakten Bestimmung von an sich nicht Logifizierbarem (im Sinne eines Naturalen-an-sich) Halt gibt, besteht sicher zu Recht. Man kann nun dem Gedanken nachgehen, dass zu scheiden sei eine Unterschicht im animalischen Seelenleben, die dem Physisch-Leiblichen unmittelbar parallel läuft, und eine höhere Schicht, die unmittelbar keine solche Beziehung zum Physischen hat, aber durch ihren Zusammenhang mit der Unterschicht mittelbar physisch bedingt ist. Danach hätten wir 1) die direkte parallelistische Regelung der Unterschicht, 2) die Regeln der Abhängigkeit der Oberschicht von der Unterschicht, 3) eventuell eigene Regeln, die zur Oberschicht gehören. Nach dieser sicherlich wertvollen Unterscheidung ist aber die Frage, was für Regelungen insbesondere für das Psychische der höheren Schicht in Frage kommen sollen. Bei der unteren Schicht denken wir natürlich an sinnliche Empfindungen und Phantasmen, an sinnliche Gefühle und Triebe, bei der höheren an die mannigfachen Gestaltungen des Bewusstseins als Intentionalität, wobei freilich ernstlich bedenklich ist, ob diese Unterscheidung als eine wirkliche Sonderung gelten darf. Immerhin möchte man damit einen Ansatz versuchen und nun, wieder dem naturwissenschaftlichen Vorbild folgend, alle Regeln so ansehen wie die empirisch-induktiven Regeln in der physischen Natur, die, so weit wir nicht exakte Physik treiben können, innerhalb der deskriptiv-anschaulichen Natur ungefähre und doch wertvolle Regelungen darstellen.

Aber Sie müssen hier die großen Probleme sehen lernen. Die empirische Regelung der anschaulich-physischen Natur hat Beziehung auf eine exakte Naturgesetzlichkeit einer Natur-an-sich. Man kann sagen, wie die anschaulichen Dinge und ihre empirisch-physischen Eigenschaften Erscheinungen sind ⟨von⟩ Naturrealitäten-an-sich, nämlich der physikalischen Natur, so sind die empirischen Regeln der anschaulich-deskriptiven Naturbetrachtung Erscheinungen entsprechender, wenn auch sehr verwickelter, exakt-naturgesetzlicher Zusammenhänge.

Das voll aufzuklären, ist im Übrigen gehörig zur transzendentalen Theorie der Natur. Gehen wir nun in die psychologische Sphäre über. Auch da haben wir eine empirische Typik, z.B. menschliche Charaktere sind empirische Einheiten, die wir alle beständig unter deskriptiv-typischen Begriffen beschreiben und in Bezug auf welche wir empirische Regeln aussprechen, wie alle Sprachen weiter sie schon aussprechen, ebenso aber auch die Regeln der Entwicklung der menschlichen Lebensstufen usw. Ist nun aber das ganze Seelenleben der Tiere und Menschen auch einzubeziehen in empirische Regelungen, so fragt es sich doch, auf welchem Untergund diese Regelungen stehen, die hier doch nicht ihre letzte Wahrheit in einer mathematisch-exakten Psychologie haben können. Und muss nicht auch jedes Psychische in jeder Seele eine eindeutige Bestimmtheit, also seine individuelle Daseinsnotwendigkeit haben und schließlich etwas, das alle empirischen Regeln seinerseits aus letzten Gründen erklärt?

Nun darf aber nicht übersehen werden, dass empirische Naturbetrachtung als Betrachtung irgendwelcher Zusammenhänge räumlich-zeitlichen Daseins, auch des Daseins von Psychischem in der Natur, dem Sinn der Erfahrungsapperzeption gemäß ausschließlich auf die unter dem Titel Substantialität, Kausalität stehenden Regelungen der Konstanz und Sukzession geht, und das sind durch und durch unverständliche Zusammenhänge. Was da erkannt wird, ist immer nur, dass das und das hier und jetzt zusammen vorkommt, weil dergleichen erfahrungsgemäß in solchem Typus zusammen vorzukommen pflegt und vernünftige Vermutungen bestehen, hier eine feste Gesetzmäßigkeit zu supponieren. Die Phänomenologie aber hat uns unendliche Felder einer Ich- und Bewusstseinserkenntnis eröffnet, in denen ganz andere Regelungen, Regelungen innerer Motivation auftreten, und Zusammenhänge, die schon im einzelnen Fall einen total anderen Charakter, den der Verständlichkeit, der einzig echten Verständlichkeit haben. Auf die Frage: „Warum urteile ich, werte ich, entschließe und handle ich so und so, warum habe ich die und die Mittel gewählt, welche Gründe, Motive leiteten mich dabei?" usw., bekomme ich in der inneren Betrachtung eine verständliche Antwort, und sie beruht auf verständlichen Zusammenhängen. Das betrifft nicht mehr die menschliche Animalität hinsichtlich ihrer psychophysischen und empirisch naturhaften Zusammenhänge, nicht mehr hinsichtlich ihrer Konstanz im Sinne des räumlich-zeitlichen Erfahrungsdaseins, sondern es betrifft die Subjektivität als Geist, in ihrer Innerlichkeit, in ihrem verständlichen Leben und Walten, es betrifft sowohl den Geist als leistendes Subjekt als auch seine geistigen Leistungen, wie sie sich objektiviert haben als Werke, als Gegenstände mit Bedeutungsprädikaten, als Bedeutungsgebilde jeder Art.[1]

---

[1] *Spätere Randbemerkung* Dann zwei Schlussblätter des Vortrags in der Kulturwissenschaftlichen Gesellschaft; *vgl. hierzu die* Einleitung des Herausgebers, *oben S. VII, Anm. 1.*

Beilage I

Vor[1] allem zunächst auch über die Methode. Radikale philosophische Klärungen haben immer und aus notwendigen Gründen das eigen, dass sie mit zweifellosen Evidenzen anheben müssen, und, wenn sie konkret sind, auch anheben; dass sie dann weiter in durchaus evidenten Zusammenhängen verlaufen, während sie ⟨in⟩ ihren Feststellungen doch nicht etwa endgültig sind um solcher Evidenz willen. Eine radikale phänomenologische Untersuchung gleicht nicht einer radikalen mathematischen Untersuchung, deren Idee uns allen wohlbekannt ist. Eine vollkommene Mathematik mag noch so schwer ins Werk zu setzen sein, es mögen viele Jahrhunderte dazu gehören, dass sie in der Arbeit von Forschergenerationen realisiert wird; ist sie einmal da, so bietet sie jedermann einen Denkweg, der, von den Anfängen in die Höhen schreitend und ins Unendliche fortschreitend, nie zurückgewendet werden muss; d.h. zuunterst stehen die axiomatischen Evidenzen, axiomatischen Begriffe und Grundsätze, die in dem sie erschauenden evidenten Denken als absolut fest bestimmte, ein für alle Male realisierte Wahrheiten gegeben sind. Und eben dasselbe gilt dann für jeden Fortschritt. In[2] einer Mathematik, die ihrer Idee entspricht, und es ist wirklich oder gilt wirklich als eine realisierbare Idee, bedarf es im Fortschritt der Wissenschaft prinzipiell keiner Neuarbeit an den Feststellungen der unteren Stufen. Jede Stufe ist endgültig realisierte. Jede ist für immer fertig und vollendet. Jeder Anfänger kann den Anfang der vollkommenen Mathematik unmittelbar verstehen, unmittelbar einsehen, und tut er das, so sieht er ihn ein als ein ein für alle Male Realisiertes, an dem eine weitere mathematische Arbeit nichts hinzufügen kann.

Anders in der Entwicklung bzw. Begründung der Phänomenologie. Eine Strecke evidenten Denkens läuft ab und ist notwendig die erste, die erste, mit der der Philosoph wie der lernende Anfänger beginnen muss. Aber prin-

---

[1] *Spätere Randbemerkung* Ist die richtige Ordnung der Blätter nicht die nun versuchte? *Die ersten drei Absätze wurden später mit der Randbemerkung* Exkurs *versehen. Zum Anfang des ersten Absatzes Randbemerkung* Methodisches. Grundcharakter philosophischer Klärungen *und spätere Randbemerkung* Zickzack-Zirkel. *Zu Beginn des Absatzes gestrichen* Wir begannen damit, den gesamten vortheoretischen Bestand zu durchforschen, der dem erkennenden Ich vorgegeben ist, und deuteten an, dass vielleicht der Ausdruck „Welt" nicht auf diesen gesamten Bestand passt, dass also eine vielleicht wesentliche Scheidung zu berücksichtigen sein würde. Wir sind weit genug gekommen, um eine in dieser Hinsicht bestimmte Klarheit gewinnen zu können und nicht nur in dieser Hinsicht.

[2] *Randbemerkung* Ideal einer vollkommenen mathematischen Erkenntnis.

zipiell ergibt diese erste Strecke keine im angegebenen Sinn endgültige
Feststellung, und damit ist zugleich gesagt: Die erste von einem Anfang zu
einem Fortgang und Ziel gerichtete Arbeit fordert trotz der Evidenz der Gegebenheiten eine zweite rückgehende Arbeit, die an dem schon Festgestellten sich bietet, also noch mal alles schon Erkannte durchdenkt, neu bearbeitet und es auf eine höhere Stufe der Erkenntnis führt. Die Untersuchung läuft also im Zickzack,[1] womit nicht gesagt ist, dass sie nie zu
einem fertig und endgültig Realisierten und nach keiner Richtung kommt.
Man muss sich hier von formalistischen Einwänden nicht verblüffen bzw.
nicht zu solchen verführen lassen, sondern der klaren Sachlage ruhig ins
Auge sehen. Der klare Anfang, den wir in lebendiger innerer Teilnahme
gemacht, in klarer Evidenz durchdacht haben, gibt schon das Verständnis.
Ist ein anderer Anfang philosophischer Besinnung über Natur
und Geist, allgemeiner über Welt denkbar, als dass wir damit
beginnen uns zu fragen, wie die Welt uns gegeben ist, dass wir
uns sagen, die Wissenschaft gebe über sie die Aussagen, die auf Wahr-
heitswert Anspruch erheben usw.? Und ist es anders möglich, dass wir in
solchen Evidenzen von der Welt sprechen, die doch uns problematisch ist,
und nicht nur sprechen, sondern etwas Klares dabei im Auge haben, etwas
Klares und doch recht Vages, Unbestimmtes? Und dasselbe gilt von anderen Begriffen, die ⟨in⟩ der Untersuchung als zweifellos radikal hineinge-
hörige auftreten. So reden wir beständig per Wir oder von ⟨einem⟩ Ich, das
erkennend, vom Ich, das im Denken und vor dem Denken meine Umgebung
hat, meine Welt, mein Erlebnis usw.

Schrittweise haben wir Evidentes vor Augen; aber nachdem wir weiter-
gekommen, nachdem wir aus dem schon Gegebenen, aber begrifflich Un-
gefassten oder in vage Worte Gefassten und ⟨so⟩ Bezeichneten uns einiges
nähergebracht, in bestimmteren Begriffen umgrenzt, erkannt haben, nachdem wir gewisse Zusammenhänge uns herausgearbeitet haben, erkennen
wir zugleich, dass anderes, was noch unbestimmt blieb, ja, was als Leit-
motiv ganz am Anfang stand, ein neues Licht erhält, bestimmbar wird, begrifflich fassbar, umgrenzbar. Also geht man zu dieser Stelle zurück, von
einem Ende wieder zum Anfang. Ich lenke Ihre Aufmerksamkeit auf diese
methodischen Notwendigkeiten, damit Sie frühzeitig der unvergleichlichen
Eigenart philosophischer Forschung inne werden. Philosophisches Denken
vollzieht sich in einer Fortentwicklung von radikalen Evidenzen, die in eben

---

[1] *Randbemerkung* Zickzack.

dieser Entwicklung auf den Inhalt der früheren Evidenzen zurückwirken, ihren Sinnesgehalt auf eine höhere Stufe erheben, den ein neues zurückgehendes Denken aber erst verlebendigen, tatsächlich gestalten und zur fortgeschrittenen Wahrheit erheben muss. Das ist für den schon Gereiften nicht so wunderbar, da doch alles Geistesleben in geistiger Entwicklung besteht und geistige Entwicklung ihrem Wesen nach ⟨auf⟩ das abgelaufene Leben zurückstrahlende Wirkungen mit sich führt, ja in jeder Phase nur dadurch möglich ist.

Doch nun wieder zurück zu unserem bisherigen Weg und der jetzt notwendigen rückgewendeten Arbeit. Wir beginnen unsere Betrachtungen in der Ichrede und in einer zugehörigen, für den Anfang leicht verständlichen aber ungeklärten Icheinstellung. Jeder sollte sagen „ich" und sich fragen: Was finde ich vor, und zwar als vortheoretische Gegebenheit? Er sollte sich von niemand etwas vorerzählen, berichten lassen, er sollte nichts aus Tradition übernehmen, aus Vormeinungen, nichts aus einem Denken, auch dem einer noch so sicheren und von ihm selbst anerkannten Wissenschaft. Das reichte hin, jeden zu der gewünschten Einstellung zu motivieren; im Übrigen diente auch das Aufgewiesene dazu, ihn in dieser Einstellung zu halten. Ich dachte Ihnen zwar vor, und Sie dachten mit mir mit. Aber Sie dachten natürlich in sich selbst, oder vielmehr, schauten in sich selbst, im Kreis Ihrer Vorgegebenheit, und Sie hielten streng darauf, mich und mein Anschauen und Aussagen außer Spiel zu setzen, sowie sich das angeregte Anschauungsmaterial Ihnen darbot. Mit anderen Worten, ich erhielt dann meinen bloßen Platz in Ihrer vortheoretischen Lebenswelt als ein äußerlich Gegebenes, wie das Pult und sonstige vorgefundene Gegenstände.

Ehe wir nun darangehen, aufgrund des in dieser Icheinstellung evident Erschauten das Ich dieser Einstellung und die Einstellung selbst in neuer phänomenologischer Reversion zum Klärungsthema zu machen, wollen wir die Vorgegebenheitssphäre dieser Einstellung in der Gliederung, die wir gewonnen haben, näher betrachten und den Unterschied zwischen vorgegebenem Bestand überhaupt und vorgegebener Welt zur Klarheit bringen. Denn so weit sind wir, einen ersten, in der Tat urquellenmäßig sich umgrenzenden Begriff von Welt zu gewinnen.[1] Das ist geleistet durch die radikale Scheidung zwischen Ichlichem und Ichäußeren, die wir zur Abhebung gebracht und in einiger Tiefe durchforscht haben. Nehmen wir sie rein so, wie sie in der puren Icheinstellung sich gab, so gibt sich ja dabei

---

[1] *Randbemerkung* Erster Begriff der Welt.

vortheoretisch das Ich, besser mein Ich für mich, der ich Subjekt all dieser Reflexionen bin, als das Subjekt, dem alles Ichliche, all seine strömenden Erlebnisse, auch seine erinnerungsmäßigen Erlebnisgewesenheiten, nicht als Welt gegeben ist; vielmehr ist Welt offenbar und gemäß dem Sinn, den wir mit dem Wort vor aller begrifflich strengen Fassung verbinden, ein Titel für das All der „an sich" seienden Gegenstände, der transzendenten, der „Objekte", der Gegenstände, die, wie wir voraussehen, Substrate möglicher „objektiver" Wahrheiten, Wahrheiten-an-sich sind. In der Icheinstellung ist für mich eine Welt da, das sagt, für mich sind vielerlei Objekte da, die bald in meine Erfahrung eintreten, bald wieder austreten und doch dem Erfahren gegenüber ein An-sich sind. Ich selbst bin für mich nicht als Objekt gegeben, abgesehen davon, dass ich für mich aktuell nur da bin in besonderen Akten der Reflexion, und dasselbe gilt für all mein Ichliches.

Die Welt unerachtet ihres An-sich-Seins, ja gemäß dem Sinn dieses An-sich-Seins, ist dabei gegeben als meine Umwelt. Das sagt nicht nur, dass ich von dem Dasein dieses und jenes Dinges Bewusstsein und ursprünglich Wahrnehmungsbewusstsein habe und auf es in diesem Wahrnehmen bezogen bin, sondern auch was ich nicht sehe, was ich nicht in eigenen Vorstellungen vorstelle, ist fest auf mich bezogen, wie schon aus den klaren Anfängen der Dingwahrnehmung-Analyse ersichtlich ist; denn das Wahrgenommene ist notwendig umgeben von einem Horizont möglicher Wahrnehmung. Ich kann wohl sagen, es gibt in der Welt, im Reich der an sich seienden Gegenstände vieles, von dem ich nichts weiß, was ich nie erfahren habe und je erfahren werde, aber doch: Es ist nichts darin, worauf ich nicht in möglichen Wahrnehmungsreihen von den jetzigen Erfahrungsgegebenheiten her stoßen könnte oder hätte stoßen können und eventuell bei passendem Fortschreiten in die raumzeitliche Welt hinein stoßen müsste. Alles, was ich als reines vortheoretisches Subjekt als Ichäußeres nicht nur finde, sondern mir soll als wirklich vorstellen können, das muss ich entweder wirklich in meinen eigenen einstimmig sich bekräftigenden und ergänzenden Wahrnehmungsreihen als wirklich vorfinden können, oder ⟨es⟩ muss sich einsehen lassen als etwas, was sich in meinen wirklichen Wahrnehmungen bekunden könnte, als etwas, das motivierte „mögliche Wahrnehmung" hat. Das ist auszuführen.

Ich[1] kann in den Unbekanntheitshorizont, der meine Wahrnehmungssphäre umgibt, sozusagen alles mögliche fingieren, und was ich da fingiere, gibt sich in gewissem Sinn auch als Gegenstand meiner möglichen Wahrnehmung. Aber so gegeben ist mir die Welt als über das aktuell Gesehene ins Unbekannte unendlich sich fortstreckende Welt, dass im Voraus entschieden ist, was im Unbekannten wirklich ist und was demgegenüber Fiktion. Demgemäß sind Wahrnehmungsreihen vorgezeichnet und ausgezeichnet als solche, die allein als solche der (offenen) Wirklichkeit zugehören, gegenüber anderen, die nur in der Weise der Fiktion möglich sind und die in dem Fortgang wirklicher Erfahrung durch Unstimmigkeit zerschellen müssten.

So ist also in merkwürdiger (obschon noch sehr klärungsbedürftiger) Weise mir, dem Ich der reinen Reflexion, in geregelten Gestaltungen ichlicher Lebensbestände (in geregelten Abläufen von Empfindungen, Abschattungen, Erscheinungen) eine objektive Welt als meine Umwelt gegeben, als objektiv, als an sich seiend und doch auf mich selbst bezogen als eine Welt, in die ich hineinsehe, aber so, dass ich sie doch in ihrer ganzen Unendlichkeit umgreifen ⟨kann⟩, auch so weit ich sie nicht sehe, nämlich sofern a priori nichts von dieser Welt sein kann, das ich nicht im geordneten Prozessus meines vortheoretischen Bewusstseins, näher meines Wahrnehmens, erreichen könnte.

Das mag vorläufig genügen. Einen Begriff von Welt, nämlich als Umwelt meines, des reinen Subjekts der Reflexion, haben wir gewonnen.

Aber nun ist es, ehe wir weitergehen, sehr nötig, eine Reversion phänomenologischer Analyse hinsichtlich dieses Ich, der ich reine Reflexion übe, zu vollziehen. Warum die Rede von reiner Reflexion? Wir sind freilich nicht vorbereitet genug, um das Problem dieses Ich – des sogenannten reinen Ich – sehr weit zu fördern. Aber eingehen darauf müssen wir jetzt an dieser Stelle, um der Gefahr großer Verirrungen vorzubauen. Es war uns in der Icheinstellung klar, dass Weltliches und Ichliches sich aufs schärfste kontrastiert, dass das Ichliche, das Reich des absolut evidenten *cogito*, keine Transzendenz ist, kein Erscheinendes, kein An-sich.

---

[1] *Spätere Randbemerkung* Aus Vorlesungen „Natur und Geist". Erster Entwurf. Noch zu beachten *statt der später gestrichenen Randbemerkungen* Über den Gang der Betrachtungen des fehlenden Anfangs orientiert vollkommen p. 4, 2te Seite ⟨?⟩ *und darunter* Es handelt sich hier um den Übergang von der natürlichen Rückbeziehung der Umwelt auf das Ich (das natürliche „Was finde ich vor?") zur phänomenologischen Reduktion.

Wir haben durch diese Untersuchungen Wichtiges gewonnen. Sie hatten die Form einer nachkommenden theoretischen Reflexion über die Icheinstellung und die Art der Feststellungen, die in ihr vollzogen und überhaupt zu vollziehen waren. Wir verstehen jetzt, dass die I c h e i n s t e l l u n g nichts anderes war, als die B l i c k r i c h t u n g d e s r e i n e n I c h a u f s e i n e V o r - g e g e b e n h e i t e n, nämlich die Vorgegebenheiten seiner immanenten und transzendenten Erfahrung, dann aber auch auf die entsprechenden reinen Möglichkeiten und die zu ihnen apriorisch und evident zugehörigen generellen Sachverhalte. Die Aussagen aber, die dabei vollzogen waren und die wir nach ihrem Sinn in Erwägung zogen, waren selbst Aussagen des reinen Ich und hatten ihren Inhalt in lauter Relativitäten zum reinen Ich, das reflektiv erfasst in all diese Aussagen hineingehörte; sie hatten ja alle die Form: „Ich finde Immanenz vor", „ich finde Äußeres vor", „ich finde als apriorische Einsicht die Widersinnigkeit der Negation irgend eines Immanenten vor", „ich finde die apriorische Notwendigkeit vor, dass jedes erdenkliche Äußere durch Erscheinungen gegeben sein muss" usw. Sehen wir jetzt von der Selbstsetzung des reinen Ich an die Subjektstelle dieser Aussagen ab, und sehen wir nur hin auf das, was das Ich als sein Vorgefundenes aussagt, so ist es klar, dass in diesen Kreis eine Klasse von Aussagen über r e i n e I m m a n e n z fällt, über rein immanente Wirklichkeiten und rein immanente Möglichkeiten und Möglichkeitsgesetze, die durch die Außerspielsetzung aller Wirklichkeitsthesen, die das reine Ich in Bezug auf seine äußere Umwelt vollzog, nicht betroffen ist. Daneben bestand dann ein Kreis von Aussageinhalten, die ä u ß e r e W i r k l i c h k e i t e n setzten und beschrieben, wie sie als wirkliche vorgefunden waren; eventuell können wir dazunehmen Aussagen, die daraufhin in der Weise der Wissenschaft für Äußeres induzierten. Wenn aber das reine Ich aussagt: „Ich finde dies Ding, diese äußere Welt vor, ich urteile über sie dies und jenes", so kann offenbar jede solche Aussage in eine immanente Aussage verwandelt werden und ordnet sich dann dem ersten Kreis mit ein, nämlich sowie das Ich, das sich zunächst notwendig auf den Boden der Wirklichkeit gestellt, sie hingenommen hatte, seinen Wirklichkeitsglauben außer Spiel setzt und die jeweilige äußere Wahrnehmung nur als Wahrnehmung seines Wahrgenommenen, das jeweilige Urteil nur als Urteil über das Wahrgenommene als solches betrachtet, beschreibt, analysiert, sozusagen ohne dabei für die Wirklichkeit Partei zu ergreifen. Sowie das reine Ich so verfährt, und es ist evident, dass es das jederzeit tun kann, hat es sich das All seiner reinen Ichbestände reinlich abgegrenzt; es ist das Ich, das keine transzendente, äußere

Welt, sei es anerkennt oder leugnet, keine Stellungnahme zu dieser Welt hat und zulässt und ausschließlich sein reines Bewusstsein hat, vorfindet und zum Thema von Stellungnahmen macht. Dieses Ich ist das im prägnanten Sinn phänomenologische Ich, das Ich wirklicher und möglicher rein phänomenologischer Forschung, das Subjekt aller transzendentalphilosophischen Forschung.

Beilage II

Ich, das aktuelle reine Ich, finde mich als natürliche Setzungen vollziehend, darin eventuell als phänomenologische Reduktion übend. Das reine Ich oder, was dasselbe, das aktive Ich als phänomenologische Reduktionen vollziehend und rein innerhalb phänomenologischer Reduktion sich ein phänomenologisches Feld in phänomenologischer Intuition und in wissenschaftlichem Denken zueignend. Wir sprechen vom „phänomenologischen Ich" oder deutlicher „das phänomenologisch forschende Ich" (= das Ich der rein phänomenologischen Einstellung, = das phänomenologisch eingestellte Ich), d.i. nicht ⟨von⟩ dem Ich als Thema der Phänomenologie, sondern als dem Ich, das als Ichpol phänomenologischer Forschung fungiert, von dem Ich, für das das phänomenologische Feld und nur dieses konstituiert ist. Das phänomenologisch forschende Ich findet in seinem Feld vor in Einklammerung (somit als Noema) das natürliche Ich, d.i. das Natur und transzendentes Sein verschiedener Art setzende Ich, wobei die Setzungen außer Spiel gesetzt werden; und es findet vor alle natürliche Welt in Einklammerung.

Das Ich der phänomenologischen Einstellung und Forschung hat vor aller Theorie (das ist vor aller phänomenologischen Theorie, die einzige, die es wirklich vollzieht) sein Gebiet gegeben in purer Anschauung als Gegebenheit immanenter Erfahrung bzw. immanenter eidetischer Erschauung, das ist sein vortheoretisches Feld (das alle Transzendenz, anschaulich äußerlich gegebene und theoretisch gedachte, auch gewertete und praktisch apperzipierte, in Klammern befasst). Das natürliche Ich hat vor sich die natürliche Lebenswelt, die anschauliche im gewöhnlichen Sinn, die vor seinem theoretischen Forschen, aber auch vor seinem sonstigen aktiven Stellungnehmen liegt. Reduktionsprozesse lassen hier eine Welt purer sinnlicher Anschauung herausarbeiten.

In transzendentaler Erwägung betrachtet das phänomenologisch eingestellte Ich, was das natürliche Ich setzt, welchen Sinn das Gesetzte durch
seine in der Immanenz sich vollziehende Sinngebung hat, also welchen Sinn
seine vorgegebene Lebenswelt hat, welche Strukturen dieser Sinn erfasst.
Alle prinzipiellen Erwägungen, die sich auf die natürlichen Wissenschaften
und die sonstigen Formen transzendent gerichteter Vernunftleistungen wie
Kunst, Religion, individuelle Lebensweisheit, spezielle individuelle Moral,
Politik als soziale Lebensweisheit usw. beziehen, sind Erwägungen des
W e s e n s dieser Gestaltungen oder Erwägungen, die den apriorischen Sinn
betreffen, die aus den ursprünglichen Sinngebungen im reinen Bewusstsein,
also in der phänomenologischen Einstellung aufzuklären sind.

Beilage III

Was[1] sich uns in dieser Hinsicht schon ergeben hat, ist das erste Grundstück einer urquellenmäßigen Bestimmung des Begriffs „W e l t", und zwar
in der notwendigen Form der Korrelation „ich und meine Umwelt", und
noch näher gefasst der Korrelation „ich und meine vortheoretische Umwelt". Zwar, vortheoretisch gegeben ist mir, wenn ich reflektiere, auch mein
Ich und mein Ichliches, aber sie sind mir, wenn ich sie rein so nehme, wie
ich sie in der bloßen Reflexion finde, und wenn ich von allen sich weiter

---

[1] *Spätere Randbemerkungen* Gehört wohl zu „Natur und Geist"-Vorlesung *und darunter*
Vorbereitung, aber ich ⟨habe⟩ die weiteren Blätter nicht gelesen; darin einiges Pädagogische
und für den möglichen Gang von Darstellungen Bemerkenswerte. *Die beiden folgenden Absätze wurden später als* Beilage *gekennzeichnet und ersetzen wohl den später gestrichenen
Text* Das äußerlich Wahrgenommene ist eben immerfort Ziel einer neuen weisenden Intention;
trotzdem sie etwas gegeben hat im Modus leibhaftiger Wirklichkeit, birgt das Gegebene immerfort Nichtgegebenes, aber Mitgemeintes. An dieser intentionalen Struktur liegt es, dass
äußere Wahrnehmung eine transzendierende Meinung ist, die im weiteren Erfahrungsverlauf
bestätigt oder als Schein durchstrichen werden kann. Andererseits, das Immanente kann nicht
als Schein gegeben sein. Es ist absolut „evident gegeben", es ist gegeben in der Evidenz des
ego cogito, das sagt hier im Grunde nichts anderes, es ist hier evident unsinnig, den Gegensatz
von bloß vermeintlich oder wahrhaft seiend und von wirklich seiend oder wirklich nicht seiend
hereinzubringen.

Doch lassen wir zunächst alle Fragen der wahren Wirklichkeit außer Spiel und betrachten
wir weiter die Gegenstände als bloße Wahrgenommenheiten und nach dem Sinn, in dem sie
sich vortheoretisch da geben. In der äußeren, ichfremden Sphäre scheiden sich uns Dinge und
fremde Subjekte.

reindrängenden Apperzeptionen mich freihalte, nicht bloß objektiv, nicht als
An-sich, eben nicht als transzendent Wahrgenommenes, mit transzendenten
Präsumtionen Behaftetes ⟨gegeben⟩. Was es mit diesen sich hereindrängen-
den Apperzeptionen auf sich hat und mit der zugehörigen Objektivierung,
durch die das reine Ich seine Reinheit verliert und das Ich sich selbst dann
apperzipiert als Menschen innerhalb der Welt, als Objekt unter Objekten,
das werden wir noch sondieren müssen. Zunächst aber sehen Sie den aus-
gearbeiteten Kontrast, sehen Sie, wie jede pure Innenwendung Ihres Blickes
auf den Strom, in dem Sie jede Weise des Vorstellens, Denkens, Fühlens
usw. als Ichsubjekte leben, und auf das Ich dieses Stromes selbst Ihnen eben
Ich und solche Akte zur reinen Erfassung bringt, und dann nicht als Objekte, als an sich Seiendes. So gewinnt „Welt" also einen ersten Urcha-
rakter. Es ist der Gesamtinbegriff der dem reinen Ich (dem Ich der reinen
Reflexion) sich darbietenden Objekte. Freilich reicht das auch für diese
Stufe der Betrachtung noch nicht ganz hin. Unter „Welt" verstehen wir
nicht nur überhaupt eine Vielheit, sondern eine Mannigfaltigkeit verein-
heitlichter Objekte. In der Tat ist auch Vereinheitlichung ein Grundcharakter schon der vortheoretisch gegebenen Welt, und auch dieser Charakter
ist vorgezeichnet durch das Wesen der Objektwahrnehmung, durch ihren
immanenten Sinn.

Hier tun wir aber gut, die zugehörige Klarlegung erst zu geben, nachdem
wir andere, auf die Scheidung der umweltlichen Objekte in zwei Klassen
bezügliche Klarlegungen vollzogen haben. Wir haben sie schon erwähnt,
wir finden unter dem Umweltlichen oder Ichfremden einerseits Dinge,
andererseits auch Subjekte, fremde Subjekte. Überlegen wir die Wesens-
charakteristika dieser Klassen.

Dinge sind nicht nur überhaupt „Äußeres", d.i. eben meinem Ich als
ihm Fremdes gegeben, sondern ihr Charakteristisches ist eine gewisse
absolute Ichfremdheit. Nämlich jedes der fremden Subjekte, die ich
wahrnehme, ist zwar mir als Äußeres, als meinem Ich Fremdes gegeben,
aber es ist eben doch für sich selbst ein Ich, und als das findet es sich selbst.
Ein Ding aber, ein Stein, ein Haus, ist nicht nur ein meinem Ich Fremdes,
sondern es ist in sich auch kein Ich, es ist etwas, das in sich mit einem Ichlichen heterogen ist. Das ist das Charakteristische der realen Objektivität im
absoluten Sinn, die das Gegenstück ist für alle Subjektivität. Wieder betonen wir: Ein Ding, wie jedes materielle Ding unserer Erfahrung, ist als
dieses absolut Ichfremde charakterisiert durch den eigenen Sinn der es in
ursprünglicher Leibhaftigkeit gebenden Wahrnehmung (des ausgezeich-

neten Typus „Dingwahrnehmung"). Nur aus dieser Wahrnehmungsart
scheiden wir den ersten vortheoretischen Begriff eines Dinges, und ohne sie
wäre das Wort für uns ohne Sinn. Und alles, was wir dann näher einem
Ding als solchem zuschreiben, zuschreiben müssen als notwendig das
Wesen eines Dinges überhaupt konstituierend, das scheiden wir nur, dürfen
wir nur scheiden aus dem Wesenstypus des Bewusstseins, in dem uns ein
Ding überhaupt und als solches in seiner originalen Selbstheit zur Anschauung kommt.

Studieren wir also das typische Wesen einer Dingwahrnehmung überhaupt, eben nach der Seite, wie sie ihren Gegenstand meint, mit welchem
Sinn er in ihr notwendig ausgestattet ist. Zum Wesen eines Dinges gehört,
finden wir dann, dass es gegenüber anderen Dingen nie etwas Beziehungs-
loses sein kann, als ob jedes eine Welt für sich wäre und sein könnte.
Vielmehr ist wie jedes äußerlich Wahrgenommene, so jedes Ding eingebettet in einen endlosen Zusammenhang wirklicher und möglicher Wahrnehmungen, und zwar in folgender Weise: Die Wahrnehmungszusam-
menhänge, die zu verschiedenen Dingen gehören, sind prinzipiell nicht
voneinander getrennt, vielmehr notwendig einig in einem einzigen, alle
motivierenden Erfahrungszusammenhang, dessen Korrelat eine Einheit ist,
die alle wirklichen, ja alle überhaupt möglichen Dinge umspannt mit Einheitsformen, die einen unendlichen offenen Rahmen für alle dinglichen
Möglichkeiten darstellen. Jedes Ding ist Ding im Raum, es ist, auch
wenn es momentan allein gesehen ist, nichts Isoliertes, es ist umgeben von
einem offenen Horizont, in den das Ich frei eindringen, ⟨den es⟩ in fortschreitenden Wahrnehmungsreihen kennen lernen kann, und so findet es da
diesen Stein, aber weiter Stein auf Stein, Haus neben Haus, Straße auf
Straße, Berge, Wälder usw. Mit einem Wort, immerfort haben wir ein Ein-
heitsbewusstsein von einer ganzen Dingwelt, die nur partiell nach einzelnen Dingen und Dingzusammenhängen in unser augenblickliches Stück-
chen strömenden Wahrnehmens eingeht, auch in dieser Hinsicht unvollkommen ist, uns die Dinge nur einseitig, nur nach zufälligen Aspekten,
Seiten, Anblicken zeigt. Jede Augenbewegung, jede Ortsveränderung bedeutet, auch wenn die Dinge ruhend dastehen, einen beständigen, kontinuierlich fließenden Wandel unserer Wahrnehmungen; und selbst soweit
irgendein Ding dabei in unserem Gesichtsfeld, Wahrnehmungsfeld beständig verbleibt, ist die Wahrnehmung von ihm nicht eine notwendig ruhende,
unveränderte, sondern ein Fluss vielgestaltig wechselnder Wahrnehmungen.
Von ihnen sagen wir, sie seien alle Wahrnehmungen von demselben, denn

in der Tat leibhaftig steht das Ding (etwa der Seiten) als das ein und selbe im Ablauf dieser wechselnden Wahrnehmungen vor uns da; aber andererseits sagen wir, und mit nicht minderem Grund, dieses selbe zeige sich einmal von dieser, dann von einer anderen und immer wieder anderen Seite dar, es „erscheine" mit verschiedenseitig wechselnden „Anblicken". Nie meint die Wahrnehmung, wo sie doch nur einige der Anblicke und vielleicht nur einen einzigen bietet, also nur eine Seite des Dinges zu eigentlich anschaulicher Gegebenheit bringt, bloß diese eine Seite, und das ist ja *a priori* unmöglich, da eine Dingseite unselbstständig ist, etwas, das für sich seiend nicht gedacht werden kann. Darin liegt, dass in jedem Wahrnehmungsbewusstsein zu scheiden sind eine unselbstständige Komponente wirklicher und eigentlicher Wahrnehmung, Wahrnehmung in einem prägnanten Sinn, und eine Komponente, die zurückweist auf die Niederschläge anderer Wahrnehmungen und auf Vergegenwärtigungen anderer Seiten, die in möglichen weiteren Wahrnehmungsreihen zu einer wirklichen Aktualisierung kommen würden.

So reicht der Sinnesbestand der Wahrnehmung weit über das im prägnantesten Sinn leibhaftig Bewusste hinaus; das ganze Ding, aber auch der umgebende Dingzusammenhang, ja schließlich das noch außerhalb des Wahrnehmungsfeldes Liegende ist mit umgriffen. Jedes Erfahrene ist umgeben von einem endlosen raumzeitlichen und dinglichen Horizont teils aus früherer Erfahrung bekannter, teils offener, unbekannter, durch weitere Erfahrung kennen zu lernender Dinge. Sie[1] sind immerfort mitgemeint; teils, aber nur ganz ausnahmsweise, sind einzelne davon, etwa die bekannte Straßenreihe da, in Form einer zufällig auftauchenden klaren Erinnerung anschaulich gegenwärtig. Sonst sind sie bewusst in einem leeren unanschaulichen Mitmeinen, das wir nicht anders beschreiben können, als mit dem Wort „Bewusstsein eines gewissen offenen Horizonts".

Diese flüchtige Beschreibung macht also evident, dass zum Dingbewusstsein mehr gehört, als das einzelne Ding, dass immerfort und in jedem einzelnen Puls der beständigen Erfahrung von Dinglichem eine endlose Dingwelt bewusst ist als vortheoretische Gegebenheit.

Die weitere Frage wäre nun die nach der Struktur dieser vorgegebenen Erfahrungsdingwelt oder, wie Sie schon zu sagen geneigt sein werden, der Natur. Aber so schnell dürfen wir nicht vorgehen. Zunächst dürfen wir nicht die ursprüngliche Beziehung außer Augen lassen, welche Dinge und Sub-

---

[1] *Die letzten beiden Sätze dieses Absatzes wurden später ergänzt.*

jekte, das erste Natürliche, das sich uns darbot, mit dem ersten „Geistigen"
verbindet. Es handelt sich nicht nur um die Beziehung, die wir schon besprochen haben und die Sie ja nicht mehr vermissen dürfen. Die einheitliche
Dingwelt, die der Wissenschaft voranliegt und die andererseits das ist, was
sie vor Augen hat, was sie in all ihren Theorien denkmäßig nur verarbeitet,
ist grundwesentlich auf Subjektivität bezogen. Sie ist ursprünglich, was sie
ist, nur als die in Wahrnehmungen der jeweiligen Subjekte gegebene, in
diesen Wahrnehmungen eben wahrnehmungsmäßig vermeinte Welt, durch
die Wahrnehmungen mit einem bestimmten Inhalt oder Sinn ausgestattet.
Was auch immer die Theorie der Wissenschaft aus dieser anschaulichen
Welt sich erarbeiten mag, sie verarbeitet nur einen Wahrnehmungssinn und
kann diesen Sinn nie zerstören, ohne dann eben sinnlos zu werden. Aber
noch anderes kommt in Betracht, was zugleich wesentlich dazugehört, um
die Bedeutung dieser ersten, noch in mehrfacher Hinsicht vorläufigen Feststellung näher zu bestimmen und zu umgrenzen.[1]

---

[1] *Später gestrichen* Jedes Ich, sagten wir, hat sich gegenüber eine Welt, die von allen
theoretischen Beimengungen befreit, seine vortheoretisch anschauliche Umwelt ist. („Theoretische Reduktion.") In dieser bildet die vortheoretische Dingwelt des jeweiligen Ich, und für
jedes Ich einzeln betrachtet, einen einzigen geschlossenen Zusammenhang als Korrelat der
durchgehenden Einheit mannigfaltiger, aber in ihrem Sinn verschlungener Wahrnehmungen
dieses Ich. Ist nun der Gesamtinbegriff von fremden Subjekten, die zum Bestand der Umwelt
eines Ich gehören, ebenfalls eine Welt in sich und eine mit der dinglichen Umwelt oder Natur
gleichgeordnete Geisterwelt? Diese Frage muss offenbar verneint werden. Überlegen wir, wie
ein Ding gegeben ist, so werden wir an die Dingwahrnehmung verwiesen. Diese ist offenbar
möglich, ohne dass irgendein fremdes Subjekt in unserem Bewusstseinsfeld ist. Es ist denkbar,
dass außer mir gar keine Subjekte gegeben sind, ja vielleicht überhaupt nicht sind. Eine Welt
wäre aber für mich immerfort da, nur wäre es eine bloße Natur, eine reine Dingwelt. Fragen
wir nun aber, wie Subjekte uns, und zwar fremde Subjekte, wahrnehmungsmäßig gegeben
sind, so wird man uns vielleicht wieder antworten: durch Wahrnehmung, und in gewisser
Weise ist das richtig. Aber welcher Art ist dieselbe? Fremde Subjekte sind uns wahrnehmungsmäßig gegeben als Menschen- und Tiersubjekte, ⟨*spätere Randbemerkung, die den
weiteren Text evtl. ergänzen oder ersetzen sollte* In jedem animalischen Wesen scheiden sich
uns Leiber und Seelen, das letztere bezeichnet dann die Subjekte selbst in ihrer Anknüpfung an
die Leiber, und nur so angeknüpft können wir ihrer habhaft werden. Was nun die Leiber anlangt, so halten wir sie alle doch für Dinge, und so wird man sagen, die Wahrnehmung von
Menschen ist zunächst als Wahrnehmung des menschlichen Leibes eine Dingwahrnehmung
wie eine andere. Und darauf baut sich die allererste neuartige Wahrnehmung, eben ⟨die⟩, die
uns das fremde Subjekt als eine ichfremde Gegenständlichkeit ganz neuen Typus gibt.⟩ Wahrnehmung des jeweiligen Leibes, der in der Tat zunächst ein Naturding ist wie irgendein anderes. Aber in einer eigentümlichen, mit der Leibwahrnehmung (Körperwahrnehmung) verflochtenen Bewusstseinsart, die man „Einfühlung" nennt, ist uns allererst der Leib als Leib und
als Träger eines Subjekts und Subjektlebens gegeben. Wirklich im Original, im Charakter der
direkten Wahrnehmung, ist das fremde Ich dabei nicht gegeben, die fremden Icherlebnisse, das

Beilage IV

Wie[1] immer halten wir uns zunächst an die Linie wirklich abgelaufener und eventuell noch laufender Wahrnehmung in ihrer absolut immanenten Konstanz, und fragen wir: Was ist darin unter dem Titel „Gegenstand" wirklich aufweisbares Bestandstück? Offenbar können wir nicht anders bei getreuer Beschreibung sagen als: Die Erscheinungen fließen nicht nur nacheinander ab und haben dabei bloß die Einheit, die wir bildlich als Einheit eines Flusses bezeichnen, eines stetig in anderes überströmend, sondern jede dieser Erscheinungen ist, was sie hier ist, als Phase eines ganz andersartigen Einheitserlebnisses, nämlich jede ist Bewusstsein von einem und selbem. Die Erscheinungen mögen immer wieder andere sein, es erscheint in jeder, in jeder beliebigen Phase ein- und dasselbe, Dies-da, dieses nur einmal so und dann wieder anders Erscheinende, und in unserem Beispiel gibt es sich sogar als ein Unverändertes, als Substrat von verschiedenen Merkmalen, deren jedes selbst wieder Identisches von Abschattungen ist und unverändertes Identisches. Also ein identisches x als Substrat, ein identisches Dies Substrat für anderes und mehreres Identische, das wir Merkmal nennen, wobei aber das identische Dies und seine identische Form, Farbe usw. in diesem Strom des Wahrnehmens und Erscheinens „vermeintes", in den Wahrnehmungen wahrgenommenes, in den Erscheinungen erscheinendes Selbiges ist; und noch genauer gesprochen: In ihrem Eigenwesen liegt es, ein eigentümliches Phänomen der Deckung im Selben zu fundieren, im Übergang das Urphänomen „Selbiges" zu konstituieren, eine Blickrichtung des reinen Ich *a priori* zu ermöglichen, in der das Ich in zweifelloser Evidenz Selbiges findet, und demgegenüber eine andere Blickrichtung zu ermöglichen, in der es die wandelbaren Erscheinungen, Ge-

---

fremde Vorstellen, Denken, Fühlen, Wollen, kann ich nicht im Original und selbst erfassen; dieses Haus, ja, das ist so selbst erlebt. Nur meine eigenen Erlebnisse habe ich in voller Originalität gegeben und für sie eine besondere Wahrnehmungsart, die immanente Wahrnehmung, die oft auch „Reflexion" heißt. Andererseits haben wir vom fremden Menschen, sofern er uns wirklich leiblich gegenübersteht und wir in eins mit der Leibeswahrnehmung die Einfühlung vollziehen, doch ein wahrnehmungsartiges Bewusstsein: das Bewusstsein, den Menschen wirklich selbst gegenüber zu haben, er steht selbst da, ist mit seinem Denken, Fühlen usw. wirklich vor uns.

[1] *Spätere Randbemerkungen* Bewusstsein vom selben Objekt evident: immer bloß präsumtiv, etc. *und darunter* Diese beiden Blätter nochmals nachlesen. *Zur Lage der Blätter dieser Beilage im Konvolut vgl. oben S. 81, Anm. 3, und S. 83, Anm. 1.*

staltabschattungen usw. findet, aber jede in der urwesentlichen Eigenheit
„Erscheinung von diesem Identischen".

Das sind „Urphänomene", das heißt, es sind letzte Eigenheiten des Bewusstseins, die nur direkt schauend aufgewiesen werden können und erkannt werden können nur als etwas, was vom Wesen des Bewusstseins vom
Gegenstand unabtrennbar ist, also den Sinn solcher Rede bestimmt. Evident
ist dabei, dass das identische x als Substrat der identischen Merkmale
absolut gegeben ist, aber absolut gegeben ist ausschließlich als Erscheinendes der wirklich abgelaufenen Erscheinungen, als Bewusstes des wirklich erlebten Bewusstseins. Nur als das ist es immanente Wirklichkeit, „Bestandstück" der immanenten Wirklichkeit des Bewusstseins. Vergessen wir
dabei nicht die Horizonte der offen bestimmbaren Unbestimmtheit, die zum
Wesen des äußeren Wahrnehmungsbewusstseins und aller seiner Erscheinungen gehören. Jede Erscheinung „meint" gleichsam ihr x bzw. das jeweilig erscheinende Merkmal in solcher Unbestimmtheit oder neuen Bestimmbarkeit; das x, das Selbige ist immerfort also gegeben und immanent
Seiendes als Dies-da, und zwar als in den und den Merkmalen Erscheinendes, aber andere Merkmale offen lassend, als zwar wirklich gleichmäßig
rot erscheinend, aber vielleicht bei näherem Besehen nicht gleichmäßig rot
seiend usw. Das Identische ist zwar absolut gegeben, aber seiend ist es nur
als Identisches in der und der Gegebenheitsweise, als Erscheinungskorrelat
der und der ihm seinen Inhalt, d.i. seinen Sinnesgehalt erteilenden Erscheinungen, und zwar der wirklich erlebten und keiner anderen. Wenn dann
neue Erscheinungen sich den alten anschließen, so findet eine fortgesetzte
neue Sinngebung statt, während der Substratpunkt x, das gegenständliche
Substrat aller Sinnbestimmung, aller Merkmalszuteilung immerfort und
nach apriorischer Notwendigkeit als durchgehendes Selbiges erhalten bleibt.
Aber wirklich immanent ist dabei offenbar nichts weiter als dieser leere
Identitätspunkt als das Substrat der in den wirklichen Erlebnissen vollzogenen Sinngebungen; und nur das eine können wir sagen, dass, wenn weitere Wahrnehmungen und einstimmig zugehörige ablaufen würden, dieses x
auch erhalten bliebe und ebenso diejenigen seiner Merkmale, die nicht
andere Bestimmungen erfahren würden.

Gegenstand im immanenten Sinn ist also nichts anderes als ein gewisses,
im Wesen des Bewusstseins selbst evident aufweisbares Korrelat dessen,
was wir „Bewusstsein von etwas" nennen, später „Erscheinung von etwas",
„Denken an etwas" (denn auch bei mannigfaltigen Denkakten heben wir ein
Identisches als Gedachtes heraus), und so überall. Oder auch: In der im-

manenten Sphäre treten uns unter dem Titel „Bewusstsein von etwas" Erlebnisse entgegen, die in wundersamer Weise eine doppelte Richtung der Analyse und Beschreibung zulassen, also doppelte Eigenheiten haben. Einmal können wir sie nach ihren reellen Wesenskomponenten analysieren, d.i. nach niederen, die sie so aufbauen, wie ein Gegenstand sonst aufgebaut wird aus seinen konstitutiven Merkmalen und Teilen. So schließt z.B. die Wahrnehmung einer Gruppe die Wahrnehmung der Glieder als Teile ein. Ebenso scheidet sich Wahrnehmung gegenüber einer Erinnerung oder freien Phantasie durch eigenwesentliche reelle Momente. Oder auch ein gewisses Urteilen gegenüber einem bloßen Vermuten oder Für-möglich-Halten. Andererseits aber finden wir das Wunderbare, dass dergleichen Erlebnisse in sich, in ihren reellen Momenten und durch sie alle hindurch, etwas bewusst haben, intentional darauf bezogen sind, was in diesen reellen Momenten nicht selbst reell liegt. Oder was auf dasselbe hinauskommt, wir finden, dass es zum Wesen der Bewusstseinserlebnisse als intentionaler ⟨gehört⟩, dass sie sich in ⟨den⟩ Zusammenhang der Identifizierung, des Bewusstseins vom einen und selben einfügen, dass dabei vielerlei Erlebnisse in einer durch ihr reelles Wesen gebundenen Art sich zusammenfügen zu einem Bewusstsein, das Bewusstsein vom selben sich in den verschiedenen Erlebnissen in verschiedenen Bewusstseinsweisen Gebenden ist. Vielerlei Vorstellungen, vielerlei Wahrnehmungen und Erinnerungen oder auch dazugenommene Urteile, Gefühle usw. beziehen sich in sich auf dasselbe, dasselbe ist in ihnen bewusst und liegt darin aufweisbar als selbiges Vermeintes. Dieses Selbige ist, was es ist, als intentionales Korrelat der jeweiligen aktuellen Erlebnisse, wobei immer unendlich viele andere Erlebnisse denkbar sind, die, wenn sie aktuell dazutreten würden, numerisch identisch dasselbe Korrelat in sich konstituieren würden bzw. fortführend erhalten würden.

In der Phänomenologie kommt dieser fundamentale Unterschied auch terminologisch zum Ausdruck durch die relative Scheidung von N o e s i s und N o e m a. „Noesis" besagt in dieser Relation das Bewusstsein selbst nach allem, was reelle Analyse an ihm finden mag. „Noema" ist der Titel für die evidenten Bestände auf Seiten dessen, was auf Seiten des Vermeinten, des im Bewusstsein Bewussten ist, also dessen, wovon das Bewusstsein eben Bewusstsein ist. Alle noetischen Momente haben dabei eine noematisch konstituierende Funktion, und das zu zeigen ist das Ziel der noetischen Bewusstseinsanalyse.

NACHWEIS DER ORIGINALSEITEN

In der linken Spalte befindet sich die Angabe von Seite und Zeile im gedruckten Text, in der rechten Spalte die des Manuskriptkonvoluts und der Blattzahlen im Manuskript nach der offiziellen Signierung und Numperierung des Husserl-Archivs.

NAMENREGISTER

Husserliana

EDMUND HUSSERL - MATERIALIENBÄNDE

Kluwer Academic Publishers – Dordrecht / Boston / London